"十四五"职业教育国家规划教材

传感器应用技术

CHUANGANQI YINGYONG JISHU

（第 2 版）

主　编　王戈静　杨　玲

副主编　吴　静　李发鹰　张晓春

U0272905

中国教育出版传媒集团

高等教育出版社·北京

内容简介

本书是"十四五"职业教育国家规划教材，根据当前职业教育教学改革要求实际，并参考有关的职业资格证书、职业技能等级证书编写。

本书主要内容包括认识传感器、温度及环境量检测、位移检测、力和压力检测、位置检测、液位和流量检测以及了解智能传感技术。

本书配套电子教案、演示文稿等辅教辅学资源，请登录高等教育出版社 Abook 新形态教材（http://abook.hep.com.cn）获取相关资源。详细使用方法见本书最后一页"郑重声明"下方的"学习卡账号使用说明"。

本书可作为中等职业学校电气设备运行与控制等专业教材，也可作为相关行业培训用书。

图书在版编目（ＣＩＰ）数据

传感器应用技术 / 王戈静，杨玲主编． -- 2版． -- 北京 ： 高等教育出版社，2021.11（2024.9重印）
电气技术应用专业
ISBN 978-7-04-056968-1

Ⅰ．①传… Ⅱ．①王… ②杨… Ⅲ．①传感器-中等专业学校-教材 Ⅳ．①TP212

中国版本图书馆CIP数据核字(2021)第181787号

策划编辑 李 刚　　责任编辑 唐笑慧　　封面设计 张 志　　版式设计 杨 树
责任校对 胡美萍　　责任印制 赵义民

出版发行	高等教育出版社	网　址	http://www.hep.edu.cn
社　址	北京市西城区德外大街4号		http://www.hep.com.cn
邮政编码	100120	网上订购	http://www.hepmall.com.cn
印　刷	三河市春园印刷有限公司		http://www.hepmall.com
开　本	889 mm×1194 mm　1/16		http://www.hepmall.cn
印　张	17.75	版　次	2015 年 5 月第 1 版
			2021 年 11 月第 2 版
字　数	370千字	印　次	2024 年 9 月第 4 次印刷
购书热线	010-58581118	定　价	43.50 元
咨询电话	400-810-0598		

本书是"十四五"职业教育国家规划教材，根据当前职业教育教学改革要求实际，并参考有关的职业资格证书、职业技能等级证书编写。

本书贯彻党的二十大精神，体现党的教育方针，落实立德树人根本任务，深入挖掘思政教育元素，与教学内容紧密结合，适应现代职业教育的特点和规律，体现职业教育教学改革的理念和成果，本书主要具有以下特色：

1. 本书从建设现代化产业体系出发，按照推进新型工业化和智能制造原则选取教学案例，使学生充分了解相关行业的新技术和新工艺。完成教学任务的操作步骤严格按照标准规范的工艺要求展开，体现严谨、细致、准确的工匠精神和职业素养，并在任务评价环节引导学生从自评和互评中增强责任感、成就感，激发学习动力、提高操作规范职业意识。

2. 体现教学过程与生产过程对接。本书在内容上选取了工业生产现场常用的传感器，将传感器的基本原理、基本特性和应用技能融合在项目中，充分考虑中职学校教学实际，模拟生产一线传感器实际使用的流程和重点组织教学。

3. 突出学生技能培养。本书立足技能培训，以培养中职学生实际应用能力为主要目的，在结构形式上采用项目教学，通过现实可行的实训项目，将知识点贯穿于任务完成过程之中。

4. 充分采用了对传统课程教学改革的成果。本课程是中职学校电类专业的传统课程，教学实践中经常遇到理论深、技术跟不上生产实际的问题。本书是编者多年实际教学经验的总结，简化了理论，避免过多公式推导和电路分析，尽可能采用现场图片、实物图片等形象的手段，带领学生完成任务。从而降低了理论难度，增强了直观效果，易于实现"做中学，做中教"。本书删除了陈旧的知识内容，大量补充了目前主流的新技术、新产品、新工艺、新材料。

本书分为7个项目，每个项目均有项目目标，使学生明确项目学习的内容要求，增强学习的针对性。每个项目都围绕2～6个学习任务组织教学，每个学习任务均按以下顺序有序展开：

• 任务情境：通过具体的生产、生活情境，引导学生进入课程知识的学习，激发学习兴趣。

• 任务准备：将应知内容或应会技能进行归纳、解释或描述，突出学习的重点，为技能实训做好准备。

• 任务实施：通过大量图表展示完成任务的步骤，可操作性强，培养学生专业技能，渗透职业意识，形成职业能力。

- 任务评价：为学习效果的综合性评价提供参照，通过评价促进技能规范和学习习惯的养成，提高任务操作的效益，为建立过程性评价体系做好准备。
- 练一练：通过课上或课下练习，加强对任务内容的巩固，增强学习效果。
- 知识拓展：对教学内容进行必要的延伸和补充，进一步拓展学生的知识与技能。

本书采用我国法定计量单位和现行的最新国家标准。

本次修订，新增了项目4任务1、项目5任务1和项目7，删改了个别不常用的传感器，调整、增加了诸如"知识拓展"等内容，以体现传感器技术发展的新方向、新技术。

本课程教学学时为104学时，具体学时分配方案建议见下表，供参考。

项　　目	内　　容	课　时　数		
		讲授	实训	合计
一	认识传感器	8	2	10
二	温度及环境量检测	10	16	26
三	位移检测	4	16	20
四	力和压力检测	6	14	20
五	位置检测	6	4	10
六	液位和流量检测	4	6	10
七	了解智能传感技术	6	2	8
	总计	44	60	104

本书配套电子教案、演示文稿等辅教辅学资源，请登录高等教育出版社Abook新形态教材（http://abook.hep.com.cn）获取相关资源。详细使用方法见本书最后一页"郑重声明"下方的"学习卡账号使用说明"。

本书由四川仪表工业学校王戈静、杨玲担任主编，由重庆市工业学校吴静、重庆工商学校李发鹰、四川仪表工业学校张晓春担任副主编。编写分工如下：项目一由吴静编写，项目二由王戈静编写，项目三由李发鹰编写，项目四、项目六由杨玲编写，项目五、项目七由张晓春编写。本书由王戈静统稿。在本书的编写过程中，重庆工业自动化仪表研究所、中国四联仪器仪表集团有限公司、重庆川仪自动化股份有限公司、西安理工大学高等技术学院给予了技术上的支持，提出了宝贵的修改意见，为提高本书质量起到很好的作用，在此表示衷心的感谢！

由于编者学识和水平有限，错漏之处在所难免，敬请批评指正，读者意见反馈邮箱zz_dzyj@pub.hep.cn。

编　者

2023年6月

目 录

项目一 认识传感器 …………………………………………………………………………… 1

    任务一 认识传感器 ………………………………………………………………………… 1
    任务二 认识传感器的组成及分类 ………………………………………………………… 8
    任务三 测量误差的表示和传感器的选用 ………………………………………………… 14
    项目小结 …………………………………………………………………………………… 18

项目二 温度及环境量检测 ……………………………………………………………………20

    任务一 认识温度及环境量的主要检测方法 ……………………………………………… 20
    任务二 用热电阻测量温度 ………………………………………………………………… 29
    任务三 用热敏电阻测量和控制温度 ……………………………………………………… 41
    任务四 用热电偶测量温度 ………………………………………………………………… 51
    任务五 用湿敏传感器测量湿度 …………………………………………………………… 63
    任务六 用气敏电阻传感器测量环境量 …………………………………………………… 71
    项目小结 …………………………………………………………………………………… 80

项目三 位移检测 ……………………………………………………………………………… 82

    任务一 电感式传感器及位移检测 ………………………………………………………… 82
    任务二 电位器式传感器及精密位移检测 ………………………………………………… 110
    项目小结 …………………………………………………………………………………… 132

项目四 力和压力检测 ………………………………………………………………………… 134

    任务一 认识力和压力传感器 ……………………………………………………………… 134
    任务二 认识应变式传感器 ………………………………………………………………… 146
    任务三 应变式传感器在电子秤中的应用 ………………………………………………… 156
    任务四 认识压阻式传感器 ………………………………………………………………… 162
    任务五 认识电容式传感器 ………………………………………………………………… 172
    任务六 差压变送器在工业中的应用 ……………………………………………………… 184
    项目小结 …………………………………………………………………………………… 197

项目五 位置检测 ……………………………………………………………………………… 199

    任务一 认识位置传感器 …………………………………………………………………… 199

　　　　任务二　用电磁式传感器检测位置 ·· 201
　　　　任务三　用光电式传感器检测位置 ·· 212
　　　　项目小结 ·· 224

项目六　液位和流量检测 ·· 225

　　　　任务一　认识物位和流量检测 ·· 225
　　　　任务二　认识超声波传感器 ·· 237
　　　　任务三　用超声波传感器测量液位 ·· 245
　　　　项目小结 ·· 254

项目七　了解智能传感技术 ·· 255

　　　　任务一　认识智能传感器 ·· 255
　　　　任务二　认识智能压力传感器 ·· 264
　　　　项目小结 ·· 270

附录 ··· 271

　　　　附录1　工业热电阻分度表 ·· 271
　　　　附录2　热电偶分度表 ·· 272

参考文献 ··· 277

////// **项目目标**

1. 了解传感器的应用领域。
2. 知道传感器的组成和分类。
3. 知道传感器的误差表示，会选择传感器。
4. 能遵守实训实验室安全规则，遵守 6S 管理规范。

任务一　认识传感器

////// **任务情境**

现代信息技术的三大支柱是测控技术、通信技术和计算机技术，而传感器技术作为现代科技的前沿技术，则是测控技术的基础，是国内外公认的最具有发展前途的高技术产业。

科学技术越发达，自动化程度越高，对传感器的依赖性就越强。要实现对信息的自动化处理和控制，首先要通过传感器将信息转换成电信号或光信号等容易传输和处理的信号，所以传感器处于自动检测与控制系统之首，是感知、获取与检测信息的窗口，被广泛应用于工业生产、资源探测、海洋环境监测、安全保卫、医疗诊断、家用电器、农业现代化等领域中。图 1-1-1 所示为传感器在各行各业中的应用。

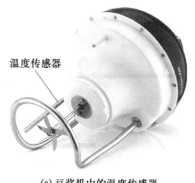

(a) 豆浆机中的温度传感器

(b) 传感器在海洋环境监测中的应用

(c) 智能传感器在智能交通中的应用

(d) 测速传感器用于轴承测速

(e) 图像传感器在包装业中的应用

(f) 光电传感器在物流行业的应用

(g) 传感器在航天领域中的应用

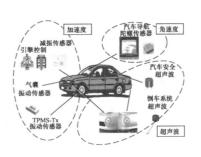

(h) 传感器在汽车中的应用

(i) 倾角传感器在通信车天线上的应用

(j) 称重传感器在计量中的应用

图1-1-1　传感器在各行各业中的应用

////// **任务准备**

　　人们在生产、生活中，总是要通过各种感觉器官来获取外界的信息，从而决定做什么。人的感觉器官——眼、耳、鼻、舌、皮肤分别具有视、听、嗅、味、触觉，它们帮助人们获取各种信息，而机器在代替人的劳动时，也需要获取同样的信息。机器靠什么来获取这样的信息呢？就是利用传感器。为此，人们开发出各种传感器。例如：光敏传感器、图像传感器相当于机器的眼睛；声音传感器、压电传感器相当于机器的耳朵；气敏传感器相当于机器的鼻子；振动传感器、温度传感器、压力传感器相当于机器的皮肤……不仅如此，随着传感器技术的不断发展，有些人类感官无法直接获取的信息，传感器也能精确地得到，使机器完成人类无法完成的工作，为人们的生活和社会的进步带来前所未有的发展前景。

图 1-1-2 所示为液位自动控制系统示意图，该系统主要由液位信号的采集、液位信号的传输和液位系统的控制 3 个部分组成。液体容器中放置着两个电容式传感器，用于液位信号的采集，连接着电容式传感器的屏蔽线用来传输液位信号，液位控制器用来控制水泵的开关。电容式传感器和液位控制器实物图如图 1-1-3 所示。

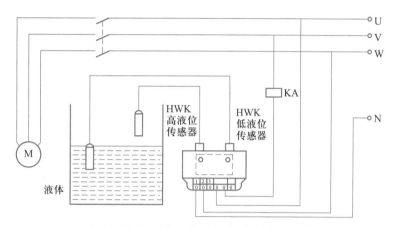

图 1-1-2　液位自动控制系统示意图

(a) 电容式传感器　　　　　　　(b) 液位控制器

图 1-1-3　电容式传感器和液位控制器实物图

当液体即将接触高液位或低液位传感器的感应面时，传感器就会发出一个信号到液位控制器，然后按照一定的程序断开或闭合接触器 KA 的线圈，通过接触器 KA 的主触点关闭或起动水泵电动机 M，这样液体储量就可以控制在需要的范围内，不用人工去控制，整个系统能一直处在自动控制的状态，大大改善了工作环境，降低了劳动强度。

通过以上的示例可以看出，传感器就是"能够感受规定的被测量并按照一定的规律转换成可用输出信号的器件或装置"。通俗地说，能把外界非电信息转换成电信号输出的器件就是传感器。传感器的作用包括信息的收集、信息数据的交换和控制信息的采集。

传感器的种类很多，外观也是千差万别。图 1-1-4 所示为部分传感器的外形。

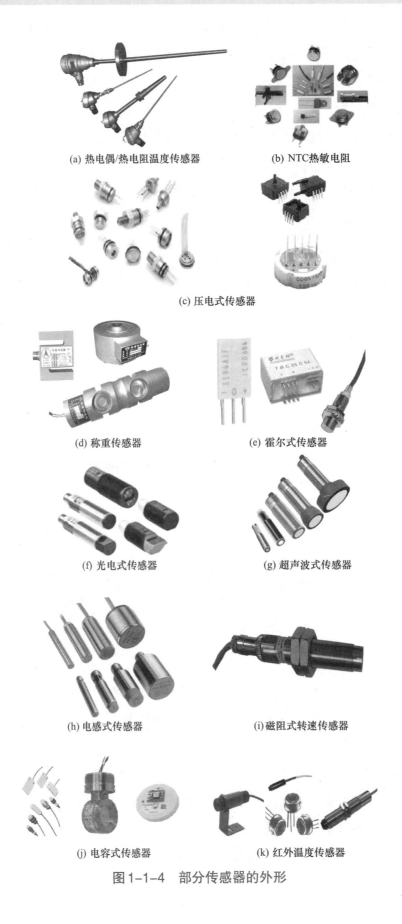

(a) 热电偶/热电阻温度传感器　　(b) NTC热敏电阻

(c) 压电式传感器

(d) 称重传感器　　(e) 霍尔式传感器

(f) 光电式传感器　　(g) 超声波式传感器

(h) 电感式传感器　　(i) 磁阻式转速传感器

(j) 电容式传感器　　(k) 红外温度传感器

图 1-1-4　部分传感器的外形

////// **任务实施**

一、通过观察、查阅资料、小组讨论，总结表 1-1-1 所列常用产品、设备包含的传感器，并说明它们的作用。

表 1-1-1 常用产品、设备包含的传感器

名称	图片	包含的传感器	作用
电子秤			
电视遥控器			
电热水器			
全自动洗衣机			

二、利用网络、文献等工具查阅常用传感器的技术资料并填入表 1-1-2。

表 1-1-2　常用传感器的技术资料

名称	品牌	型号	精度等级	适用场合
温度传感器				
湿度传感器				
流量传感器				
光电传感器				
超声波传感器				
压力传感器				
酒精浓度传感器				
位置传感器				
烟雾报警器				
振动传感器				

////// **任务评价**

评价项目	任务评价内容	分值	自我评价	小组评价	教师评价
职业素养	遵守实训实验室规程及文明使用实训实验室	10			
	出勤、纪律、团队协作	5			
理论知识	了解传感器的应用场合	10			
	了解传感器的发展趋势	5			
	掌握传感器的概念	10			
实操技能	会使用网络、文献等工具,查找和下载专业资料	20			
	正确识别传感器型号、主要指标等	20			
	能分析各领域中传感器的作用	20			
总分		100			
个人学习总结					
小组评价					
教师评价					

练一练

1. _____、_____及_____为信息技术的三大支柱，_____是信息技术的基础。

2. 传感器的作用包括_____、_____和_____。

知识拓展

现代传感器技术的发展趋势

当今社会的发展突出表现为信息化的发展。在信息时代，人们的社会活动将主要依靠对信息资源的开发及获取、传输与处理。而传感器是获取自然领域中信息的主要途径与手段，是现代科学的中枢神经系统。许多国家已将传感器技术列为与通信技术和计算机技术同等重要的位置。

现代传感器技术的发展趋势可以从4个方面分析与概括：一是新材料的开发与应用；二是实现传感器集成化、多功能化及智能化；三是实现传感器硬件系统与元器件的微小型化；四是通过传感器与其他学科的交叉整合，实现无线网络化。

1. 新材料的开发、应用

材料是发展传感器技术、研究新型传感器的重要基础和前提，是传感器技术升级的重要支撑，因而传感器技术的发展必然要求加大新材料的研制力度。事实上由于材料科学的不断发展，传感器的材料得到不断更新，品种得到不断丰富，目前除传统的半导体材料、陶瓷材料、光导材料、超导材料以外，新型的纳米材料的诞生有利于传感器向微型化方向发展，随着科学技术的不断进步将有更多的新型材料诞生。

2. 集成化、多功能化、智能化

传感器的集成化分为传感器本身的集成化和传感器与后续电路的集成化。利用集成加工技术，可使传感器具有体积小、质量轻、生产自动化程度高、制造成本低等优点。多功能化意味着一个传感器具有多种参数的检测功能，如压力和温度、温度和湿度等。智能化传感器是指装有微处理器的，不但能够执行信息处理和信息存储，而且还能够进行逻辑思考和结论判断的传感器系统。这一类传感器就相当于是微型计算机与传感器的综合体一样，其主要组成部分包括主传感器、辅助传感器及微型机的硬件设备。可以预见，智能化传感器将会在各个领域发挥越来越大的作用。

3. 传感器的微小型化

为了能够与信息时代信息量激增、要求捕获和处理信息的能力日益增强的发展趋势保持一致，传感器性能指标的要求越来越高，要求传感器必须配有标准的输出模式的场合越来越多，传统的大体积弱功能传感器往往难于满足要求，逐步被各种不同类型的体积小、重量轻、反应快、灵敏度高、成本低的高性能微型传感器所取代。

4. 传感器的无线网络化

传感器网络的主要组成部分就是一个个传感器节点，这些节点可以感受温度的高低、湿度的变化、压力的增减、噪声的升降等。每一个节点都是一个可以进行快速运算的微型计算机，它们将收集到的信息转化成为数字信号，进行编码，然后通过节点与节点之间自行建立的无线网络发送给具有更大处理能力的服务器。

传感器网络是当前国际上备受关注的、多学科高度交叉的新兴前沿研究热门领域，被认为是将对 21 世纪产生巨大影响的技术之一，有着十分广泛的应用前景。

任务二 认识传感器的组成及分类

///////// **任务情境**

传感器虽然应用在不同的场合，发挥着不同的作用，但其核心都是将诸如温度、流量、湿度、速度、压力、声音、位置、浓度、光线强弱等物理量进行自动、准确测量，并把它们转换成电信号进行显示或进行信号再处理，以达到精确控制调节的目的。

///////// **任务准备**

一、传感器的组成

图 1-2-1 所示为气体压力传感器的示意图，其工作原理是将气体压力转换成电信号输出。膜盒 2 的下半部与壳体 1 固定连接，上半部通过连杆与磁心 4 相连，磁心 4 置于两个电感线圈 3 中，后者接入测量转换电路 5。

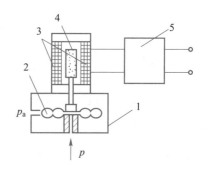

1—壳体；2—膜盒；3—电感线圈；
4—磁心；5—测量转换电路

图 1-2-1 气体压力传感器的示意图

这里的膜盒就是敏感元件，其外部与大气压力 p_a 相通，内部感受被测压力 p。当 p 变化时，引起膜盒上半部移动，即输出相应的位移量。可变电感线圈 3 是转换元件，它把输入的位移量转换成电感的变化，经过测量转换电路 5，把电感的变化转换成电量输出。

从气体压力传感器的工作原理可以看出，传感器通常由直接响应于被测量的敏感元件和产生可用信号输出的转换元件以及相应的测量转换电路组成，如图 1-2-2 所示。

敏感元件：直接感受被测量，并输出与被测量成确定关系的某一物理量的元件。

转换元件：将敏感元件的输出量转换成为电量输出。

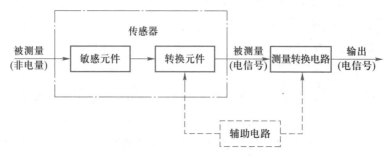

图 1-2-2 传感器的组成框图

测量转换电路：将电信号放大，并转换成为便于显示、记录、处理和控制的有用电信号。

传感器输出信号有很多形式，如电压、电流、频率、脉冲等，输出信号的形式由传感器的原理确定。常见的测量转换电路有放大器、电桥、振动器、电荷放大器等，它们分别与相应的传感器相配合。

传感器也称为变换器、检测器或探测器。它的构成有复杂的，也有简单的，不是所有的传感器都必须由传感元件和敏感元件组成，例如，热电偶、压电晶体、热敏电阻、光电器件等传感器，其敏感元件与转换元件两者合一，都是将感受到的被测量直接转换为电信号，没有中间环节。

二、传感器的分类

传感器有许多分类方法，但常用的分类方法有 3 种，见表 1-2-1。

表 1-2-1 传感器的常用分类方法

分类机理	分类举例	优点	缺点
按被测量（或传感器的用途）分类	温度传感器、压力传感器、流量传感器、液位传感器、位移传感器、速度传感器、湿度传感器、力传感器、加速度传感器、转矩传感器等	比较明确地表达了传感器的用途，便于使用者根据其用途选用	没有区分每种传感器在转换机理上有何共性和差异，不便使用者掌握其基本原理及分析方法
按工作原理分类	电阻式、电感式、电容式、阻抗式（电涡流式）、磁电式、热电式、压电式、光电式（包括红外式、光导纤维式）、谐振式、霍尔式（磁式）、超声波式、同位素式、电化学式、微波式等	对传感器的工作原理比较清楚，类别少，有利于传感器专业工作者对传感器的深入研究分析	不便于使用者根据用途选用
按输出信号的性质分类	模拟传感器和数字传感器	数字传感器读数直观	模拟传感器如果要与计算机连接，则需要引入模数转换环节

此外，传感器还有一些其他的分类标准，不再一一列举。

三、传感器的主要性能指标

对传感器输出量与输入量之间对应关系的描述称为传感器的特性，理想的传感器特性在实际中是不存在的，人们所能做的就是使实际的特性尽量接近理想特性，而这种接近的程度通常需要用一些性能指标来加以衡量。输入量恒定或缓慢变化时的传感器特性称为静态特性，相应地用静态指标来衡量；输入量变化较快时的传感器特性称为动态特性，相应地由动态指标来衡量。在此仅介绍几个主要的静态指标。

传感器的主要静态指标有灵敏度、精确度、测量范围与量程、线性度误差、分辨力与分辨率等。

1. 灵敏度

传感器的灵敏度 K 是指达到稳定工作状态时，输出变化量 Δy 与引起此变化的输入变化量 Δx 之比，即

$$K=\frac{\Delta y}{\Delta x}$$

灵敏度反映了传感器对被测参数变化的灵敏程度，其数值较大时，传感器的信号处理电路就较为简单。

显然，线性传感器的灵敏度就是其静态特性的斜率，在量程范围内，其灵敏度为常数，而非线性传感器的灵敏度则是其静态特性曲线某点处切线的斜率，它随输入量的变化而变化。

2. 精确度

传感器的精确度是指传感器的输出指示值与被测量约定真值的一致程度，它反映了传感器测量结果的可靠程度。

工程上，根据传感器的最大引用误差来划分精确度等级，常用的有 0.1、0.2、0.5、1.0、1.5、2.5、4.0、5.0 等等级。例如，0.5 级的仪表表示其允许的最大引用误差为 0.5%。

3. 测量范围与量程

传感器的测量范围是指按其标定的精确度可进行测量的被测量变化范围，而测量范围的上限值 y_{max} 与下限值 y_{min} 之差就是传感器的量程 y_m，即

$$y_m=y_{max}-y_{min}$$

例如，某温度计的测量范围为 $-20 \sim 100℃$，则其量程

$$y_m =100℃-(-20℃)=120℃$$

有的传感器一旦过载（即被测量超出测量范围）就将损坏，而有的传感器允许一定程度的过载，但过载部分不作为测量范围，这一点在使用中应加以注意。

4. 线性度误差

传感器的线性度误差 γ_L 是指实际的静态特性曲线与规定直线之间，在垂直方向上的最大偏差 $|(\Delta y_L)_{max}|$ 与最大输出 y_{max} 的百分比，如图 1-2-3 所示。

$$\gamma_L=[|(\Delta y_L)_{max}|/y_{max}]\times100\%$$

图 1-2-3 中的 y_0 称为零位输出，即被测量为零时传感器的指示值。

γ_L 数值小则线性度高，这样的传感器在电路上处理较方便，测量精确度也高；非线性大的传感器一般要采用线性化补偿电路或机械式的非线性补偿机构，造成其

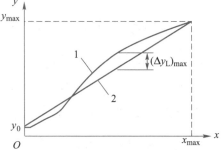

1—实际静态特性曲线；2—规定直线

图1-2-3 传感器的线性度误差

电路和结构均较复杂，调试也较烦琐，近年来，智能化的传感器常采用软件进行线性化处理，这样更加方便。

5. 分辨力与分辨率

分辨力指传感器能检测到的最小输入量的变化量。当被测量的变化小于分辨力时，传感器对输入量的变化无任何反应。对数字仪表而言，一般可以认为该表的最后一位所表示的数值就是它的分辨力。数字仪表能稳定显示的位数越多，分辨力也越高。分辨力用绝对值表示。

将分辨力除以仪表的满量程就是仪表的分辨率，一般用百分数表示。分辨率反映了传感器检测输入微小变化的能力。对数字仪表而言，将该表的最后一位所代表的数值除以该表的满量程，就可以得到该表的分辨率。

例如，某数字温度表，其测温范围为 $0 \sim 199.9℃$，分辨力为 $0.1℃$，则该表的分辨率为

$$\frac{0.1}{199.9 - 0} \times 100\% \approx 0.05\%$$

数字仪表的分辨率也可用数字仪表能显示的最小数字与最大数字之比的百分数来表示。例如，$3\frac{1}{2}$ 位（三位半）数字仪表可显示的最小数字（不包括 0）为 1，最大数字为 1 999，故分辨率为 $\frac{1}{1\,999} \times 100\% \approx 0.05\%$。同理，$3\frac{3}{4}$ 位数字仪表的分辨率是 $\frac{1}{3\,999} \times 100\% \approx 0.025\%$。

传感器的其他一些静态性能指标，如回差（或迟滞）、死区、阈值、重复性、漂移等在此不再一一介绍。

////// **任务实施**

一、工件及材料准备（见表 1-2-2）

表 1-2-2 工件及材料准备

序号	名称	型号或规格	图片	数量	备注
1	电阻箱	ZX25a		1 台/组	
2	数字万用表	$3\frac{1}{2}$ 位		各 1 台/组	
3	模拟万用表	500 型		各 1 台/组	

序号	名称	型号或规格	图片	数量	备注
4	温度显示仪表	XMZ-102或万能数显表		1台/组	
5	十字螺丝刀	ϕ5 mm×100 mm		1把/组	
6	导线				根据需要确定

二、调校 XMZ-102 数字温度显示仪表

步骤 1：准备好 XMZ-102 数字温度显示仪表和 ZX25a 单臂电阻箱，按照图 1-2-4 接线。

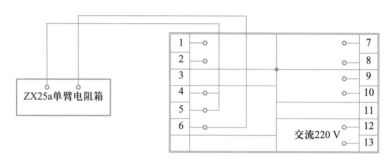

图 1-2-4 XMZ-102数字温度显示仪表调校图

步骤 2：将电阻箱的电阻值分别置于 100 Ω 等各挡电阻值上，观察数字温度显示仪表的显示值，并记入表 1-2-3 中。

步骤 3：分别用模拟、数字万用表测量电阻箱输出端的电阻值，并记入表 1-2-3 中。

表 1-2-3 测 量 结 果

R_t/Ω	100	119.4	138.5	157.31	175.84	194.07	212.02	229.17	247.04	264.11	280.9
温度显示值/℃											
模拟万用表测量结果											
数字万用表测量结果											

步骤 4：以模拟、数字万用表测量结果为横坐标，显示值为纵坐标分别绘出 XMZ-102 数字温度显示仪表输出特性曲线图形，并分析其线性度。

步骤 5：求 R_1=138.5 Ω 和 R_2=212.02 Ω 时表的灵敏度 K_1、K_2。

提示

① 万用表的量程要选择适当，表笔接触要良好。

② 测试过程中动作要规范。

③ 绘制输出特性曲线图形时，横坐标、纵坐标比例可以不同。

////// **任务评价**

评价项目	任务评价内容	分值	自我评价	小组评价	教师评价
职业素养	遵守实训实验室规程及文明使用实训实验室	5			
	出勤、纪律、团队协作	5			
理论知识	掌握传感器的组成	15			
	了解传感器的分类	5			
	了解传感器的指标	5			
实操技能	参数指标识读正确	10			
	万用表使用正确	15			
	电路接线正确	20			
	参数计算正确	20			
总分		100			
个人学习总结					
小组评价					
教师评价					

 练一练

一、填空题

1. 传感器是指一个能将被测的_____转换成_____的器件，它一般由_____、_____及_____三部分组成。

2. _____是传感器中能直接感知或响应被测量的元件；_____是将被测量转换成电信号的部分；_____将电信号转换为便于显示、记录、处理和控制的有用电信号。

3. 传感器的静态特性指标主要有_____、_____和_____、_____、_____。

4. 某位移传感器在位移变化 1 mm 时，输出电压变化为 50 mV，则其灵敏度应表示为_____。

5. 传感器输出信号有很多形式，如电压、_____、_____、脉冲等，输出信号的形式由_____确定。常见的测量转换电路有放大器、_____、_____、电荷放大器等，它们分别与相应的传感器相配合。

6. 传感器也称为_____、_____或_____。

7. 由于传感器输出信号一般都很微弱，需要由测量电路将其放大或转换为便于显示、记录、处理和控制的形式，这一部分称为_____。

8. _____是指传感器在稳定的条件下，输出的变化量与引起该变化量的输入变化量之比。

二、判断题

1. 测量范围可由量程来确定。　　　　　　　　　　　　　　　　　　　　　（　　）

2. 某温度仪表的显示值为230.7℃，则该仪表的分辨力为0.7℃。　　　　　（　　）

3. 分辨力越小，表明传感器检测非电量的能力越弱。　　　　　　　　　　　（　　）

任务三　测量误差的表示和传感器的选用 ■

/////// **任务情境**

在任何测量过程中，无论采用多么完善的测量仪器和测量方法，误差的存在都是绝对的，而误差的大小是相对的。而在选用传感器时，精度是衡量传感器的一个重要的性能指标。

/////// **任务准备**

一、误差的表示方法

根据误差表示方法的不同，有绝对误差、相对误差和引用误差。

1. 绝对误差

绝对误差指测量结果与被测量约定真值之间的差值，即

$$\Delta X = X - X_0$$

式中，ΔX——绝对误差；

X——测量结果；

X_0——约定真值。

绝对误差有单位和符号。测量仪器应定期送计量部门进行检定（即校准），由上一级标准给出该仪器的修正值。所谓修正值，就是与绝对误差大小相等、符号相反的量，用 C 表示，则

$$C = -\Delta X = X_0 - X$$

于是被测量的约定真值 $X_0 = X + C$。

应该说明的是，修正值必须在仪器检定的有效期内使用，否则要重新检定，以获得准确的修正值。

2. 相对误差

相对误差就是绝对误差除以被测量的约定真值，并用百分数表示。即

$$\delta = \frac{X - X_0}{X_0} \times 100\% = \frac{\Delta X}{X_0} \times 100\%$$

相对误差是一个比值，量纲为一，但有正负之分。它能够客观地反映测量结果的准确度。

3. 引用误差

测量结果的准确性不仅与绝对误差和相对误差有关，而且还与测量范围有关。所谓引用误差，就是测量仪表在量程范围内某点示值的绝对误差与其量程比值的百分数，即

$$\eta = \frac{\Delta X}{X_{\max} - X_{\min}} \times 100\%$$

仪表的精度等级就是根据引用误差来确定的。例如，某一仪表的精度等级为 0.1，则表示该仪表的最大引用误差值不超过±0.1%。

在测量过程中，由于被测量千差万别，产生误差的原因也不相同，所以误差的种类也很多。若按照误差产生的原因及其性质来分，误差分为系统误差、随机误差、疏忽误差和缓变误差等，这里不再赘述。

二、传感器选用的基本原则

传感器的种类很多，对于同一种被测物理量，可选不同的传感器。例如，被测物理量是位移，可以选电阻应变式传感器、电容式传感器、电感式传感器、数字式传感器等。选用哪一种传感器比较合适，应根据被测量的特点和传感器的使用条件考虑以下一些具体问题：量程的大小；被测位置对传感器体积的要求；测量方式为接触式还是非接触式；信号的输出方法；以及价格、产品质量等。

选用传感器的基本原则：

1. 灵敏度的选择

通常传感器的灵敏度越高越好，因为这样有利于信号处理。但要注意的是，传感器的灵敏度高，与被测量无关的外界噪声也容易混入，也会被放大系统放大，影响测量精度。

2. 线性范围的选择

传感器的线性范围越宽，则其量程越大。当传感器的种类确定以后首先要看其量程是否满足要求。但实际上，任何传感器都不能保证绝对的线性，其线性度也是相对的。当测量精度要求比较低时，在一定的范围内，可将非线性误差较小的传感器近似看作线性的，这会给测量带来极大的方便。在确定量程时，还应考虑到输入量可能发生的瞬间突变导致的过载量。

3. 稳定性

稳定性是传感器能保持长时间稳定不变的能力。影响传感器长期稳定性的因素除传感器本身结构外，主要是传感器的使用环境。在选择传感器之前，应对其使用环境进行调查，并

根据具体的使用环境选择合适的传感器，或采取适当的措施，减小环境的影响。

4. 精度

传感器的精度越高，其价格越昂贵，因此，传感器的精度只要能满足整个测量系统的精度要求就可以，不必选得过高。这样就可以在满足同一测量目的的诸多传感器中选择比较便宜和简单的传感器。

5. 频率响应特性

传感器的频率响应特性决定了被测量的频率范围，必须在允许频率范围内保持不失真的测量条件，实际上传感器的响应总有一定延迟，希望延迟时间越短越好。

////// **任务实施**

一、万用表精度分析

利用表 1-2-3 的实验记录数据进行以下分析：

1. 分别计算用模拟万用表、数字万用表测量的结果与电阻箱的阻值的误差，填入表 1-3-1 中。

表 1-3-1　测量记录表

R_t/Ω	100	119.4	138.5	157.31	175.84	194.07	212.02	229.17	247.04	264.11	280.9
$4\frac{1}{2}$ 位万用表测量结果											
$3\frac{1}{2}$ 位万用表测量结果											
$4\frac{1}{2}$ 位万用表测量误差											
$3\frac{1}{2}$ 位万用表测量误差											

2. 判断哪一只万用表测量精度高，为什么？

3. 试分析在满足测量精度要求的前提下，选用哪一只万用表较好，为什么？

二、传感器的选择

1. 在用燃煤取暖的室内，为了能在发生煤气中毒事故时及时报警，你认为需要安装哪些传感器？

2. 为节约用电，在办公楼和居民楼的楼道需要安装一些传感器，当夜晚有人上楼时，楼道灯自动点亮，过一会儿，灯自动熄灭。你认为需要安装哪些传感器？

3. 为了保障温室大棚里蔬菜的生长，你认为需要安装哪些传感器？

////// **任务评价**

评价项目	任务评价内容	分值	自我评价	小组评价	教师评价
职业素养	出勤、纪律、团队协作	10			
理论知识	掌握传感器误差的表示方法	15			
	掌握传感器的选用原则	10			
	会误差的计算	15			
实操技能	公式应用正确	15			
	参数计算正确	15			
	能根据测量条件、使用环境、合理选择传感器	20			
总分		100			
个人学习总结					
小组评价					
教师评价					

 **练一练**

一、选择题

1. 某仪器厂需要购买压力表，希望压力表的满度相对误差小于 0.9%，考虑到经济效益，应购买（   ）级的压力表。

A. 0.2   B. 0.5   C. 1.0   D. 1.5

2. 某采购员分别在三家商店购买 100 kg 大米、10 kg 苹果、1 kg 巧克力，发现均缺少约 0.5 kg，但该采购员对卖巧克力的商店意见最大，在这个例子中，产生此心理作用的主要因素是（   ）。

A. 绝对误差   B. 相对误差   C. 引用误差   D. 精度等级

3. 在选购线性仪表时，必须在同一系列的仪表中选择适当的量程。这时必须考虑到应尽量使选购的仪表量程为欲测量的（   ）左右为宜。

A. 3 倍   B. 10 倍   C. 1.5 倍   D. 0.75 倍

4. 仪表准确度等级越小，表示仪表的测量精度（   ）。

A. 越高   B. 越低   C. 不变   D. 不能确定

二、分析计算题

1. 某测温仪表的测量下限是 8.137 mV，测量上限是 33.277 mV，又已知仪表的精度为 0.5

级，问该表的测量范围和量程各为多少？仪表的基本允许误差为多少？

2. 要测量 240 V 电压，要求测量的相对误差不大于 0.6%，若选用 250 V 量程的电压表，其精度应为多少？若选用 500 V 量程的电压表，其精度又应为多少？

3. 有一台两线制压力变送器，量程范围为 0 ~ 10 MPa，对应的输出电流为 4 ~ 20 mA。试求：

（1）压力 p 与输出电流 I 的关系表达式（输入 / 输出方程）。

（2）当 p 为 0 MPa、1 MPa 和 5 MPa 时变送器对应的输出电流。

（3）如果希望在信号传输终端将电流信号转换为 1 ~ 5 V 电压，求负载电阻 R_L 的阻值。

（4）如果测得变送器的输出电流为 5 mA，求此时的压力 p。

4. 用一台 $3\frac{1}{2}$ 位（俗称三位半）、精度为 0.5 级（已包含最后一位的 +1 误差）的数字式电子温度计，测量汽轮机高压蒸汽的温度，数字面板上显示出图 1-3-1 所示的数值。假设其最后一位即分辨力，求该仪表的以下参数：

（1）分辨力、分辨率及最大显示值。

（2）可能产生的最大满度相对误差和绝对误差。

（3）被测温度的示值。

（4）示值相对误差。

（5）被测温度实际值的上、下限。

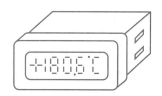

图 1-3-1 数字式电子温度计面板示意图

提示

该三位半数字仪表的量程上限为 199.9℃，下限为 0℃。

项目小结

把外界非电信号转换成电信号输出的器件称为传感器。一个完整的传感器通常由敏感元件、转换元件和测量转换电路三部分组成。敏感元件是传感器中能直接感知或响应被测量的元件；转换元件是将感受的被测量转换成电信号的元件；测量转换电路将电信号转换为便于显示、记录、处理和控制的有用电信号。

传感器可以按不同的方法分类，在实际应用中常用的分类方法有 3 种：按被测量、工作原理和输出信号的性质分类。传感器的特性有静态特性和动态特性之分。静态特性主要有灵敏度、精确度、测量范围与量程、线性度误差、分辨力与分辨率，而动态特性主要考虑响应速度和频率响应。

根据误差表示方法的不同，传感器的误差有绝对误差、相对误差和引用误差 3 种。选择合适的传感器，需要考虑测量对象的性质、所处环境、对测量的要求等因素，确定选用传感器的类型和性能指标。

项目二
温度及环境量检测

/////// **项目目标**

1. 认识温标，了解温度、湿度、气体的主要测量方法。
2. 掌握热电阻的工作原理和分类以及热电阻在温度测量和控制中的应用。
3. 掌握热电偶的工作原理以及热电偶在温度测量和控制中的应用。
4. 认识湿敏传感器及其在工农业生产中的应用。
5. 认识气敏电阻传感器在环境量检测中的应用。
6. 在实训实验中，能遵守实训实验室安全规则，遵守 6S 管理规范。

任务一　认识温度及环境量的主要检测方法 ■

/////// **任务情境**

温度是表征物体冷热程度的物理量，它和人们的生活环境密切相关，也是一种在生活、生产、科研中需要测量和控制的重要物理量。测量温度的方法有很多，但都只能通过物体随温度变化的某些特性来间接测量和感知。

环境量包含的内容很广泛，例如温度、湿度、气体成分等。随着人们生活水平的不断提高和对环保的日益重视，对各种有毒有害气体的探测，对大气污染、工业废气的监测以及对食品和居住环境质量的检测都提出了更高的要求。对气体的检测和监控通常是用气体传感器来完成的。

图 2-1-1 所示为温度及环境量与生活、生产的关系。

/////// **任务准备**

一、温度的表示方法

温标是衡量温度高低的标准尺度。温标规定了温度的读数起点（零点）和测量温度的基

(a) 人遇冷会添加衣服保暖

(b) 家用电烤箱的控制温度与所加工食物有对应的关系

(c) 汽车发动机温度过高会产生故障

(d) 钢水温度影响着产品的质量

(e) 塑料大棚中温度和湿度影响着蔬菜的生长

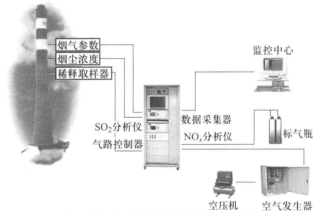
(f) 工业生产中排放的废气影响着空气的质量

图2-1-1　温度及环境量与生活、生产的关系

本单位。温标的种类很多，常用的温标如下：

1. 摄氏温标

将标准大气压下水的冰点定为 0 摄氏度，水的沸点定为 100 摄氏度，中间划成 100 等份，每一等份为 1 摄氏度，单位为℃。人们生活中常用的温度就是用摄氏温标表示的。

2. 华氏温标

在标准大气压下，纯水的冰点温度为 32 华氏度，水的沸点为 212 华氏度，中间划成 180 等份，每一等份为 1 华氏度，单位为℉。部分国家和地区采用华氏温标表示温度。

摄氏温标与华氏温标的换算关系为

$$T_F(℉) = 1.8t(℃) + 32$$

式中，t——摄氏温度；

T_F——华氏温度。

3. 热力学温标

热力学温标又称为开尔文温标，单位为 K。从绝对零度起算，水的冰点为 273.15 K，沸点为 373.15 K，每度的大小与摄氏温标每度大小相同。

热力学温标与摄氏温标的换算关系为

$$t(℃) = T(K) - 273.15$$

4. 国际温标

国际温标采用热力学温标作为标准。

图 2-1-2 所示为摄氏温标、华氏温标和热力学温标之间的关系。

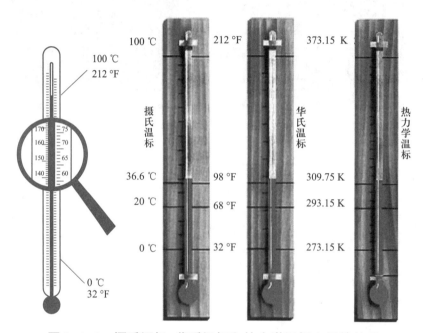

图2-1-2 摄氏温标、华氏温标和热力学温标之间的关系

二、测量温度的主要方法

测量温度主要使用温度传感器，温度传感器的种类很多，按照测温方式可分为接触式与非接触式两大类。

1. 接触式温度传感器

接触式温度传感器的测温敏感元件直接与被测介质接触，使被测介质与测温敏感元件进行充分的热交换，使两者具有同一温度，达到测量的目的。常见的接触式温度传感器有玻璃温度计（如图 2-1-3 所示）、双金属温度计（如图 2-1-4 所示）、压力式温度计（如图 2-1-5 所示）、热电阻温度计（如图 2-1-6 所示）、热电偶温度计（如图 2-1-7 所示）等。

2. 非接触式温度传感器

非接触式温度传感器利用物质热辐射原理，测温敏感元件不与被测介质接触，通过辐射和对流实现热交换，达到测温的目的，可进行遥测。常见的非接触式温度传感器有辐射式温度计、红外线温度计等，如图 2-1-8 所示。

(a) 室内温度计　　　　　　　　　　　　(b) 体温计

图 2-1-3　玻璃温度计

(a) 指针式双金属温度计　　　　　　　(b) 数字式双金属温度计

图 2-1-4　双金属温度计

(a) 指针式压力温度计　　　　　　　　(b) 数字式压力温度计

图 2-1-5　压力式温度计

(a) 热电阻　　　　　　　　　　　　　(b) 热电阻温度计

图 2-1-6　热电阻温度计

(a) 集成式热电偶　　　　　　　　(b) 简易热电偶

图2-1-7 热电偶温度计

(a) 辐射式温度计　　　(b) 用红外线温度计测体温　　　(c) 用辐射式温度计测钢水温度

图2-1-8 非接触式温度计及其应用

各种温度计都有自己的特点和适用范围。表 2-1-1 为接触式与非接触式温度传感器测温特性比较。

表 2-1-1　接触式与非接触式温度传感器测温特性比较

特性 \ 种类	接触式	非接触式
特点	可测量任何部位的温度,便于多点集中测量和自动控制;不适宜测量热容量小的物体和移动物体	不改变被测介质温度,可测量移动物体的温度,通常只测量表面温度
测量条件	测温元件要与被测介质很好接触且需要足够长的时间;被测介质温度不因接触测温元件而发生变化	被测对象发出的辐射能要充分照射到测温元件上;被测对象的发射率要准确知道
测量范围	容易测量 1 100℃以下的温度,测量 1 100℃以上的温度使用寿命较短	测量 1 100℃以上的温度较准确,测量 1 100℃以下的温度误差大
精确度	测量误差通常为0.4%~1%,依据测量条件可达0.1%	测量误差通常为±20℃左右,条件好的可达±5~±10℃
响应速度	测温响应速度通常较慢,1~3 min	测温响应速度通常较快,2~3 s

三、湿度的表示方法

在工农业生产、气象、环保、国防、科研、航天等部门,经常需要对环境湿度进行测量及控制。而测量湿度时易受其他因素(如大气压强、温度)影响,所以在常规的环境参数中,湿度是最难准确测量的参数之一,很难用数量来表示,而且湿度的校准也是一个难题。

湿度是表示大气干燥程度的物理量。湿度常用绝对湿度、相对湿度、露点等物理量来表示。

1. 绝对湿度

绝对湿度是指单位体积空气内所含水蒸气的质量，也就是指空气中水蒸气的密度。通常以单位体积空气中所含水蒸气的质量来表示，即

$$\rho_v = \frac{m}{V}$$

式中，m——待测空气中水蒸气质量，单位为 g；

　　　V——待测空气的总体积，单位为 m^3；

　　　ρ_v——待测空气的绝对湿度，单位为 g/m^3。

温度对绝对湿度有着直接影响，一般情况下，温度越高，绝对湿度就越大；反之，绝对湿度就小。

2. 相对湿度

水蒸气压是指在一定的温度条件下，混合气体中存在的水蒸气分压（p）。饱和水蒸气压是指在同一温度下，混合气体中所含水蒸气压的最大值（p_s）。温度越高，饱和水蒸气压越大。在某一温度下，其水蒸气压与饱和水蒸气压的百分比，称为相对湿度 B，即

$$B = \frac{p}{p_s} \times 100\%$$

式中，B——相对湿度；

　　　p——水蒸气压；

　　　p_s——当时气温下饱和水蒸气压。

相对湿度越大，空气越潮湿，反之，则越干燥。日常生活中所说的空气湿度，实际上是指相对湿度。

3. 露（霜）点

饱和水蒸气压随温度的降低而逐渐下降。温度越低，则同样的水蒸气压与饱和水蒸气压的差值越小。当温度下降到某一值时，水蒸气压与饱和水蒸气压相等，空气中的水蒸气将向液相转化而凝结成露珠，此时相对湿度为 100%。该温度称为空气的露点温度，简称露点。如果这一温度低于 0℃，水蒸气将结霜，又称为霜点温度，简称霜点，一般将两者统称为露点。水蒸气压越小，露点越低，因而可用露点表示湿度。

四、湿度的测量方法

湿度的测量方法很多，常见的有：动态法（双压法、双温法、分流法），静态法（饱和盐法、硫酸法），露点法，干湿球法和电子式温度传感器法。

① 双压法、双温法平衡时间较长，分流法是基于湿气和干空气的混合。此种方法主要作为标准计量之用，其测量精度可达 ±2%RH 以上。

② 静态法中的饱和盐法，是湿度测量中最常见的方法，简单易行。但饱和盐法对液、气两相的平衡要求很严，对环境温度的稳定性要求较高。

③ 露点法是测量湿空气达到饱和时的温度，是热力学的直接结果，准确度高，测量范围宽。计量用的精密露点仪准确度可达±0.2℃甚至更高。

④ 干湿球法是一种间接方法，它用干湿球方程换算出湿度值，而此方程是有条件的：即在湿球附近的风速必须达到 2.5 m/s 以上。普通干湿球湿度计的准确度为 5%～7%RH。

⑤ 电子式湿度传感器采用半导体技术，对使用的环境温度有要求，超过规定的使用温度将对传感器造成损坏，因此电子式湿度传感器测湿方法更适合在洁净及常温的场合使用，其准确度可以达到 2%～3%RH。

干湿球测湿法、电子式湿度传感器法是目前主要的两种湿度测量方法，被广泛应用于精密仪器、半导体集成电路与元器件制造场所以及天气预报、医疗卫生、食品加工等行业。

五、气体的测量

气体传感器是一种将气体的成分、浓度等信息转换成可以被人员、仪器仪表、计算机等利用的信息采集装置。气体传感器一般被归为化学传感器的一类，包括半导体气体传感器、电化学气体传感器、催化燃烧式气体传感器、热导式气体传感器、红外线气体传感器、磁性氧气传感器等。气体传感器广泛应用于石油、化工、冶金、采矿、制药、半导体加工、喷涂包装等工业现场和家庭、商场、液化气站、煤气站、加油站等民用 / 商用需防火防爆、预防中毒、空气污染的场所，以及农业温室气体检测、沼气分析和沼气安全监控、环保应急事故、反恐怖袭击、危险品储运等方面。

/////// **任务实施**

一、工件及材料准备（见表 2-1-2）

表 2-1-2 工件及材料准备

序号	名称	图片	数量	型号或规格	测温范围
1	玻璃式温度计		1 支/组		
2	玻璃式体温计		2 支/组		
3	数字式体温计		1 支/组		

续表

序号	名称	图片	数量	型号或规格	测温范围
4	双金属温度计		1支/组		
5	热电阻		1支/组		
6	热电偶		1支/组		
7	非接触式温度计		1支/组		
8	盛水容器		1个/组		

二、认识温度传感器

根据表 2-1-2 提供的各种温度传感器，观察认识实物，注意查看铭牌，区别热电偶、热电阻，并将表 2-1-2 填写完整。

三、测量温度

使用各种温度计测量温度，将测量结果填写在表 2-1-3 中。

步骤 1：分别用玻璃式体温计和数字式体温计测量自己的体温，并做好记录。

步骤 2：用玻璃式温度计测出室内外温度，并做好记录。

 提示

① 用玻璃式体温计测量体温时，应保证接触时间在 5～10 min；在查看读数时，应使体温计与视线平行。

② 用数字式体温计测量体温时，应先清零，然后开始测量。

步骤 3：将双金属温度计测量端插入到装热水容器的中心处测量热水温度，并做好记录。

 提示

用双金属温度计测温时，严禁扭动仪表外壳。

步骤 4：用非接触式温度计测量同组同学的体温，并做好记录。

提示

用非接触式温度计测量体温时，应将仪器指向额头正中眉心上方并保持垂直，测量部位不能被毛发等遮挡，仪器与额头距离为5～10 cm；不能在风扇、空调的出风口等气流较大的地方测量。

表 2-1-3　温度测量数据记录表

实践项目	温度计种类	测量对象	测量值
接触式测量体温			
测量室内外气温			
测量水温			
非接触式测量体温			

任务评价

评价项目	任务评价内容	分值	自我评价	小组评价	教师评价
职业素养	遵守实训实验室规程及文明使用实训实验室	10			
	按实物观测操作流程规定操作	10			
	出勤、纪律、团队协作	5			
理论知识	温标的概念及换算	10			
	温度计的分类	10			
实操技能	实物观察记录	25			
	动手实践	30			
总分		100			
个人学习总结					
小组评价					
教师评价					

练一练

一、填空题

1. 正常人的体温为37℃，则此时的华氏温度为_____，热力学温度为_____。

2. 空气中含有水蒸气的量称为_____，含有水蒸气的空气是一种_____气体。

3. 在某一温度下，水蒸气压与饱和水蒸气压的百分比称为_____。

4. 湿度测量方法很多，目前主要的湿度测量方法有两种，分别是_____测湿法和_____测湿法。

5. 相对湿度为 100%RH 时，空气中的水蒸气将向液相转化而凝结成露珠，此时温度简称为空气的_____。

二、问答题

1. 什么是温标？常用的温标有哪些？

2. 物体的温度是否可以直接测量？为什么？

3. 温度测量的方法有哪些？

4. 利用网络资源，查阅了解温度、湿度与人们生活的关系。

5. 利用网络资源，查阅了解影响空气质量的主要因素。

 知识拓展

温湿度传感器的选择

由于温度与湿度都与人们实际的生活、生产有着密切的关系，因此温湿度一体的传感器有着广泛的应用。温湿度传感器是指能将温度量和湿度量都转换成容易被测量处理的电信号的设备或装置。市场上的温湿度传感器一般是测量温度量和相对湿度量，选择温湿度传感器时需要注意以下几点：

① 精度、供电方式、输出信号、安装方式是否满足现场要求。

② 现场是否会结露，温湿度传感器是否抗结露。

③ 现场温度会不会超过温湿度传感器允许温度范围。

④ 现场环境会不会对温湿度传感器造成损坏。

⑤ 安装现场是否需要做防护。

任务二　用热电阻测量温度 ■

///// **任务情境**

热电阻是基于导体或半导体的阻值随温度变化而变化的特性进行温度测量的，广泛应用于石油、化工、机械、冶金、电力、轻纺、食品、医疗、宇航等行业中。图 2-2-1、图 2-2-2 所示为热电阻在烘道、烘房以及电加热炉中的应用。

(a) 设备全景

(b) 安装在设备上的热电阻

图 2-2-1　热电阻在烘道、烘房中的应用

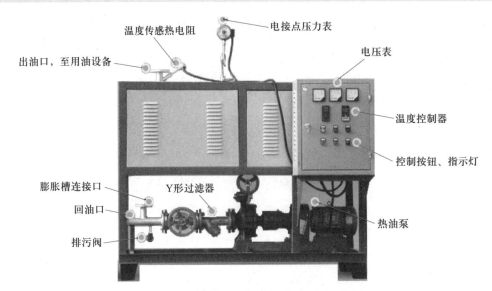

图2-2-2　热电阻在电加热炉中的应用

////// **任务准备**

一、认识热电阻

热电阻是基于电阻的热效应进行温度测量的，即电阻体的阻值随温度的变化而变化。因此，只要测量出感温热电阻的阻值变化，就可以测量出温度。热电阻按材料不同可以分为金属热电阻和半导体热电阻两类。人们习惯把金属热电阻称为热电阻，而将半导体热电阻称为热敏电阻。

金属热电阻的常用测量范围为 $-200 \sim 650℃$，其特点是测量准确、稳定性好、性能可靠，宜于监测低温。金属热电阻阻值和温度一般可以用以下的近似关系式表示，即

$$R_t = R_{t0} \left[1 + \alpha (t - t_0) \right]$$

式中，R_t——温度为 t 时的阻值；

　　R_{t0}——温度为 t_0（通常 $t_0 = 0℃$）时的阻值；

　　α——温度系数。

图 2-2-3 所示为金属热电阻的外形。

(a) 铂热电阻

(b) 铜热电阻

图2-2-3　金属热电阻的外形

目前应用较为广泛的热电阻材料是铂、铜，除此之外还有镍、铁、铁－镍、钨、银等，其中铂的性能最好，可制成标准温度计。表 2-2-1 列出了热电阻的主要技术性能。

表 2-2-1　热电阻的主要技术性能

材料	铂（WZP）	铜（WZC）
使用温度范围/℃	−200～ +960	−50～ +150
电阻率/（Ω•m×10^{-6}）	0.098～0.106	0.017
0～100℃ 间温度系数 α（平均值）/（1/℃）	0.003 85	0.004 28
化学稳定性	在氧化性介质中较稳定,不能在还原性介质中使用,尤其在高温情况下	超过100℃易氧化
特点	特性接近线性、性能稳定、准确度高	线性度较好、价格低廉、体积大
应用场合	适于较高温度范围的测量,可作为标准测温装置	适于无水分、无腐蚀性介质的温度测量

为了区分不同的热电阻，引入了分度号的概念，用来表示不同材料的热电阻。分度号由字母和数字两部分组成，字母表示热电阻材料，数字表示 0℃时该热电阻的阻值，也称为标称阻值，单位为 Ω。例如，Pt100 表示该热电阻的材料为铂，铂电阻在 0℃时的阻值为 100Ω。同样，Cu50 表示该热电阻的材料为铜，铜电阻在 0℃时的阻值为 50Ω。

工业热电阻分度表见附录 1。

二、热电阻常用测量电路

热电阻把被测温度转换成电阻阻值，通过测量转换电路将阻值转换成电信号后送到显示仪表，显示仪表则显示被测温度值的大小，如图 2-2-4 所示。

图 2-2-4　热电阻测量系统组成

测量转换电路(简称测量电路)一般采用电桥电路。最简单的电桥电路如图 2-2-5(a)所示，图中 R_t 为热电阻，R_1、R_2、R_3 为锰铜电阻，它们的电阻温度系数十分小，因此可以认为是固定电阻。当加上桥路电源 E 后，电桥即有相应的输出 U_O。在进行测量时，热电阻 R_t 被安装在测温点上，然后用连接导线连接到电桥的接线端子上。由于热电阻本身的阻值较小，所以引线电阻 R_W 及其随长度和温度的变化就不能忽略。为了消除和减小引线电阻的影响，工业中通常采用三线制连接法，如图 2-2-5（b）所示。在精密测量时，常采用四线制连接法，如图 2-2-5（c）所示，这种引线方式可完全消除引线电阻的影响。

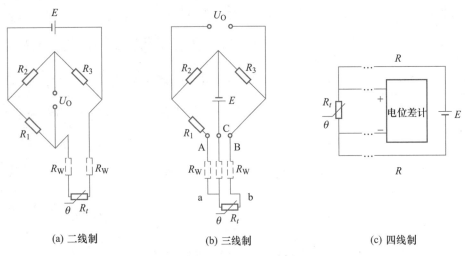

(a) 二线制   (b) 三线制   (c) 四线制

图 2-2-5 热电阻测量电路

三、热电阻传感器的选用原则和方法

1. 根据被测温度范围选取

热电阻常用的只有 Pt100 和 Cu50 两种。在确定温度范围时要留一定的余量，例如，被测温度在 130℃ 左右，选择 Cu50 就不太合适了，因为余量太少，如果最高温度超过 150℃ 就无法测量。目前，Cu50 一般用在室温的测量上，如温室大棚的温度测量；Pt100 则应用较广，如蒸汽的温度测量、烤箱的温度测量等。

2. 按结构类型来选取

按结构类型来分，热电阻有装配式、铠装式、薄膜式、隔爆式等。

（1）装配式热电阻

装配式热电阻可对气体、液体介质以及固定表面温度进行测量，通常由感温元件、安装固定装置和接线盒等主要部件组成，其结构示意图如图 2-2-6 所示。装配式热电阻的外形因安装连接方式不同而不同，如图 2-2-7 所示，不同连接方式装配式热电阻的特点见表 2-2-2。

（2）隔爆式热电阻

在化工厂等生产现场，常伴随有各种易燃、易爆的化学气体以及蒸气等，这种场合必须使用隔爆式热电阻，如图 2-2-8 所示。

表 2-2-2 不同连接方式装配式热电阻的特点

外形	连接方式	特点
光杆式	插入	不能承压
螺纹式	螺纹连接	可以承受很小的压力
法兰式	法兰连接	可以承受一定的压力

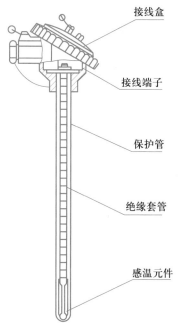

图 2-2-6 装配式热电阻结构示意图

接线盒
接线端子
保护管
绝缘套管
感温元件

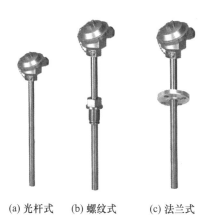

(a) 光杆式　(b) 螺纹式　(c) 法兰式

图 2-2-7 装配式热电阻外形

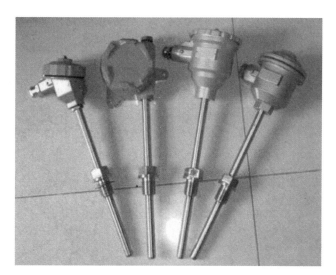

图 2-2-8 隔爆式热电阻外形

（3）铠装式热电阻

铠装式热电阻与显示仪表配套，可对气体、液体介质或固定表面温度进行自动检测，通常由感温元件、安装固定装置和接线装置等主要部件组成，适宜安装在管道狭窄和要求快速反应、微型化等特殊场合，其结构和外形如图 2-2-9 所示。

（4）薄膜式热电阻

薄膜式热电阻的尺寸可以小到几平方毫米，适用于测量微小面积上的瞬变温度，如图 2-2-10 所示。

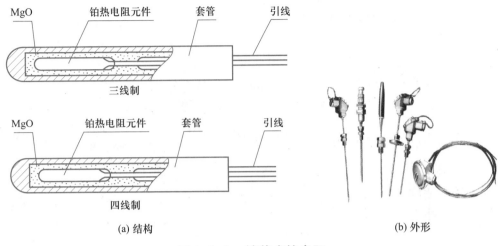

(a) 结构   (b) 外形

图2-2-9 铠装式热电阻

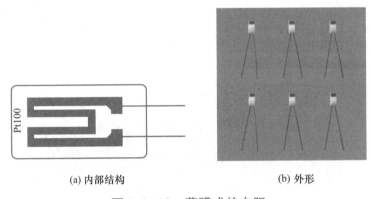

(a) 内部结构   (b) 外形

图2-2-10 薄膜式热电阻

四、热电阻的检测

热电阻的检测主要包括三线制接法中热电阻位置的确定以及短路和断路的检测。

1. 确定热电阻位置

工业应用中热电阻一般用三线制接法，在使用中必须确定热电阻的位置，才能正确接线。检测时用数字万用表电阻挡，视标称电阻值确定量程（一般为 $R \times 200$），分别测量接线端子之间的阻值，热电阻接线端子如图2-2-11所示。由理论知识可知，从1、2端引出的两根线之间的阻值应为0，考虑引线电阻，其实际测量值应为0或接近0。1端与3端、2端与3端引出线之间的阻值应相等，在室温下约为 110 Ω，由此可以确定热电阻的位置。

2. 短路和断路的检测

热电阻常见的两种故障为短路和断路。如果3根引线之间的电阻值均为0，说明热电阻内部引线相碰，有短路故障。如果3根引线之间的电阻值出现了远远大于 110 Ω 的情况，说明热电阻内部引线断路或接线端子松脱。无论出现短路还是断路故障，热电阻都不能再继续使用，必须进行维修或更换。

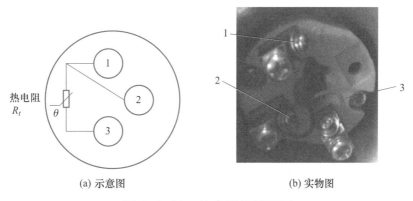

(a) 示意图   (b) 实物图

图2-2-11 热电阻接线端子

五、热电阻温度测量系统

热电阻通常与温度显示仪表组成简单的测温系统，如图2-2-12所示。在组成测温系统时必须注意以下两点：

① 热电阻和显示仪表的分度号必须一致。

② 为了消除连接导线电阻变化的影响，必须采用三线制。

图2-2-12 热电阻温度测量系统示意图

与热电阻（热电偶）配套的仪表有动圈式仪表、数字式仪表、智能型仪表等。温度数显表按其功能分为指示型和指示调节型。图2-2-13所示为指示型 XMZ-102 数显仪表外形。

图2-2-13 指示型 XMZ-102 数显仪表外形

////// **任务实施**

一、工件及材料准备（见表 2-2-3）

表 2-2-3 工件及材料准备

序号	名称	型号或规格	图片	数量	备注
1	热电阻	Pt100（外观不同）		1～2 支/组	
2	数字万用表	$4\frac{1}{2}$位		1 台/组	
3	温度显示仪表	XMZ-102 型或万能数显表		1 台/组	
4	十字螺丝刀	ϕ5 mm×100 mm		1 把/组	
5	热水瓶			1 个/组	
6	导线				根据需要确定

二、认识、观察热电阻

步骤 1：仔细观察图 2-2-14 所示热电阻，根据热电阻的铭牌，将相关参数填入表 2-2-4 中，并回答表后的问题。

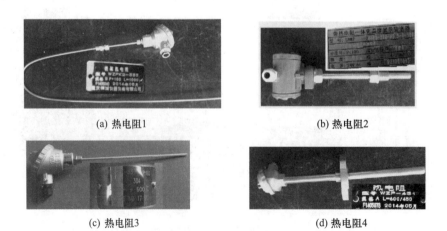

(a) 热电阻1

(b) 热电阻2

(c) 热电阻3

(d) 热电阻4

图 2-2-14 热电阻的铭牌

表 2-2-4　认识热电阻的铭牌

热电阻	型号	分度号	测量范围	精度等级
热电阻1				
热电阻2				
热电阻3				
热电阻4				

提示

　　在工程应用中常将热电阻 / 热电偶称为温度传感器或一次测温仪表。为了将温度信号引入高一级的控制系统，有时在使用过程中还需将测量的温度信号放大，并转换成标准的 4～20 mA 电流信号，以实现各种控制目的。这种将温度变量转换为可传送的标准化输出信号的仪表称为温度变送器。

　　知道了分度号，我们就可以知道热电阻的_____和_____。

　　步骤2：观察热电阻外形，想一想为什么热电阻的外形不相同，通过查阅资料完成表 2-2-5。

表 2-2-5　认识热电阻的外形结构

	保护管直径	结构形式	连接方式
热电阻1			
热电阻2			
热电阻3			

三、用热电阻测量温度

　　步骤1：准备好数字万用表，将转换开关调至 200 Ω 挡，并接好表笔。

　　步骤2：将表笔分别接在热电阻接线端子的两个接线柱上，测量出常温下每两个接线柱之间的电阻值，如图 2-2-15 所示，记入表 2-2-6 中，确定热电阻 R_t 的位置，得出结论 1。

图2-2-15　用数字万用表确定热电阻位置

表 2-2-6　用热电阻测量温度

确定热电阻位置	引线1-2之间阻值/Ω	引线1-3之间阻值/Ω	引线2-3之间阻值/Ω
常温下			

续表

确定热电阻位置	引线1-2之间阻值/Ω	引线1-3之间阻值/Ω	引线2-3之间阻值/Ω
结论1	R_t处于引线_____与_____之间		
用热电阻测量温度	用手反复摩擦热电阻的保护管	插入开水中	插入温水中
数字温度显示仪表变化/℃			
R_t的阻值（查表）/Ω			
R_t的阻值（测量）/Ω			
结论2	R_t阻值随着环境温度的_____而_____		

步骤3：按照图2-2-16（a）所示的仪表接线示意图，构成实际测温系统，如图2-2-16（b）所示。

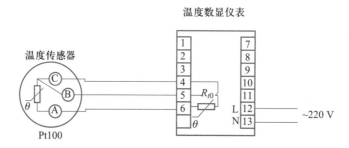

(a) 仪表接线示意图

(b) 仪表接线实物图

图2-2-16 XMZ-102型数显仪表接线图

步骤4：用手反复摩擦热电阻 R_t 的保护管，观察数字温度显示仪表的变化，将结果填入表2-2-6中。

步骤5：将热电阻 R_t 插入装满开水的热水瓶中，观察数字温度显示仪表的变化，将结果填入表2-2-6中。

步骤6：将热电阻 R_t 插入装有温水（热水、冷水各50%）的热水瓶中，观察数字温度显示仪表的变化，将结果填入表2-2-6中。

步骤7：根据表2-2-6中记录的开水和温水的温度，查相应热电阻的分度表，将热电阻的阻值填入表 2-2-6 中。

步骤 8：断开热电阻与数字温度显示仪表的连接线，用万用表分别测量热电阻处于开水和温水中时热电阻两端的阻值，并与查表得到的热电阻阻值进行比较，分析查表得到的热电阻阻值与实际测量的热电阻阻值存在差异的原因。

步骤 9：比较在常温、开水、温水等环境下，热电阻阻值与温度的关系，得出结论 2。

 提示

① 热电阻应插入热水瓶的中部，不能接触瓶底，以防戳破瓶底，发生意外。

② 热电阻接线盒避免接触水。

③ 连接导线与热电阻、数字温度显示表要可靠连接，检查无误后，方可通电。

任务评价

评价项目	任务评价内容	分值	自我评价	小组评价	教师评价
职业素养	遵守实训实验室规程及文明使用实训实验室	5			
	按实物观测流程规定操作	10			
	出勤、纪律、团队协作	5			
理论知识	热电阻的常用类型	5			
	热电阻测量电路	10			
实操技能	能根据铭牌识读热电阻的材料、量程范围、精度等级、连接方式等	20			
	会正确使用数字万用表判断热电阻的好坏	20			
	温度测量系统接线正确	15			
	会正确使用分度表查对电阻值和温度的关系	10			
总分		100			
个人学习总结					
小组评价					
教师评价					

练一练

一、填空题

1. 金属热电阻简称热电阻，其工作原理基于热阻效应，即当金属导体温度上升时，导体的电阻值会_____；反之，当金属导体温度下降时，导体的电阻值会_____。

2. 按材料不同，常用的金属热电阻有_____电阻和_____电阻。其中_____电阻性能好，可制成标准温度计。

3. 热电阻的阻值 R_t 与温度 t 之间呈_____（线性或非线性）关系。

4. 热电阻分度表是指热电阻在规定的测温范围内，按照其_____与_____之间的对应关系制成的表格，是使用热电阻测量的重要依据。

5. 热电阻把被测温度量转换成电阻值，再通过测量电路将电阻值转换成电信号后送到显示仪表，常用的测量电路为_____。为了消除和减小引线电阻的影响，通常采用_____连接法。在精密测量时，常采用_____连接法。

6. 金属热电阻按其结构类型来分，有_____、_____、_____和_____等。其中适宜安装在管道狭窄和要求快速反应、微型化等特殊场合的是_____。

7. 铂电阻温度的测量范围是_____℃，它的量程为_____℃。

8. 热电阻按材料不同可以分为金属热电阻式和_____两大类。

二、分析计算题

1. 热电阻特性的线性分析

查分度表，Pt100 热电阻在 0℃时理论阻值为_____，在 500℃时理论阻值为_____。假如 Pt100 热电阻的热阻特性为线性，则温度每变化 100℃，阻值应变化_____，按这样计算，在 100℃、200℃、300℃、400℃时的对应电阻值应分别为_____、_____、_____、_____，查分度表，可以得到在 100℃、200℃、300℃、400℃时的对应电阻值分别为_____、_____、_____、_____，由此可以得出结论：热电阻的热阻特性为_____，但接近_____（线性或非线性）。

2. 在热电阻测量电路中，为什么要采用三线制或四线制？

3. 已知铂热电阻温度计 0℃时的电阻为 100 Ω，100℃时的电阻为 139 Ω，当它与某介质接触时，电阻值增至 281 Ω，试确定该介质的温度。

4. 已知铜热电阻 Cu50 在 0～150℃范围内时的电阻可近似表示为 $R_t = R_0 (1+\alpha t)$，其中温度系数 $\alpha = 4.28 \times 10^{-3}/℃$。试求：

（1）当温度为 120℃时的电阻值。

（2）查附录中 Cu50 的分度表，记录温度为 120℃时的电阻值。

（3）计算两种方法的误差。

知识拓展

金属热电阻使用注意事项

工业上广泛应用的金属热电阻在使用时需要注意以下问题：

1. 自热误差

在使用金属热电阻测量温度时，电阻要消耗一定的电功率，引起电阻值的变化，从而带来测量误差。因此在使用中应尽量减小由于电阻通电产生的自热而引起的误差，一般是采取限制电流的办法，通常允许通过的电流应小于 5 mA。

2. 引线误差

由于热电阻感温元件到接线端子、接线端子到调整电路都需要连接引线，引线本身的电阻及接触电阻相对于较低阻值的热电阻，是不可忽略的。一方面它们影响热电阻的零位值，另一方面它们随温度变化，带来不确定的测量误差。因此，测量电阻的引线通常采用三线制或四线制接法。

任务三　用热敏电阻测量和控制温度

////// **任务情境**

半导体热敏电阻是一种利用半导体材料制成的新型元件，被大量用于家电和汽车用温度检测和控制中。与金属热电阻相比，热敏电阻的温度系数更大，常温下的电阻值更高（通常在数千欧以上），但互换性较差，非线性严重，测温范围只有 −50～300℃。常用来制造半导体热敏电阻的材料为锰、镍、铜、钛、镁等氧化物。图 2-3-1 所示为热敏电阻在电热水器中的应用。

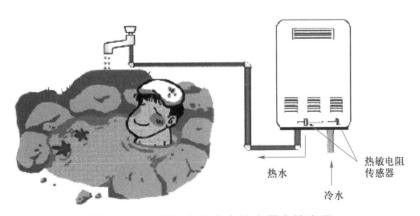

热敏电阻
传感器

热水

冷水

图 2-3-1　热敏电阻在电热水器中的应用

////// **任务准备**

一、认识热敏电阻

图 2-3-2 所示为常见的热敏电阻外形。热敏电阻的图形符号如图 2-3-3 所示。

(a) 片状阻体

(b) 垫圈状阻体

(c) 珠状阻体

图2-3-2 常见的热敏电阻外形

热敏电阻根据其阻值随温度变化不同可分为正温度系数热敏电阻和负温度系数热敏电阻两大类。

1. 正温度系数（PTC）热敏电阻

正温度系数热敏电阻又称 PTC 热敏电阻，该热敏电阻随温度升高电阻值增大，而且阻值的变化与温度的变化为正比例关系，但温度超过一定值时，阻值将急剧增大，当增大到最大值时，电阻值将随温度的增加而开始下降。

PTC 热敏电阻可分为线性型 PTC 热敏电阻和突变型 PTC 热敏电阻两类，其中突变型 PTC 热敏电阻的温度－电阻特性曲线呈非线性，如图2-3-4 中的曲线 4 所示。它在电子线路中多起限流、保护作用。当 PTC 热敏电阻感受到的温度超过一定限度时，其电阻值突然增大。例如，电视机显像管的消磁线上就串联了一只 PTC 热敏电阻。PTC 热敏电阻常作为各种电气设备的过热保护，发热源的定温控制，暖风器、电烙铁、烘衣柜、空调的加热元件。

2. 负温度系数（NTC）热敏电阻

(a) 新符号　　(b) 旧符号

图2-3-3 热敏电阻的图形符号

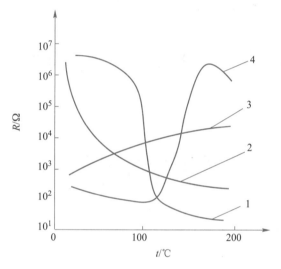
1—负突变型NTC；2—负指数型NTC；3—线性型
PTC；4—突变型PTC

图2-3-4 各种热敏电阻的特性曲线

负温度系数热敏电阻又称 NTC 热敏电阻，其最大特点是电阻值与温度的变化成反比，即电阻阻值随温度的升高而降低，当温度大幅升高时，电阻值也大幅下降。NTC 热敏电阻又可分为两大类：第一类为负指数型 NTC 热敏电阻，用于测量温度，它的电阻值与温度之间呈负指数关系，如图2-3-4 中的曲线 2 所示。在 $-30 \sim 100 \, ℃$ 范围内，可用于空调、电热水器测温。第二类为突变型 NTC 热敏电阻，又称临界温度型（CTR）热敏电阻。当温度上升到某临界点时，其电阻值突然下降，可用于各种电子电路中抑制浪涌电流。例如，在显像管的灯丝回路中串联一只 CTR 热敏电阻，可减小上电时的冲击电流。负突变型热敏电阻的温度－电阻特性如图2-3-4 中的曲线 1 所示。NTC 热敏电阻器常作为点温、表面温度、温差、温场等的测量及电子线路的热补偿线路。CTR 热敏电阻常用来控温报警。

二、热敏电阻的检测

热敏电阻的检测主要包括标称阻值的检测和热性能的检测。

1. 标称阻值的检测

标称阻值的检测也称常温检测（室内温度接近 25℃），其方法是：用数字万用表电阻挡（视标称电阻值确定量程，一般为 $R \times 200$），用鳄鱼夹代替表笔分别夹住 PTC 热敏电阻的两只引脚测出其实际阻值，并与标称阻值对比，两者相差在 ± 2 Ω 内即为正常。实际阻值若与标称阻值相差过大，则说明其性能不良或已损坏。

2. 热性能的检测

热性能的检测也称为加温检测，必须在常温测试正常的基础上进行。将一个热源（如电烙铁）靠近热敏电阻并对其加热，观察万用表示数，此时如看到万用表示数随温度的升高而改变，就表明电阻值在逐渐改变，当阻值改变到一定数值时显示数据会逐渐稳定，说明热敏电阻正常，若阻值无变化，说明其性能变差，不能继续使用。

三、热敏电阻的测量电路

热敏电阻结构较简单，价格较低廉。由于热敏电阻的阻值较大，故其连接导线的电阻和接触电阻可以忽略，因此热敏电阻可以在长达几千米的远距离测量温度中应用，便于实现异地测控。

热敏电阻将温度信号转换为电阻值，一般需要再转化为电压信号才能被控制器处理，测量电路多采用桥路形式，如图 2-3-5 所示。

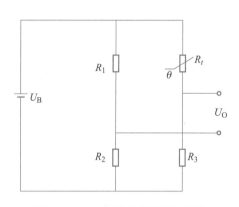

图 2-3-5　热敏电阻测量电路

四、热敏电阻的应用

1. 热敏电阻测温

图 2-3-6 所示为热敏电阻体温计原理图，负温度系数的热敏电阻 R_t 和 R_1、R_2、R_3 及 R_{P1} 组成一个测温电桥。在温度为 +20℃ 时，调节 R_{P1} 使电桥平衡。当温度升高时，热敏电阻的阻值变小，电桥处于不平衡状态，电桥输出不平衡电压，经运算放大器放大后，使得微安表发生相应的偏转，从而起到测温的作用。

2. 热敏电阻用于温度补偿

热敏电阻可在一定的温度范围内用于仪表线路温度补偿和热电偶冷端温度补偿等。例如，动圈式表头中的动圈由铜线绕制而成，温度升高，电阻增大，引起测量误差。可以在动圈回路中串入由负温度系数热敏电阻 R_t 组成的温度补偿网络，如图 2-3-7 所示，从而抵消由于温度变化所产生的误差。

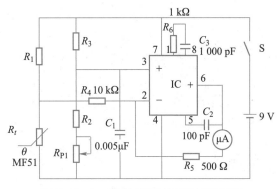

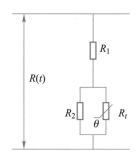

图2-3-6   热敏电阻体温计原理图   图2-3-7   温度补偿网络

在三极管电路、对数放大器中，也常用热敏电阻组成补偿电路，补偿由于温度引起的漂移误差。

3. 热敏电阻用于温度控制及过热保护

图2-3-8所示为电热水器温度控制电路。电路主要由热敏电阻 R_t、比较器、驱动电路及加热器 R_L 等组成。通过电路可自动控制加热器的开闭，使水温保持在90℃。热敏电阻 R_t 在25℃时的阻值为100 kΩ，温度系数为1 kΩ/℃。在比较器的反相输入端加有3.9 V的基准电压，在比较器的同相输入端加有 R_p 和热敏电阻 R_t 的分压电压。当水温低于90℃时，比较器IC741输出高电位，驱动 VT_1、VT_2 导通，使继电器KA工作，闭合加热器电路；当水温高于90℃时，比较器IC741输出端变为低电位，VT_1 和 VT_2 截止，继电器KA则断开加热器电路。调节 R_p 可得到要求的水温。

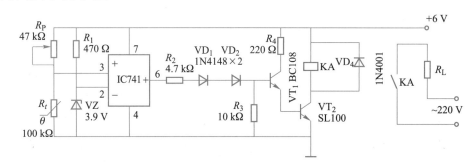

图2-3-8   电热水器温度控制电路

////// **任务实施**

一、工件及材料准备（见表2-3-1）

表2-3-1   工件及材料准备

序号	名称	型号或规格	图片	数量	备注
1	热敏电阻	NTC 5D-9、PTC870、BC45		各1个/组	

序号	名称	型号或规格	图片	数量	备注
2	三极管	C1815		1个/组	
3	电位器	W103，10 kΩ		1个/组	
4	钮子开关			1个/组	
5	电阻	10 kΩ、2 kΩ		1个/组	
6	LED			1个/组	
7	电池	9 V		1块/组	
8	万能印制板			1块/组	
9	电烙铁	TLN，20 W		1把/组	
10	数字万用表	$4\frac{1}{2}$位		1台/组	
11	镊子			1把/组	

序号	名称	型号或规格	图片	数量	备注
12	螺丝刀			1把/组	
13	焊锡丝			根据需要确定	
14	连接导线			根据需要确定	

二、热敏电阻的检测

步骤1：准备好数字万用表，将转换开关调至 $R \times 200$ 挡，并接好表笔。

步骤2：将表笔分别接在热敏电阻（NTC 5D-9、PTC870、BC45等型号）的引线上，如图2-3-9所示，测量出室温下热敏电阻的阻值，并记入表2-3-2中。

步骤3：加热电烙铁，用烙铁头接近热敏电阻，距离3~5 mm，如图2-3-10所示，观察数字万用表读数的改变情况，并记入表2-3-2中。

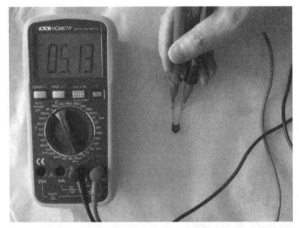

图2-3-9 用数字万用表测量室温下热敏电阻阻值　图2-3-10 用数字万用表检测热敏电阻热性能

步骤4：比较表2-3-2中室温下和用电烙铁加热后热敏电阻阻值的变化，并判断热敏电阻是PTC型还是NTC型。

表2-3-2 热敏电阻的阻值随温度变化情况

热敏电阻型号				结论
室温下阻值/Ω				
用电烙铁加热后阻值/Ω				
变化特点				

注意

① 热敏电阻阻值是生产厂家在环境温度为 25℃时所测得的，所以用万用表测量热敏电阻时，亦应在环境温度接近 25℃时进行，以保证测试的可信度。

② 测量功率不得超过规定值，以免电流热效应引起测量误差。

③ 注意正确操作。测试时，不要用手捏住热敏电阻体，以防止人体温度对测试产生影响。

④ 注意不要使热源与 PTC 热敏电阻靠得过近或直接接触热敏电阻，以防止将其烫坏。

三、用热敏电阻制作控制 LED 的开关电路

制作要求：用热敏电阻、LED、三极管、电位器等制作一个用热敏电阻控制 LED 的开关电路，室温下 LED 熄灭，热敏电阻遇热时 LED 点亮。

步骤 1：用万用表分别检测并判断热敏电阻、LED、三极管、电位器等元器件。

步骤 2：LED 控制电路原理图如图 2-3-11 所示，将元器件焊接在万能印制板上，如图 2-3-12 所示。

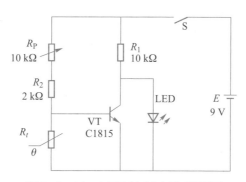

图2-3-11　LED控制电路原理图

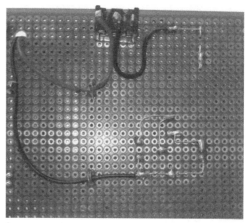

图2-3-12　LED控制电路焊接实物图

步骤 3：室温下，将钮子开关置于"开"位置，调整电位器使热敏电阻两端电压为 0.7 V 左右，此时 LED 不亮，如图 2-3-13 所示。

图2-3-13 室温下LED不亮

步骤4：钮子开关置于"开"位置，用电烙铁逐渐靠近热敏电阻，此时LED逐渐变亮，如图2-3-14所示。

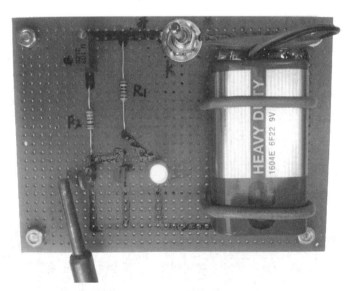

图2-3-14 温度升高LED亮

步骤5：待热敏电阻温度下降后，重复操作步骤4，注意观察电烙铁与热敏电阻的距离，即温度对热敏电阻阻值、LED的影响。

 提示

① 焊接后，要保障焊点可靠，检查无误后，方可通电。

② 注意不要使热源与热敏电阻靠得过近或直接接触热敏电阻，以防止将其烫坏。

③ 本实训用负温度系数的热敏电阻来实现。

////// **任务评价**

评价项目	任务评价内容	分值	自我评价	小组评价	教师评价
职业素养	遵守实训实验室规程及文明使用实训实验室	10			
	按实物观测操作流程规定操作	10			
	纪律、出勤、团队协作	5			
理论知识	热敏电阻的类型	10			
实操技能	认识热敏电阻	10			
	会正确使用万用表判断热敏电阻的好坏	10			
	会检测热敏电阻的热电特性	15			
	LED控制电路焊接良好	15			
	LED控制电路调试正确	15			
总分		100			
个人学习总结					
小组评价					
教师评价					

练一练

一、填空题

1. 热敏电阻由_____材料制成，有_____、_____和_____3 种类型，对应的温度特性分别为_____、_____和_____。

2. 金属导体与半导体的显著差别在于金属的电阻率随着温度的升高而_____，而半导体的电阻率随着温度的升高而_____。

3. 随着温度的升高，电阻值减少的热电阻称为_____电阻。

4. NTC 表示_____，PTC 表示_____。

二、实际操作题

1. 观察实训室提供的热敏电阻，结合查阅传感器使用手册，进一步了解热敏电阻的基本特点。

2. 试做：用热敏电阻、小灯泡、电池、调节电阻、连接导线自行设计一个用热敏电阻控制小灯泡的电路，使温度较高时小灯泡点亮，温度较低时小灯泡熄灭。

 知识拓展

一、热敏电阻型号命名方法（见表2-3-3）

表2-3-3　热敏电阻型号命名方法

第一部分：主称		第二部分：类别		第三部分：用途		第四部分：序号
字母	含义	字母	含义	数字	含义	
M	敏感电阻	M	PTC	0		本部分由数字表示，不同企业之间命名方法有所区别，通常包括标称值、B值、允许偏差及外形等
				1	普通	
				2	限流	
				3		
				4	延迟	
				5	测温	
				6	控温	
				7	消磁	
				8		
				9	恒温	
		F	NTC	0	特殊	
				1	普通	
				2	稳压	
				3	微波测量	
				4	旁热式	
				5	测温	
				6	控温	
				7	抑制浪涌	
				8	线性	
				9		

二、常用热敏电阻主要参数（见表2-3-4）

表2-3-4 常用热敏电阻主要参数

型号	标称值 R25	B值/kΩ	耗散系数/ (mW/℃)	额定功率/ mW	时间常数/s	工作温度/℃
MF11	3.3 Ω～33 kΩ	2 700～4 050	≥6	500	≤30	−55～125
MF12	6.8～5 000 kΩ	4 250～5 050	≥6	500	≤30	−55～125
MF52	1～1 000 kΩ	3 100～4 500	≥2	≤50	≤15	−55～125
MF58	1.5～1 388 kΩ	3 920～4 600	≥2	≤50	≤20	−55～200
MF72	0.7～400 Ω		≥6		≤35	−55～200

任务四　用热电偶测量温度

任务情境

在工业生产和科学研究中，热电偶是常用的一种温度传感器，可将温度信号转换成电动势。热电偶具有以下特点：测温范围广，高温用热电偶测温可达1 800℃，低温用热电偶测温可达 −269℃，测量精度较高，使用方便，便于远距离测量、自动记录及多点测量。图2-4-1所示为热电偶在反应釜测温系统中的应用。

图2-4-1 热电偶在反应釜测温系统中的应用

任务准备

一、认识热电偶

热电偶是以热电效应为基础，将温度变化转换为热电动势变化来实现温度测量的。将两种不同材料的金属导体A和B串接成一个闭合回路，当两个接点的温度不同时，回路中就会产生热电动势，此现象称为热电效应，如图 2-4-2 所示。这两种不同材料的金属导体组成的闭合回路称为热电偶，单个的金属导体称为热电极。

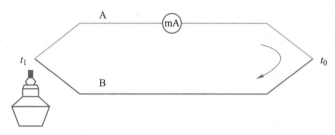

t_1—工作端温度；A、B—热电极；t_0—参考端温度

图 2-4-2 热电效应

在实际应用中，经常将热电偶两个电极的一端焊接在一起作为检测端（也称工作端或热端）；将另一端开路，用导线与仪表连接，这一端称为自由端（也称参考端或冷端），如图 2-4-3 所示。

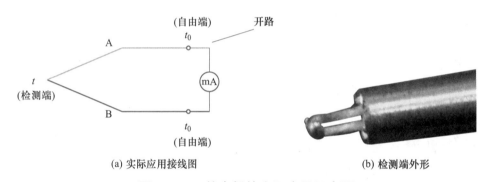

(a) 实际应用接线图   (b) 检测端外形

图 2-4-3 热电偶的实际应用示意图

二、热电偶的结构形式

热电偶的结构形式主要有：装配热电偶、铠装热电偶、薄膜热电偶等。

1. 装配热电偶

装配热电偶温度测量范围大，能对气体、液体介质以及固定表面温度进行检测，主要由接线装置、保护管、绝缘材料和热电偶丝等组成，其结构示意图如图 2-4-4 所示，外形如图 2-4-5 所示。

2. 铠装热电偶

铠装热电偶具有体形细长、热响应快、耐振动、使用寿命长以及便于弯曲等优点，尤其适宜安装在管线狭窄、弯曲和要求快速反应、微型化的特殊测温场合。通常由铠装热电偶元件、安装固定装置和接线装置等主要部件组成。其结构示意图如图 2-4-6 所示，外形如图 2-4-7 所示。

3. 薄膜热电偶

薄膜热电偶如图 2-4-8 所示，其测量端既小又薄，热容量小，响应速度快，便于粘贴，适用于测量微小面积上的瞬变温度。

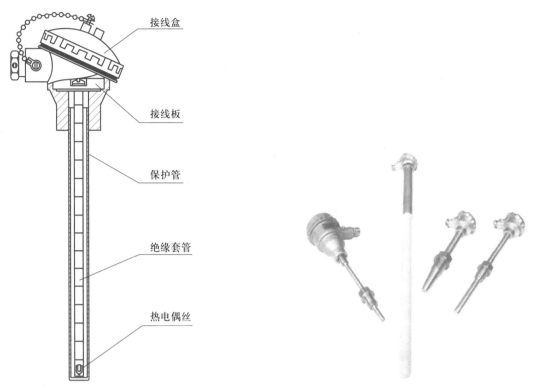

图2-4-4　装配热电偶结构示意图

图2-4-5　装配热电偶外形

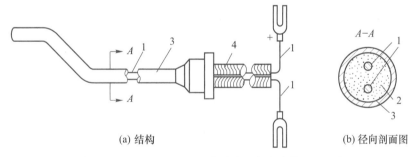

(a) 结构　　　　　(b) 径向剖面图

1—内电极；2—绝缘材料；3—薄壁金属保护套管；4—屏蔽层

图2-4-6　铠装热电偶结构示意图

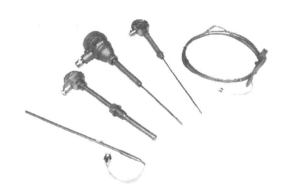

图2-4-7　铠装热电偶外形

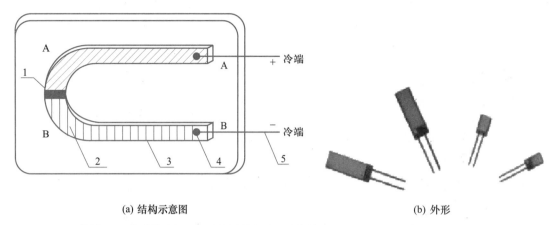

(a) 结构示意图   (b) 外形

1—工作端；2—薄膜热电极；3—绝缘基板；4—引线接头；5—引出线（材质与热电极相同）

图2-4-8 薄膜热电偶

三、热电偶的种类

热电偶的种类繁多，表2-4-1列举了8种标准化了的通用热电偶，其中列在前面的热电极为正极，列在后面的为负极。

热电偶的分度表就是热电偶自由端（冷端）温度为0℃时，热电偶工作端（热端）温度与输出热电动势之间的对应关系的表格。工业中常用的热电偶分度表见附录2。

表2-4-1 8种国际通用热电偶特性表

名称	分度号	长期使用时测温范围/℃	100℃时的热电动势/mV	特点
铂铑30-铂铑6	B	600～1 700	0.03	熔点高，测温上限高，性能稳定，精度高，100℃以下时热电动势极小，可不必考虑冷端补偿；价格昂贵，热电动势小，只适用于高温场合的测量
铂铑13-铂	R	0～1 300	0.647	测温上限较高，性能稳定，精度高，复现性好；但热电动势较小，不能在金属蒸气和还原性气氛中使用，在高温下连续使用特性会逐渐变坏，价格昂贵，多用于精密测量
铂铑10-铂	S	0～1 300	0.646	同上，性能不如R热电偶。曾经作为国际温标的标准热电偶
镍铬-镍硅	K	−40～1 200	4.096	热电动势大，线性好，稳定性好，价格低廉；但材质较硬，在1 000℃以上长期使用会引起热电动势漂移；多用于工业测量
镍铬硅-镍硅	N	−40～1 200	2.774	是一种新型热电偶，各项性能比K热电偶更好，适宜于工业测量
镍铬-铜镍(康铜)	E	−40～750	6.319	热电动势比K热电偶大50%左右，线性好，耐高湿度，价格低廉；但不能用于还原性气氛；多用于工业测量

名称	分度号	长期使用时测温范围/℃	100℃时的热电动势/mV	特点
铁-铜镍(康铜)	J	−40~600	5.269	价格低廉,在还原性气体中较稳定;但纯铁易被腐蚀和氧化;多用于工业测量
铜-铜镍(康铜)	T	−40~350	4.279	价格低廉,加工性能好,离散性小,性能稳定,线性好,精度高;铜在高温时易被氧化,测温上限低;多用于低温场合测量

四、热电偶冷端温度的补偿

热电偶一般做得较短,为350~2 000 mm,在实际测温时,冷端温度常常不能为零或不恒定,因此会造成测量误差。工业中一般采用补偿导线来延长热电偶的冷端,使之远离高温区,同时减小测量系统的成本,如图2-4-9所示。

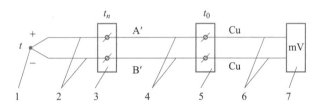

1—测量端;2—热电极;3—接线盒1(中间温度);4—补偿导线;

5—接线盒2(新的冷端);6—铜引线;7—毫伏表

图2-4-9 利用补偿导线延长热电偶的冷端

 注意

使用补偿导线仅能延长热电偶的冷端,不起任何温度补偿作用。

对于冷端温度不能为零或不恒定而造成的测量误差,常采用冷端恒温法、计算修正法、仪表机械零点调整法、电桥补偿法、软件处理法进行补偿。下面介绍两种补偿方法。

1. 冷端恒温法

将热电偶的正负极与铜导线连接,并把连接点置入装有冰水混合物的容器(或恒温器)中,再将铜导线与显示仪表或电位差计连接,这时测得的热电动势就是热电偶的总电动势,反映的温度就是测量端的真实温度。这种方法较复杂但准确度高,多用于计量部门和实验室中的精确测量。这种方法也称冰浴法,图2-4-10所示为冰浴法接线图。

2. 计算修正法

当热电偶的冷端温度 t_0 不为 0 ℃时,由于热端与冷端的温差随冷端的变化而变化,所以测得的热电动势 $E_{AB}(t, t_0)$ 与冷端为 0 ℃时所测得的热电动势 $E_{AB}(t, 0 ℃)$ 不等。若冷端温度高于 0℃,则 $E_{AB}(t, t_0) < E_{AB}(t, 0 ℃)$。可以利用下式计算并修正测量误差

$$E_{AB}(t, 0\ ℃) = E_{AB}(t, t_0) + E_{AB}(t_0, 0\ ℃)$$

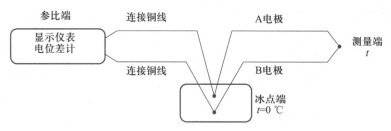

图2-4-10　冰浴法接线图

例2-4-1　用镍铬－镍硅（K分度）热电偶测炉温时，其冷端温度 $t_0 = 30\ ℃$，在直流毫伏表上测得的热电动势 $E_{AB}(t, 30\ ℃) = 38.505\ \text{mV}$，试求炉温为多少？

解：查镍铬－镍硅（K）热电偶分度表，得到 $E_{AB}(t_0, 0) = 1.203\ \text{mV}$。根据上式有

$$E_{AB}(t, 0) = E_{AB}(t, t_0) + E_{AB}(t_0, 0)$$
$$= 38.505\ \text{mV} + 1.203\ \text{mV}$$
$$= 39.708\ \text{mV}$$

反查镍铬－镍硅（K）热电偶分度表，求得 $t = 960\ ℃$。

该方法适用于热电偶冷端温度较恒定的情况。在智能化仪表中，用软件处理法解决冷端问题。

五、热电偶的温度测量系统

热电偶将感应到的温度信号根据热电效应转换成电动势信号，再经补偿导线传送到温度显示（控制）仪表，经过显示仪表的转换电路后以摄氏度的形式直观地显示出来，所以热电偶又称温度传感器或一次测温仪表。为了将温度信号引入高一级的控制系统，有时在使用过程中还需将电动势信号转换成标准的电流信号（即温度变送器），以适应多台表共用一个信号和实现各种控制目的。热电偶的温度测量系统如图2-4-11所示。

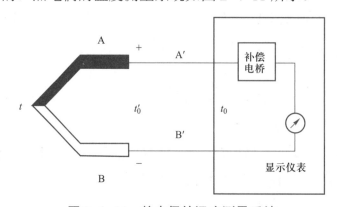

图2-4-11　热电偶的温度测量系统

六、热电偶测温的综合应用

电热烘箱温度控制如图2-4-12所示，热电偶作为该温度控制系统的测温元件。电热烘

箱采用热风循环送风来干燥物料，热风循环系统风源是由电动机运转带动送风轮，使吹出的风吹在加热器上，形成热风，将热风由风道送入电热烘箱的工作（加热）室，且将使用后的热风再次吸入风道成为风源，再度循环加热。如果电热烘箱门使用过程中被开启，可借此送风循环系统迅速恢复操作状态温度值。

图2-4-12所示的电热烘箱控温方式是用智能数显仪表与温度传感器的连接来实现控制工作（加热）室的温度，智能数显仪表通常都具有上、下限报警输出继电器，利用该仪表的一只上限报警继电器来控制交流接触器的通断，以此实现工作（加热）室温度的控制。

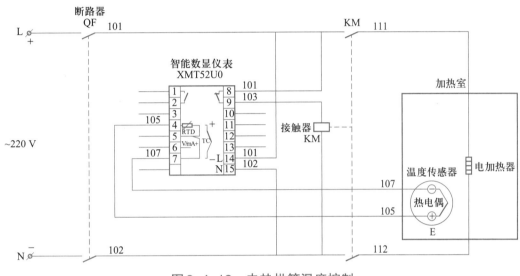

图2-4-12　电热烘箱温度控制

////// **任务实施**

一、工件及材料准备（见表2-4-2）

表2-4-2　工件及材料准备

序号	名称	型号或规格	图片	数量	备注
1	热电偶	WRN-010或镍铬-镍硅导线		1~2支/组	为便于观测，采用简易热电偶
2	数字万用表	$4\frac{1}{2}$位		1台/组	

续表

序号	名称	型号或规格	图片	数量	备注
3	酒精灯		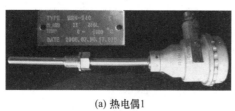	1台/组	
4	十字螺丝刀	φ5 mm×100 mm	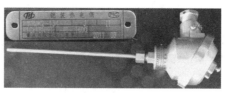	1把/组	
5	连接导线				根据需要确定

二、认识热电偶

仔细观察图 2-4-13 所示热电偶，根据热电偶的铭牌，通过查阅资料完成表 2-4-3。

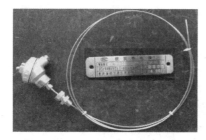

(a) 热电偶1

(b) 热电偶2

(c) 热电偶3

(d) 热电偶4

图 2-4-13　热电偶实物

表 2-4-3　认识热电偶

热电偶	型号	材料	测量范围	分度号	安装方式	保护管直径	结构形式
热电偶1							
热电偶2							
热电偶3							
热电偶4							

三、热电偶热电特性的测试

步骤 1：选取一支 WRN-010 或 WRK-010 分度号的热电偶。

步骤 2：将数字万用表拨至直流 200 mV 挡，当热电偶工作端在室温下时，用万用表观察测量冷端的显示值，如图 2-4-14（a）所示，并将观察测量结果填入表 2-4-4 中。

步骤 3：点燃酒精灯，在热电偶的工作端分别处于图 2-4-14（b）～（d）所示状态时，观察万用表显示值的变化，并将观察测量结果填入表 2-4-4 中。

(a) 工作端处于室温下

(b) 工作端靠近加热源

(c) 工作端处于加热源中

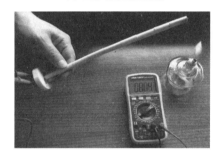

(d) 工作端远离加热源

图 2-4-14　热电偶热电特性测试

步骤 4：根据观察测量结果，查分度表，将显示结果对应的温度值填入表 2-4-4 中。

步骤 5：交换万用表表笔位置，重复步骤 2～步骤 4，观察分析万用表示值的变化。

 提示

① 为直观观察到热电偶的热电动势与温度的关系，可将热电偶保护套管去掉后进行加热实验。若用简易热电偶，在操作时，不要用手碰触热电偶的工作端。

② 重复操作步骤时，一定要等待热电偶的工作端冷却后，方可进行。

表 2-4-4　热电偶热电特性测试结果

热电偶工作端状态	室温下	逐渐接近加热源	处于加热源中	逐渐远离加热源
万用表显示结果/mV				
显示结果对应的温度值/℃				
结论				

////// **任务评价**

评价项目	任务评价内容	分值	自我评价	小组评价	教师评价
职业素养	遵守实训实验室规程及文明使用实训实验室	5			
	按实物观测操作流程规定操作	10			
	纪律、出勤、团队协作	5			
理论知识	热电偶测温原理	10			
	热电偶冷端补偿方法	10			
实操技能	热电偶指标判断正确	30			
	会正确使用数字万用表	10			
	会查热电偶分度表	20			
总分		100			
个人学习总结					
小组评价					
教师评价					

练一练

一、填空题

1. 热电偶是一种感温元件，它能将温度信号转换成_____信号，通过电气测量仪表的配合，就能测量出温度。热电偶测温的基本原理是_____效应。

2. 按热电偶本身结构划分，有_____热电偶、铠装热电偶、_____热电偶。

3. 选择热电偶和热电阻，应从以下几方面考虑。根据测温范围选择：500℃以上一般选择_____，500℃以下一般选择_____；根据测量范围选择：_____所测量的一般指测量点的温度，_____所测量的一般指空间平均温度。

二、选择题

1. 测量钢水的温度，最好选择（　　）热电偶；测量钢退火炉的温度，最好选择（　　）热电偶；测量汽轮机高压蒸气（200℃左右）的温度，且希望灵敏度高一些，应选择（　　）热电偶。

　　A. R　　　　B. B　　　　C. S　　　　D. K　　　　E. E

2. 测量CPU散热片的温度应选用（　　）型的热电偶；测量锅炉烟道中的烟气温度，

应选用（　　）型的热电偶；测量 100 m 深的岩石钻孔中的温度，应选用（　　）型的热电偶。

　　A. 普通　　　B. 铠装　　　C. 薄膜　　　D. 热电堆

　　3. 镍铬-镍硅热电偶的分度号为（　　），铂铑 13-铂热电偶的分度号为（　　），铂铑 30- 铂铑 6 热电偶的分度号为（　　）。

　　A. R　　　B. B　　　C. S　　　D. K　　　E. E

　　4. 在热电偶测温回路中经常使用补偿导线的最主要目的是（　　）。

　　A. 补偿热电偶冷端热电动势的损失

　　B. 起冷端温度补偿作用

　　C. 将热电偶冷端延长到远离高温区的地方

　　D. 提高灵敏度

三、分析计算题

　　1. 用一只镍铬－镍硅热电偶测量某换热器内温度，其冷端温度为 $30℃$，而显示仪表机械零位为 $0℃$，这时指示值为 $400℃$，问换热器内的真实温度为多少。

　　2. 用 S 分度号热电偶测温，其冷端温度为 $30℃$（对应热电动势值为 0.173 mV）。被测对象的温度为 $1\ 200℃$（对应热电动势值 11.947 mV），问测量值为多少。

　　3. 图 2-4-15 所示为镍铬－镍硅热电偶，A′、B′ 为补偿导线，Cu 为铜导线，已知接线盒 1 的温度 $t_1=40.0℃$，冰水温度 $t_2=0.0℃$，接线盒 2 的温度 $t_3=20.0℃$。

　　（1）当 $U=39.314$ mV 时，计算被测点温度 t。

　　（2）如果 A′、B′ 换成铜导线，此时 $U=37.702$ mV，再求 t。

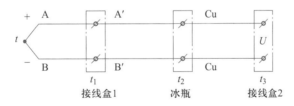

图 2-4-15　采用补偿导线的镍铬－镍硅热电偶测温示意图

　　4. 热电偶测温与热电阻测温有什么不同？

 知识拓展

1. 热电偶的基本定律

（1）均质导体定律

由同一种均质材料（导体或半导体）两端焊接组成闭合回路，无论导体截面积、长度如何以及温度如何分布，将不产生接触电动势，温差电动势相抵消，回路中总电动势为零。该定律应用于热电偶的生产与质量控制。

可见，热电偶必须由两种不同的均质导体或半导体构成。若热电极材料不均匀，由于温度梯存在，将会产生附加热电动势。

（2）中间导体定律

在热电偶回路中接入中间导体（如图2-4-16所示），只要中间导体的两端温度相同，则中间导体的引入对热电偶回路总热电动势没有影响。该定律应用于热电偶的计算与分析。

（3）中间温度定律

热电偶回路两接点（温度为 t、t_0）间的热电动势（如图2-4-17所示）等于热电偶在温度为 t_0、T 时的热电动势与在温度为 T、t 时的热电动势的代数和。T 称为中间温度。该定律应用于热电偶的计算与分析。

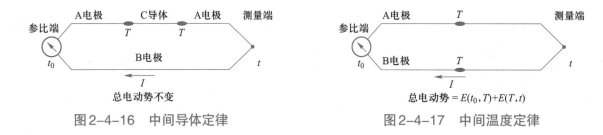

图2-4-16　中间导体定律　　　　　　　　　图2-4-17　中间温度定律

（4）连接导体定律

如果两支热电偶正负极对接，而且正负接点温度相同，则回路中的总电动势就等于这两支热电偶的电动势的代数和。该定律应用于热电偶测试过程中采用补偿导线，如图2-4-18所示。

（5）参考电极定律

如果一支热电偶的正负极分别与另一参考电极组成热电偶（如图2-4-19所示），而且处于同一温度下，则这两支热电偶的电动势之和等于原热电偶的电动势。该定律应用于热电偶丝的分度检定。

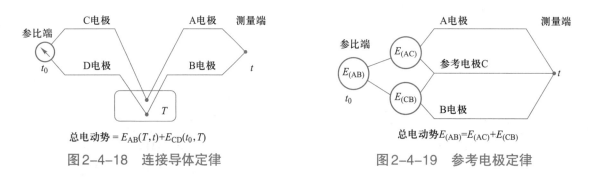

图2-4-18　连接导体定律　　　　　　　　　图2-4-19　参考电极定律

2. 热电偶用补偿导线的选择

在包括常温在内的适当温度范围内（一般为 $-20 \sim 200^{\circ}C$），具有与所连接的热电偶的热电特性相同的一对相互绝缘的导线，其作用是补偿热电偶接线端至显示控制仪表之间的温差所产生的热电动势，称为该类热电偶的补偿导线。根据热电偶的连接导体定律可知：使用补偿导线连接热电偶至显示控制仪表，与热电偶直接连接到显示控制仪表，其总热电动势或显示值是一样的。为了降低使用成本、方便安装，同时保证热电偶的测温精度，使用补偿导线具有重要意义。使用普通电线电缆或与热电偶的分度号不一致的补偿导线都是不允许的。

补偿导线是热电偶的附属产品，由于其生产工艺与制作热电偶有很大差别，现已形成较为独立的产品系列。补偿导线根据线芯材质分为延长型和补偿型，根据使用温度分为普通型和耐热型，根据补偿精度分为普通级和精密级。

延长型：补偿导线线芯材质的名义化学成分及其热电特性与所配用的热电偶相同，因此延长型补偿导线的补偿精度高，使用温度范围宽，当然价格也较高。

补偿型：补偿导线线芯材质的名义化学成分与所配用的热电偶不同，但在 0～200℃ 温度范围内，其热电特性与所配用的热电偶相同。其补偿精度比延长型低，价格便宜。

普通型：用聚氯乙烯作为绝缘和包覆材料，一般与补偿型导线线芯配合，使用温度 0～100℃。

耐热型：用聚四氟乙烯或玻璃纤维等作绝缘和包覆材料，一般与延长型导线线芯配合，使用温度 -20～200℃。

采用相对廉价的补偿导线，可延长热电偶的冷端，使之远离高温区；可节约大量贵金属；补偿导线易弯曲，便于敷设。

表 2-4-5 列出了部分与热电偶配套的补偿导线选择。

表 2-4-5　补偿导线选择

补偿导线型号	配用热电偶	热电偶分度号	补偿导线合金丝		绝缘层颜色	
			正极	负极	正极	负极
BC	铂铑30-铂铑6热电偶	B	铜	铜	红	黄
SC	铂铑10-铂热电偶	S	SPC(铜)	SNC(铜镍)	红	绿
RC	铑13-铂热电偶	R	RPC(铜)	RNC(铜镍)	红	绿
KCA	镍铬-镍硅热电偶	K	KPCA(铁)	KNCA(铜镍)	红	蓝
KCB			KPCB(铜)	KNCB(铜镍)	红	蓝
KX			KPX(镍铬)	KNX(镍硅)	红	黑
NC	镍铬硅-镍硅热电偶	N	NPC(铁)	NNC(铜镍)	红	灰
NX			NPX(镍铬硅)	NNX(镍硅)	红	灰
EX	镍铬-铜镍热电偶	E	EPX(镍铬)	ENX(铜镍)	红	棕
JX	铁-铜镍热电偶	J	JPX(铁)	JNX(铜镍)	红	紫
TX	铜-铜镍热电偶	T	TPX(铜)	TNX(铜镍)	红	白
WC3/25	钨铼3-钨铼25热电偶	WRe_3-WRe_{25}	WPC3/25	WNC3/25	红	黄
WC5/26	钨铼5-钨铼26热电偶	WRe_5-WRe_{26}	WPC5/26	WNC5/26	红	橙

任务五　用湿敏传感器测量湿度 ■

///// **任务情境**

湿度传感器是基于某些材料能将空气中湿度的变化转换成某种电量变化的原理进行湿度

测量的。湿度传感器在精密仪器、半导体集成电路与元器件制造场所，气象预报、医疗卫生、食品加工、航空航天、电力等行业都有广泛的应用。图2-5-1所示为湿度传感器在各行业中的应用。

(a) 在土壤水分测量中的应用

(b) 在仓储领域中的应用

(c) 在净化车间中的应用

(d) 在馆藏领域中的应用

图2-5-1 湿度传感器在各行业中的应用

任务准备

一、了解湿度传感器

湿敏元件是最简单的湿度传感器。湿敏元件主要有电阻式、电容式两大类。

湿敏电阻是一种对环境湿度敏感的元件，它的电阻值能随着环境相对湿度的变化而变化，它是利用感湿材料吸附空气中的水蒸气而使元件本身的电阻率和电阻值发生变化这一原理而制成的。电阻值随环境湿度变化的关系特性曲线称为阻湿特性，有正负之分。湿敏电阻的种类很多，如金属氧化物湿敏电阻、硅湿敏电阻、陶瓷湿敏电阻等。其优点是灵敏度高，主要缺点是线性度和产品的互换性差。

湿敏电容一般是用高分子薄膜电容制成的，常用的高分子材料有聚苯乙烯、聚酰亚胺、醋酸纤维等。当环境湿度发生改变时，湿敏电容的介电常数发生变化，使其电容量也发生变化，其电容变化量与相对湿度成正比。其主要优点是灵敏度高、产品互换性好、响应速度快、湿度的滞后量小、便于制造、容易实现小型化和集成化，其精度一般比湿敏电阻要低一些。

湿敏元件的线性度及抗污染性差，在检测环境湿度时，湿敏元件要是长期暴露在待测环境中，很容易被污染而影响其测量精度及长期稳定性。

图 2-5-2 所示为湿敏元件的外形及结构。

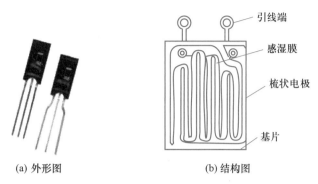

(a) 外形图　　　　　　(b) 结构图

图2-5-2　湿敏元件的外形及结构

二、湿度传感器的测量电路

1. 电桥法测量湿度电路

电桥法测量湿度电路框图如图 2-5-3 所示，振荡器对电路提供交流电源，电桥的一臂为湿度传感器，由于湿度变化使湿度传感器的阻值发生变化，于是电桥失去平衡，产生信号输出，放大器可把不平衡信号加以放大，整流器将交流信号变成直流信号，由直流毫安表显示。振荡器和放大器都由 9 V 直流电源供电。电桥法测量湿度电路适合于氯化锂湿度传感器。

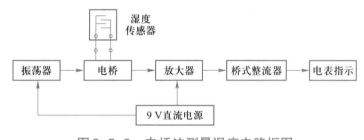

图2-5-3　电桥法测量湿度电路框图

2. 带温度补偿的湿度测量电路

在实际应用中，需要考虑湿度传感器的线性处理和温度补偿，常采用运算放大器构成湿度测量电路，如图 2-5-4 所示。图 2-5-4 中 R_t 为热敏电阻器，R_H 为 H204C 湿度传感器，运算放大器型号为 LM2904。该电路的湿度电压特性及温度特性表明：在 30%～90%RH、15～35℃范围内，输出电压表示的湿度误差不超过 3%RH。

三、湿敏传感器的应用

1. 自动去湿装置电路

图 2-5-5 中，H 为湿敏传感器，R_S 为加热电阻丝。在常温常湿情况下调好各电阻值，使 VT_1 导通，VT_2 截止。

当阴雨等天气使室内环境湿度增大而导致 H 的阻值下降到某值时，R_F 与 R_2 并联的阻值

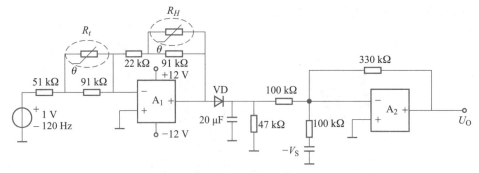

图2-5-4 带温度补偿的湿度测量电路

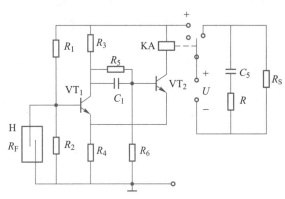

图2-5-5 自动去湿装置电路

小到不足以维持 VT$_1$ 导通。

由于 VT$_1$ 截止而使 VT$_2$ 导通，其负载继电器 KA 通电，动合触点闭合，加热电阻丝 R_S 通电加热，驱散湿气。

当湿度减小到一定程度时，电路又翻转到初始状态，VT$_1$ 导通，VT$_2$ 截止，动合触点断开，R_S 断电停止加热。

2. 录像机结露报警控制电路

如图 2-5-6 所示，该电路由 VT$_1$～VT$_4$ 组成。结露时，LED 亮（结露信号），并输出控制信号使录像机进入停机保护状态。

在湿度降低时，结露传感器的电阻值为 2 kΩ 左右，VT$_1$ 因其基极电压低于 0.5 V 而截止，VT$_2$ 集电极电位低于 1 V，所以 VT$_3$ 及 VT$_4$ 也截止。结露指示灯不亮，输出的控制信号为低电平。

在结露时，结露传感器的电阻值大于 50 kΩ，VT$_1$ 饱和导通，VT$_2$ 截止；从而使 VT$_3$ 及 VT$_4$ 导通，结露指示灯亮，输出的控制信号为高电平。

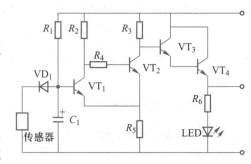

图2-5-6 录像机结露报警控制电路

////// **任务实施**

一、工件及材料准备（见表 2-5-1）

表 2-5-1 工件及材料准备

序号	名称	型号或规格	图片	数量	备注
1	湿敏传感器			各1个/组	
2	三极管	8050	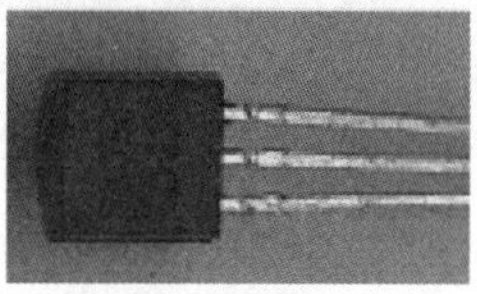	1个/组	
3	电位器	W103，10 kΩ		1个/组	
4	钮子开关			1个/组	
5	电阻	1 kΩ	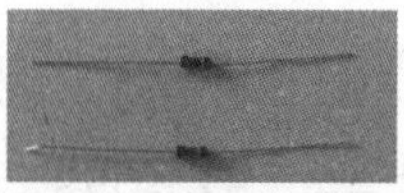	各2个/组	
6	LED		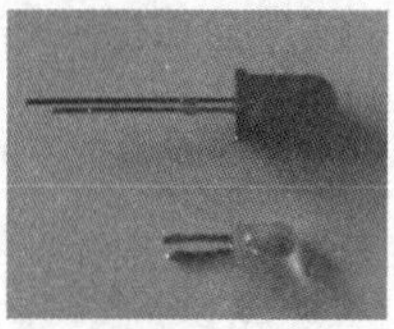	2个/组	
7	电池	1.5 V		4节/组	
8	万能印制板			1块/组	

续表

序号	名称	型号或规格	图片	数量	备注
9	电烙铁	TLN-20W	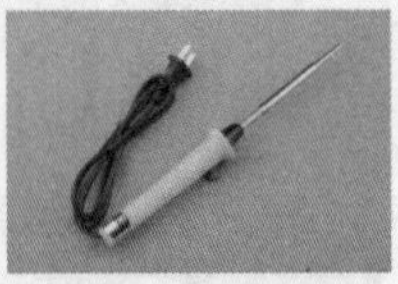	1把/组	
10	数字万用表	$4\frac{1}{2}$位		1台/组	
11	镊子			1把/组	
12	螺丝刀			1把/组	
13	湿巾纸			1张/组	
14	焊锡丝			根据需要确定	
15	连接导线			根据需要确定	

二、用湿敏传感器、LED、三极管、电位器等制作简易下雨报警器

步骤 1：制作简易湿敏传感器。用一小块单面覆铜板（3 cm×3 cm），每约 2 mm 用锋利的小刀、断锯条划去约 1 mm 的铜箔，完成后用胶水或油漆等在划去金属部分涂抹，使之保持良好的绝缘，然后将板上的金属条分成 A、B，A、B，A、B，A、B，A、B…，A 与 A、B 与 B 分别用导线焊接即可。

步骤 2：用万用表分别检测并判断电位器、LED、三极管、电阻等元器件。

步骤 3：按照图 2-5-7 所示电路原理图，将元器件焊接在万能印制板上，如图 2-5-8 所示。

步骤 4：室温下，将钮子开关置于"开"位置，此时电源指示灯 LED$_2$ 点亮，用于报警的 LED$_1$ 灯不亮，如图 2-5-9 所示。

步骤 5：钮子开关置于"开"位置，用湿纸巾擦拭湿敏传感器，此时用于报警的 LED$_1$ 灯点亮，如图 2-5-10 所示。

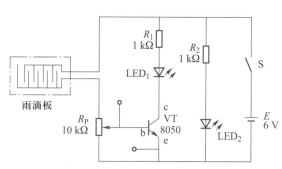

图2-5-7 简易下雨报警器电路原理图

图2-5-8 简易下雨报警器实际焊接图

图2-5-9 干燥情况下LED₁灯不亮

图2-5-10 湿度增加LED₁灯亮

 提示

① 焊接后，要保障焊点可靠，检查无误后，方可通电。

② 湿度传感器也可以购买。

③ 可将用于报警的 LED₁ 换成报警器。

任务评价

评价项目	任务评价内容	分值	自我评价	小组评价	教师评价
职业素养	遵守实训实验室规程及文明使用实训实验室	10			
	按实物观测操作流程规定操作	5			
	纪律、出勤、团队协作	5			
理论知识	认识湿度传感器	10			
	认识湿度传感器电路	10			

续表

评价项目	任务评价内容	分值	自我评价	小组评价	教师评价
实操技能	湿度传感器参数认识正确	10			
	元器件检测正确	20			
	报警器电路焊接良好	20			
	报警器电路调试成功	10			
总分		100			
个人学习总结					
小组评价					
教师评价					

练一练

一、填空题

1. 湿度传感器的种类很多，在实际应用中主要有_____式和_____式两大类。电阻式湿度传感器将空气湿度的变化转换为_____的变化。

2. 湿度传感器按照使用材料和工作原理的不同，常分为_____型、_____型、高分子型和_____等多种类型。

二、选择题

1. 洗手后，将湿手靠近干手机，机内的传感器便驱动电热器加热，有热空气从机内喷出，将湿手烘干，手靠近自动干手机能使传感器工作，是因为（   ）。

    A. 改变了湿度   B. 改变了温度

    C. 改变了磁场   D. 改变了电容

2. 在使用测谎仪时，被测试人由于说谎、紧张而手心出汗，可用（   ）传感器来检测。

    A. 应变片   B. 热敏电阻

    C. 气敏电阻   D. 湿敏电阻

三、简答题

便携式湿度计的实际电路如图 2-5-11 所示，试分析其工作原理。

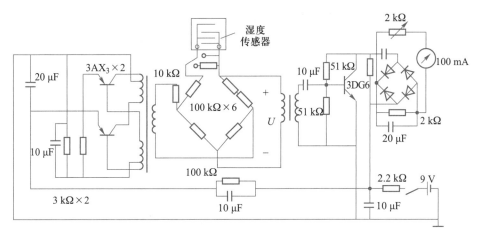

图2-5-11　便携式湿度计的实际电路

知识拓展

温湿度传感器

由于温度与湿度不管是从物理量本身还是在人们的实际生活中都有着密切的关系，所以温湿度一体的传感器相应产生。温湿度传感器是指能将温度量和湿度量转换成容易被测量处理的电信号的设备或装置。市场上的温湿度传感器一般是测量温度量和相对湿度量。图2-5-12所示为各种温湿度传感器。

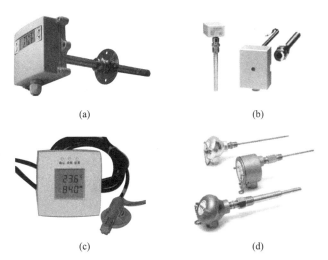

(a)　　　　　　　　　　　(b)

(c)　　　　　　　　　　　(d)

图2-5-12　各种温湿度传感器

任务六　用气敏电阻传感器测量环境量

////// **任务情境**

气体与人们的日常生活密切相关，对气体的检测已经是保护和改善生态环境必不可少的手段，气敏传感器发挥着极其重要的作用。如生活环境中一氧化碳浓度达 0.8～1.15 mL/L 时，人就会出现呼吸急促、脉搏加快现象，甚至晕厥。

气敏传感器较广泛地应用于防灾报警，如制成液化石油气、天然气、城市煤气、煤矿瓦斯以及有毒气体等多种报警器；也可用于对大气污染进行监测以及在医疗上用于对 O_2、CO_2 等气体的测量。生活中则可用于空调器、烹调装置、酒精浓度探测等方面。

////// **任务准备**

一、了解气敏传感器

气敏传感器是一种将检测到的气体成分、浓度等信息转换为电信号的装置。气敏传感器常用于化工生产中气体成分的检测与控制、煤矿瓦斯浓度的检测与报警、环境污染情况的监测、煤气泄漏、火灾报警、燃烧情况的检测与控制等。

常见气敏传感器的外形如图2-6-1所示。

图2-6-1 常见气敏传感器的外形

二、气敏传感器的分类

常见的气敏传感器主要有半导体气敏传感器和接触燃烧式气体传感器两种。

半导体气敏传感器是利用半导体气敏元件同气体接触，造成半导体性质变化，来检测气体的成分或浓度的。半导体气敏传感器大体可分为电阻式和非电阻式两大类。电阻式是用氧化锡、氧化锌等金属氧化物材料制作。非电阻式是一种半导体器件。

半导体气敏传感器的分类比较，见表2-6-1。

表2-6-1 半导体气敏传感器的分类比较

分类	主要物理特性	类型	气敏传感器	检测气体
电阻式	电阻	表面控制型	SnO_2、ZnO等的烧结体、薄膜、厚膜	可燃性气体
		体控制型	La1-xSrCoO₃、T-Fe₂O₃、氧化钛(烧结体)、氧化镁、SnO_2	酒精、可燃性气体、氧气
非电阻式	二极管整流特性	表面控制型	铂-硫化镉、铂-氧化钛(金属-半导体结型场效晶体管)	氢气、一氧化碳、酒精
	晶体管特性		铂栅、钯栅MOS场效晶体管	氢气、硫化氢

接触燃烧式气体传感器主要用于可燃气体的检测。

三、气敏传感器应用实例

1. 酒气浓度检测仪

交通检测中常用酒气浓度检测仪来检查饮酒驾车的情况，酒气浓度测试仪如图 2-6-2 所示。

图2-6-2 酒气浓度测试仪

2. 气体检测仪

为防止可燃和有毒气体如煤气（H_2、CO 等），天然气（CH_4 等），液化石油气（C_3H_8、C_4H_{10} 等），氯气（Cl_2）和硫化氢（H_2S）等泄漏引起中毒、燃烧或爆炸，可以应用气敏传感器配上适当电路制成气体检测仪进行检测、报警。图 2-6-3 所示为便携式气体检测仪，图 2-6-4 所示为固定安装式气体检测仪。

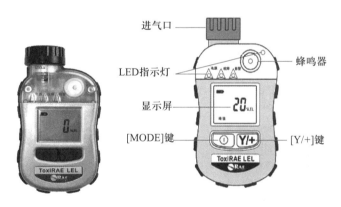

(a) 便携式可燃气体探测器

(b) 六合-复合式气体检测仪　　(c) VOC气体检测仪

图2-6-3 便携式气体检测仪

(a) 有毒气体检测仪

(b) 可燃气体检测仪

(c) 综合气体检测仪

图2-6-4 固定安装式气体检测仪

3. 汽车中应用的气体传感器

现在的汽车生产和使用中越来越离不开气体传感器，例如，控制燃空比需用氧传感器；控制污染，检测排放气体，需用 CO、NO_x、HCl、O_2 等传感器；内部空调，需用 CO、烟雾、湿度等传感器。汽车尾气检测的应用如图 2-6-5 所示。

4. 工业中应用的气体传感器

在铁和铜等矿物冶炼过程中常使用氧传感器。在半导体工业中需用多种气体传感器。在食品工业中也常用氧传感器。氧气浓度测量传感器如图 2-6-6 所示。

图2-6-5 汽车尾气检测的应用

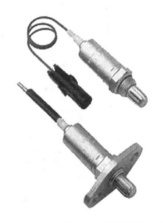

图2-6-6 氧气浓度测量传感器

5. 家电中应用的气体传感器

在家电中除用于可燃气体泄漏报警及换气扇、抽油烟机的自动控制外，也用于微波炉和燃气炉等家用电器中，以实现烹调的自动控制。抽油烟机自动起动系统中的传感器如图 2-6-7 所示。

6. 大气污染检测中应用的气体传感器

大气环保方面需要检测的气体有 SO_2、H_2S、NO_x、CO、CO_2 等，因为需要定量测量，一般选用电化学气体传感器。图 2-6-8 为有毒气体传感器，图 2-6-9 为家庭用液化石油气报警器。

图2-6-7　抽油烟机自动起动系统中的传感器

图2-6-8　有毒气体传感器

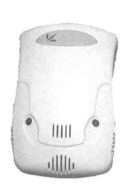

图2-6-9　家庭用液化石油气报警器

////// **任务实施**

一、工件及材料准备（见表2-6-2）

表2-6-2　工件及材料准备

序号	名称	型号或规格	图片	数量	备注
1	气敏传感器	MQ-2		各1个/组	
2	三极管	8050		1个/组	

续表

序号	名称	型号或规格	图片	数量	备注
3	电位器	W103，10 kΩ		1个/组	
4	钮子开关			1个/组	
5	电阻	1 kΩ		各2个/组	
6	LED			2个/组	
7	电池	1.5 V		4节/组	
8	万能印制板			1块/组	
9	电烙铁	TLN-20 W		1把/组	
10	数字万用表	$4\frac{1}{2}$位		1台/组	
11	镊子			1把/组	
12	螺丝刀			1把/组	
13	蚊香			根据需要确定	
14	焊锡丝			根据需要确定	
15	连接导线			根据需要确定	

二、认识气敏传感器

仔细观察图 2-6-10 中的气敏传感器，通过查阅资料完成表 2-6-3。

图2-6-10　气敏传感器实物

表 2-6-3　认识气敏传感器

	回路电压	加热电压	加热功耗	敏感体电阻	浓度斜率
气敏传感器1					
气敏传感器2					
气敏传感器3					

三、用气敏传感器、LED、三极管、电位器等制作烟气报警器

步骤 1：用万用表分别检测并判断电位器、LED、三极管、电阻等元器件。

步骤 2：按照图 2-6-11 所示电路原理图，将元器件焊接在万能印制板上，如图 2-6-12 所示。

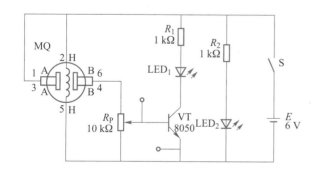

图 2-6-11　烟气报警器电路原理图

图 2-6-12　烟气报警器实际焊接图

步骤 3：将钮子开关置于"开"位置，此时电源指示灯 LED$_2$ 点亮，调整电位器使三极管 VT 的 b、e 间电压 U_{be} 为 0.5 V 左右，此时用于报警的 LED$_1$ 不亮，如图 2-6-13 所示。

步骤4：钮子开关置于"开"位置，将点燃的蚊香靠近传感器，此时用于报警的LED₁灯点亮，如图2-6-14所示。

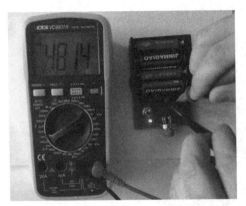

图2-6-13   无烟时LED₁不亮

图2-6-14   有烟时LED₁点亮

 提示

① 焊接后，要保障焊点可靠，检查无误后，方可通电。

② 气敏传感器也可以购买。

③ 可将用于报警的LED₁换成报警器。

④ 此电路同样适用于对酒精的测试报警。

////// **任务评价**

评价项目	任务评价内容	分值	自我评价	小组评价	教师评价
职业素养	遵守实训实验室规程及文明使用实训实验室	10			
	按实物观测操作流程规定操作	5			
	纪律、出勤、团队协作	5			
理论知识	认识气敏传感器原理	10			
	认识半导体气敏传感器	10			
实操技能	元器件检测正确	10			
	烟气报警电路连接良好	20			
	烟气报警器电路焊接良好	15			
实操技能	烟气报警电路调试成功	15			
总分		100			

续表

评价项目	任务评价内容	分值	自我评价	小组评价	教师评价
个人学习总结					
小组评价					
教师评价					

练一练

一、填空题

1. 气敏传感器是一种对_____敏感的传感器。

2. 气敏传感器将_____等的变化转化成电阻值的变化，最终以_____形式输出。

3. 气敏传感器主要有_____和_____两种。

4. SnO_2 系列气敏元件有_____、_____和_____3 种。可将待检测气体_____直接转变为_____。

5. 一般气敏元件的工作电压在_____V，供给加热的电压，必须_____；否则将导致加热器的温度变化幅度过大，影响检测准确性。

二、选择题

1. 气敏传感器使用（　　）材料。

　　A. 金属　　　　　　B. 半导体　　　　　　C. 绝缘体　　　　　　D. 以上都不对

2. 判断气体浓度大小的传感器是（　　）。

　　A. 电容传感器　　　B. 气敏传感器　　　　C. 超声波传感器　　　D. 光电传感器

3. 气敏传感器广泛应用于（　　）。

　　A. 防灾报警　　　　B. 温度测量　　　　　C. 液位测量　　　　　D. 湿度测量

4. 大气环保监测采用了（　　）传感器。

　　A. 热敏　　　　　　B. 光敏　　　　　　　C. 气敏　　　　　　　D. 湿敏

5. 图 2-6-15 是利用 SnO_2 气敏器件设计的自动空气净化换气扇电路原理图，当室内空气污浊，烟雾或其他污染气体使气敏传感器阻值下降时，三极管 VT 导通，继电器动作接通风扇电源，排放污浊气体，换进新鲜空气。当室内污浊气体浓度下降到希望的数值时，气敏传感器阻值（　　），VT 截止，继电器 KA（　　），风扇电源（　　），风扇停止工作。

　　A. 下降　　　　　　B. 上升　　　　　　　C. 断开　　　　　　　D. 闭合

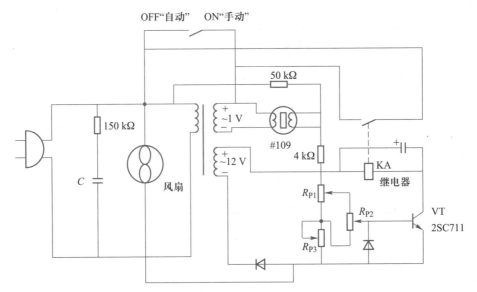

图2-6-15 自动空气净化换气扇电路原理图

项目小结

温度是一个与人们生活环境有密切关系的物理量，也是生产过程中需要测量和控制的重要物理量，因此温度传感器是应用非常广泛的一种传感器。温度传感器是利用一些金属、半导体材料的参数与温度有关的特性而制成的。

温度传感器按照测温方式分为接触式与非接触式两大类。热电偶、热电阻属于接触式温度传感器，两者测量温度的范围不同；热敏电阻属于非接触式温度传感器。

热电偶是一种感温元件，两种不同材料的金属导体串接成一个闭合回路，当两个接点的温度不同时，回路中就会产生热电动势，此现象称为热电效应。

热电阻和热敏电阻都具有阻值随温度变化而变化的特性，利用该特性可测量温度。热电阻是利用金属材料的阻值率随温度的变化而变化的特性，常用的有铂、铜两种热电阻，其特性及测温范围各不相同。热电阻在测量时需使用三线制或四线制接法。热电阻主要用于工业测温。

热敏电阻是利用半导体电阻值随温度变化的特性，按温度系数的不同可分为负温度系数（NTC）热敏电阻、正温度系数（PTC）热敏电阻、临界温度电阻器（CTR）3种。热敏电阻广泛用于温度测量、电路的温度补偿及温度控制。

温度传感器广泛应用于家电产品中的豆浆机、热水器等，还应用在气体成分分析、测试流量、测定水温等，也广泛用于工厂炉温控制。

湿度是指大气中水蒸气的含量，通常用绝对湿度和相对湿度表示。湿度传感器的种类很多，在实际应用中主要有电阻式和电容式两大类。电阻式湿度传感器将空气湿度的变化转换为电阻的变化。

电阻式湿度传感器中使用最多的是氯化锂湿度传感器。需要注意的是，电阻式湿度传感器在实际应用中一定要使用交流电源，不允许用直流电源，以防止氯化锂溶液发生电解，导致传感器性能劣化甚至失效。选用湿度传感器，需要根据具体的应用领域，从精度、稳定性、温度范围、供电方式以及互换性等方面考虑。安装时要考虑安装位置，不要安装在环境潮湿的地方，应远离有高振动或强磁场干扰的区域。

气敏传感器是一种检测待定气体的类别、成分和浓度的传感器，利用气体吸附在半导体上而使半导体的电阻值发生变化的特性来实现对气体的检测。

为了提高气敏传感器对某些气体成分的敏感性，材料中还掺入催化剂，添加的物质不同，检测的气体类别就不同。为了提高传感器的灵敏度，传感器中还装有加热电阻丝。由于气敏传感器的关键材料是半导体，其电阻与温度、湿度有关，因而要进行温度补偿。

应根据具体的使用场合、使用寿命、灵敏度与价格要求合理选择气敏传感器。

1. 了解电感式传感器的应用场合。
2. 了解电感式传感器的工作原理及结构和分类。
3. 会识别和检测电感式接近开关，并会选用和安装电感式接近开关。
4. 了解电位器式传感器工作原理、分类、技术参数以及主要特点。
5. 了解用于精密位移检测的相关传感器，包括测速传感器、感应同步器、磁栅传感器以及数字位移传感器。
6. 在实训实验中，能遵守实训实验室安全规则，遵守 6S 管理规范。

任务一　电感式传感器及位移检测

/////// **任务情境**

　　现代化智能制造环境下，在金属、塑料等物件加工过程中，常采用智能制造系统来测量和分选工件，以实现高精度、高效率、易操控、保证加工件质量等目的。图 3-1-1 所示为滚柱高速自动直径分选机的实物图和原理示意图。从振动料斗送来的被测滚柱被汽缸里的推杆堵住，测微器的测杆在电磁铁的控制下提升到一定高度，当要测量某一个滚柱时，限位挡板升起，推杆缩回，此滚柱通过落料管进入测杆正下方，然后推杆再次被汽缸推出堵住其他滚柱进入分选机，与此同时，电磁铁释放测杆，电感测微器上的测杆向下移动，钨钢测头压住滚柱，对滚柱直径进行测量。此时，滚柱直径决定了钨钢测头上下位移的高低，电感测微器将测量到的钨钢测头位移（即滚柱直径）信号通过一系列电路转换处理后输送到计算机中，由计算机计算出直径的偏差值，随后通过电磁执行机构将相应的电磁翻板打开，使滚柱落入与其直径偏差相对应的容器中，这样便完成了滚柱的分选过程。

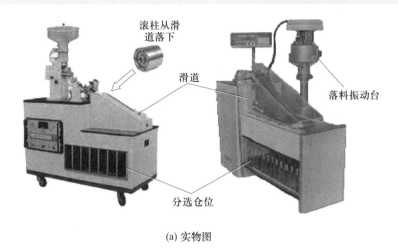

(a) 实物图

图 3-1-1　滚柱高速自动直径分选机

在整个装置中，电感测微器是影响滚柱分选的关键部件，属于电感传感器，用来检测钨钢测头的位移，即滚柱直径。

任务准备

电感传感器利用电磁感应原理通过衔铁位移将被测非电量（如位移、压力、流量、振动等参数）转换成线圈自感系数或互感系数的变化，进而通过测量电路转换为电压、电流或频率信号输出。电感传感器的组成如图 3-1-2 所示。

下面通过图 3-1-3 所示的滚柱高速自动直径分选机中的电感传感器来了解其组成，其中，衔铁为敏感元件，铁心和线圈为转换元件。

根据转换原理，电感传感器分为自感式电感传感器、差分变压器式传感器和电涡流传感器 3 种类型，见表 3-1-1。

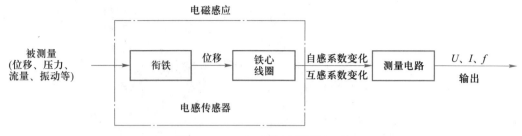

图3-1-2　电感传感器的组成

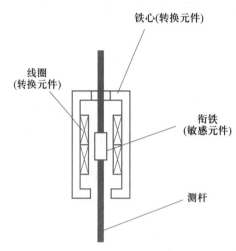

图3-1-3　滚柱高速自动直径分选机中的电感传感器

表3-1-1　电感传感器的分类及性能比较

类型	自感式电感传感器	差分变压器式传感器	电涡流传感器
工作机理	电磁感应原理,被测量引起线圈的自感系数变化	变压器原理,被测量引起线圈间的互感系数变化	电涡流效应,被测量引起线圈的阻抗变化
性能特点	灵敏度高,测量范围较小	灵敏度高,线性范围大	结构简单,体积小,灵敏度高,抗干扰能力强,可非接触测量
使用场合	测量位移、压力、压差、振动、应变、流量等	测量位移、力、压力、压差、振动、加速度、应变等	测量振动、位移、厚度、转速、表面温度等

一、自感式电感传感器

1. 自感式电感传感器的外形和结构

自感式电感传感器的实物图如图3-1-4所示。

自感式电感传感器主要由铁心、线圈和衔铁组成。根据结构的不同,自感式电感传感器分为变隙式和变面积式两种,螺管式传感器也属于变面积式,只是结构有所不同。表3-1-2中列出了几种自感式电感传感器的性能比较。

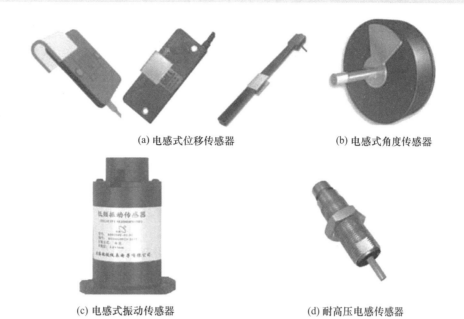

(a) 电感式位移传感器　　　　　　(b) 电感式角度传感器

(c) 电感式振动传感器　　　　　　(d) 耐高压电感传感器

图 3-1-4　自感式电感传感器的实物图

表 3-1-2　几种自感式电感传感器的性能比较

		变隙式	变面积式	螺管式
结构	单一结构	线圈·铁心·气隙厚度 δ·衔铁·x·位移方向	线圈·铁心·气隙厚度 δ·衔铁·x·位移方向	螺管线圈·衔铁
	差分结构	铁心·差分线圈·衔铁·差分线圈·测杆·工件	差分线圈·铁心·测杆·工件	差分线圈·铁心·测杆·衔铁·工件
工作原理		气隙厚度 δ 的变化引起线圈的电感变化	气隙导磁面积 A 的变化引起线圈的电感变化	衔铁插入螺管中的长度变化引起线圈的电感变化
性能特点		输出非线性,灵敏度和非线性都随 δ 的增大而减小,δ 通常取 0.1～0.5 mm	线性度好,但线性区域小,灵敏度较低	测量范围大,线性度好,结构简单,便于制作、集成,灵敏度较低
使用场合		只能用于微小位移的测量	不常用	用于测量大量程的直线位移

2. 自感式电感传感器的工作原理

传感器工作时，衔铁与被测物体相连。当被测物体移动时，带动衔铁移动，气隙厚度 δ 和导磁面积 A 随之发生改变，从而引起磁路中磁阻的改变，进而导致线圈电感量发生变化。只要测出电感量的变化，就能确定衔铁（被测物体）位移的大小和方向。线圈电感量 L 的表达式如下

$$L = \frac{N^2 \mu_0 A}{2\delta^2}$$

式中，N——线圈匝数；

$\quad\quad\mu_0$——真空磁导率；

$\quad\quad A$——气隙导磁面积；

$\quad\quad\delta$——气隙厚度。

当 N、μ_0 一定时，L 由 δ 与 A 决定，两个参数中任意一个变化都将引起电感量的变化。

（1）变隙式传感器

保持 A 不变，而 δ 发生变化，即构成变隙式传感器。变隙式传感器的输入与输出呈非线性关系，为保证线性度，这种传感器只能用于微小位移的测量。

（2）变面积式传感器

保持 δ 不变，而 A 发生变化，即构成变面积式传感器。变面积式传感器的输入与输出呈线性关系，但线性区域比较小。

上述两种类型的传感器均属于单一结构的电感传感器。电感传感器在使用时，由于线圈内通有交流励磁电流，衔铁始终承受电磁力，因此它会产生振动及附加误差，而且非线性误差较大。另外，外界的干扰，如电源电压、频率变化、温度变化等，都将使输出产生误差，非线性变得失真，不适用于精密测量。因此，在实际工作中常采用由两个电气参数和几何尺寸完全相同的电感线圈共用一个衔铁构成的差分自感式电感传感器，如图 3-1-5 所示，其中，图 3-1-5（a）所示为变隙式电感传感器，图 3-1-5（b）所示为变面积式电感传感器，图 3-1-5（c）所示为螺管式电感传感器。

当衔铁随被测量物体移动而偏离中间位置时，两线圈的电感量表现为一个增加，一个减小，比较得到电感差值，所得电感变化量与衔铁移动的距离成正比。通过分析计算可知，差分自感式电感传感器的灵敏度约为非差分式的两倍，而且线性度较好，灵敏度较高；对外界的影响，如温度变化、电源频率变化等也基本上可以互相抵消；衔铁承受的电磁吸引力也较小，从而减小了测量误差，因此常被用于电感测微仪上。

3. 自感式电感传感器的测量电路

（1）自感式电感传感器的等效电路

在实际的传感器中，线圈不可能是纯电感，它包括线圈的铜损耗电阻 R_c 和铁心的涡流

损耗电阻 R_e。由于线圈和测量设备电缆的接入，传感器电路存在线圈固有电感和电缆的分布电容，如图 3-1-6（a）所示。现用集中参数 Z 表示各种分布参数，可得到自感式电感传感器的等效电路，如图 3-1-6（b）所示。

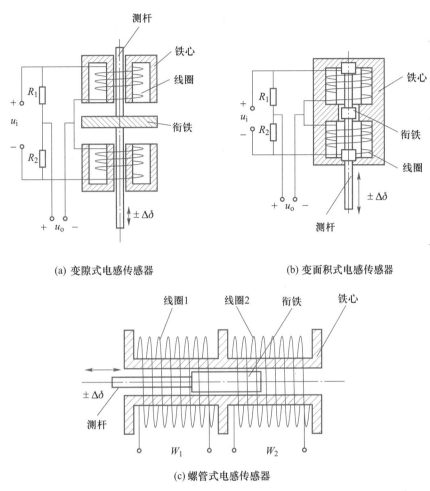

(a) 变隙式电感传感器

(b) 变面积式电感传感器

(c) 螺管式电感传感器

图 3-1-5 差分自感式电感传感器

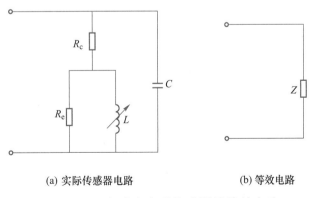

(a) 实际传感器电路

(b) 等效电路

图 3-1-6 自感式电感传感器的等效电路

（2）测量电路

前面已提到差分式结构可以提高灵敏度，改善线性度，所以交流电桥多采用双臂工作形式。

通常将传感器作为电桥的两个工作臂，电桥的平衡臂可以是纯电阻，也可以是变压器的二次绕组或紧耦合电感线圈，因此，电感传感器的测量电路有交流电桥式、变压器式、紧耦合式等几种形式。

① 交流电桥电路

交流电桥电路是电感传感器的主要测量电路，它的作用是将线圈电感的变化转换成电桥电路的电压或电流信号输出。

在图 3-1-7 中，差分结构的两个传感器线圈（Z_1、Z_2）接成电桥的两个工作臂，另外的两个桥臂分别为平衡电阻 R_1、R_2。

② 变压器电桥电路

变压器电桥电路使用元件少，输出阻抗小，电桥开路时电路呈线性，因此应用较广，如图 3-1-8 所示。

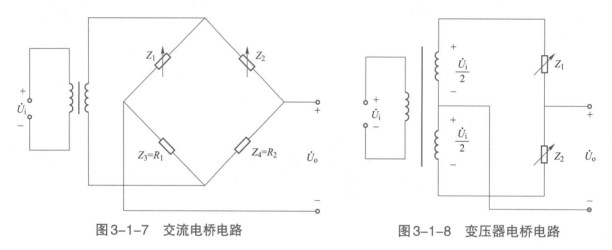

图 3-1-7 交流电桥电路　　　　图 3-1-8 变压器电桥电路

变压器的二次绕组构成电桥的两臂，电桥的另外两臂由差分自感式电感传感器的两个线圈组成，Z_1、Z_2 分别为传感器的线圈阻抗。若衔铁处于线圈的中间位置，由于线圈完全对称，因此 $Z_1 = Z_2 = Z$，此时电桥平衡，输出电压 $U_o = 0$ V。当衔铁向下移动时，下线圈的阻抗增加，$Z_2 = Z + \Delta Z$，上线圈的阻抗减少，$Z_1 = Z - \Delta Z$，输出电压反映了传感器线圈阻抗的变化，由于是交流信号，因此若在转换电路的输出端接上普通仪表时无法判别输出的极性和衔铁位移的方向，必须经过适当电路（相敏检波电路）才能判别衔铁位移的大小及方向。

此外，当衔铁处于差分电感的中间位置时，可以发现，无论怎样调节衔铁的位置，均无法使测量转换电路的输出为零，总有一个很小的输出电压（不到 1 mV，有时甚至可达数十毫伏）存在，这种衔铁处于零点附近时存在的微小误差电压称为零点残余电压。

产生零点残余电压的具体原因有：差分电感两个线圈的电气参数、几何尺寸或磁路参数不完全对称；存在寄生参数，如线圈间的寄生电感及线圈、引线与外壳间的分布电感；电源电压含有高次谐波；磁路的磁化曲线存在非线性。

减小零点残余电压的方法通常有：提高框架和线圈的对称性；减小电源中的谐波成分；

正确选择磁路材料，同时适当减小线圈的励磁电流，使衔铁工作在磁化曲线的线性区；在线圈上并联阻容移相电路，补偿相位误差；采用相敏检波电路。

图 3-1-9（a）所示为不采用相敏检波电路的输出特性曲线，图中的 U_r 就是零点残余电压，衔铁左右移动，输出电压始终为正电压；采用相敏检波电路后，输出电压的正负与衔铁的移动方向有关，输出电压既反映位移的大小，又反映位移的方向，如图 3-1-9（b）所示。

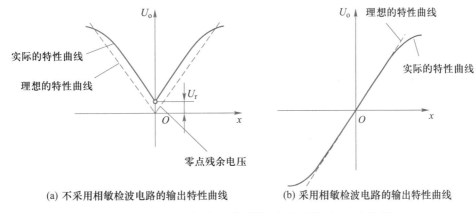

(a) 不采用相敏检波电路的输出特性曲线　(b) 采用相敏检波电路的输出特性曲线

图 3-1-9　差分自感式电感传感器的输出特性曲线

图 3-1-10 所示为带相敏检波电路的交流电桥。差分自感式电感传感器的两个线圈 L_1、L_2 作为交流电桥相邻的两个工作臂，C_1、C_2 作为电桥的另外两个臂，电桥供电电压由变压器 Tr 的二次绕组提供。R_1、R_2、R_3、R_4 用于减小温度误差，C_3 为滤波电容，R_{P1} 为调零电位器，R_{P2} 为调节灵敏度电位器，输出电压信号由中心为零刻度的直流电压表或数字电压表指示。

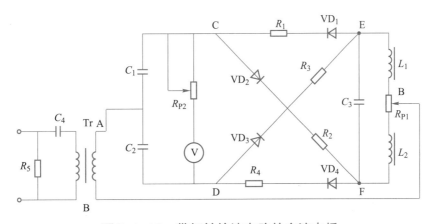

图 3-1-10　带相敏检波电路的交流电桥

设差分自感式电感传感器的线圈阻抗分别为 Z_1 和 Z_2。当衔铁处于中间位置时 $Z_1=Z_2=Z$，电桥处于平衡状态，C 点电位等于 D 点电位，电表指示为零。

当衔铁上移时，上部线圈的阻抗增大，$Z_1=Z+\Delta Z$，下部线圈的阻抗减少，$Z_2=Z-\Delta Z$。如果电桥供电电压为正半周，即 A 点电位为正，B 点电位为负，二极管 VD_2、VD_3 导通，VD_1、VD_4 截止。在 ACFB 支路中，C 点电位由于上线圈的阻抗增大而比平衡时的 C 点电位低；

在 ADEB 支路中，D 点电位由于下线圈的阻抗的降低而比平衡时 D 点的电位高，所以 D 点电位高于 C 点电位，直流电压表正向偏转。如果输入交流电压为负半周，A 点电位为负，B 点电位为正，二极管 VD_1、VD_4 导通，VD_2、VD_3 截止。在 BECA 支路中，C 点电位由于 Z_2 减少而比平衡时低（平衡时，输入电压若为负半周，即 B 点电位为正，A 点电位为负，C 点相对于 B 点为负电位，Z_2 减少时，C 点电位更低）；在 BFDA 支路中，D 点电位由于 Z_1 的增加而比平衡时的电位高，所以 D 点电位仍然是高于 C 点电位，电压表仍然正向偏转。同理可以证明，衔铁下移时电压表一直反向偏转，于是电压表偏转的方向代表了衔铁的位移方向。

③ 紧耦合电感臂电桥

紧耦合电感臂电桥如图 3-1-11 所示。它以差分自感式电感传感器的两个线圈 Z_1、Z_2 作为电桥工作臂，而以紧耦合的两个电感 L_1、L_2 作为固定臂组成电桥电路。这种测量电路可以消除与电感臂并联的分布电感对输出电压的影响，使电桥平衡稳定，另外它还简化了接地和屏蔽的问题。

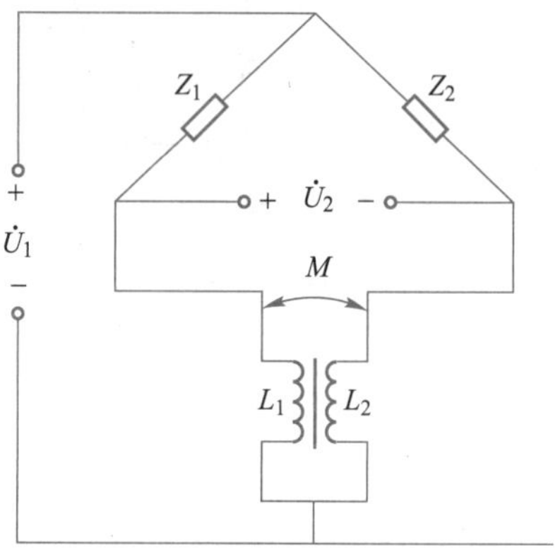

4. 自感式电感传感器的应用

自感式电感传感器一般用于接触测量，也可用于振动、压力、荷重、流量、液位等参数的测量。

图 3-1-11 紧耦合电感臂电桥

（1）电感式圆度仪

电感式圆度仪用于测量零件的圆度、波纹度、同心度、同轴度、平面度、平行度、垂直度、偏心度、轴向跳动和径向跳动，并能进行谐波分析、波高波宽分析，现已广泛应用于汽车、摩托车、机床、轴承、油泵油嘴等行业工厂的车间和计量部门。图 3-1-12（a）所示为电感式圆度仪检测系统，该系统中的旁向式电感传感器以及工作原理示意图分别如图 3-1-12（b）、图 3-1-12（c）所示。

传感器与精密主轴一起旋转，由于主轴的精度很高，因此在理想情况下可认为它旋转运动的轨迹是真圆。在传感器测杆的一端装有金刚石触针，测量时将触针搭在工件上，与被测工件的表面垂直接触。当被测工件有圆度误差时，必定相对于真圆产生径向偏差，此径向偏差经支点使传感器的衔铁同步运动，从而使包围在衔铁外面的两个差分线圈的电感量发生变化，电感量的变化经传感器转换成反映被测工件半径偏差信息的电信号，然后经放大、相敏检波、滤波、A/D 转换后送入计算机处理，最后显示出被测工件的圆度误差，或用记录仪记录被测工件的轮廓图形。

（2）仿形铣床

仿形铣床通过仿形刀架按样件表面做纵向和横向仿形运动，使铣刀自动复制出相应形状的零件，适用于大批量生产的圆柱形、圆锥形、阶梯形及其他成形旋转曲面的轴、盘、套、环类工件的车削加工。图 3-1-13 所示为仿形铣床的实物图和工作原理示意图。

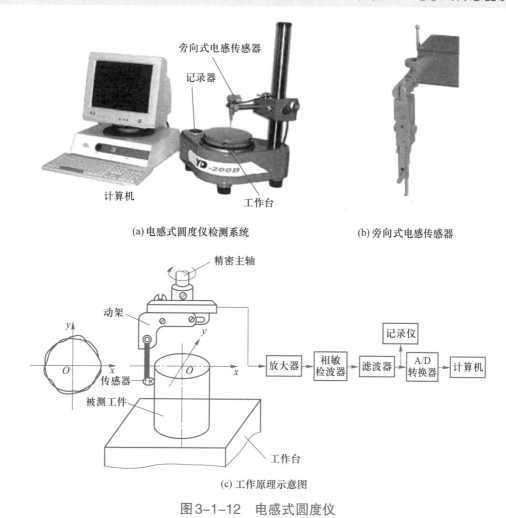

(a) 电感式圆度仪检测系统

(b) 旁向式电感传感器

(c) 工作原理示意图

图3-1-12　电感式圆度仪

铣床的左边转轴上固定一只标准件，毛坯固定在右边的转轴上，左右两个轴同步旋转。铣刀与电感传感器安装在由伺服电动机驱动的、可以顺着立柱的导轨上下移动的龙门框架上。电感传感器的硬质合金测端与标准凸轮的外表轮廓接触。当衔铁不在差分电感线圈的中心位置时，传感器有输出电压。输出电压经伺服放大器放大后，驱动伺服电动机正转（或反转），带动龙门框架上移（或下移），直至传感器的衔铁恢复到差分电感线圈的中间位置为止。龙门框架的上下位置决定了铣刀的切削深度。当标准凸轮转过一个微小的角度时，衔铁可能被顶高（或下降），传感器必然有输出电压，伺服电动机随之转动，使铣刀架上升（或下降），从而减小（或增加）切削深度。这个过程一直持续到加工出与标准件完全一样的工件为止。该加工检测装置采用了零位式测量。

（3）电感测微仪

电感测微仪是一种由差分自感式电感传感器构成的测量精密微小位移的装置。除螺管式电感传感器外，电感测微仪还包括测量电桥、交流放大器、相敏检波器、振荡器、稳压电源及显示器等。图3-1-14所示为电感测微仪的实物图、内部结构图以及工作原理图。

在图3-1-14（c）所示的工作原理图中，传感器的线圈和电阻组成交流测量电桥，电桥

(a) 实物图

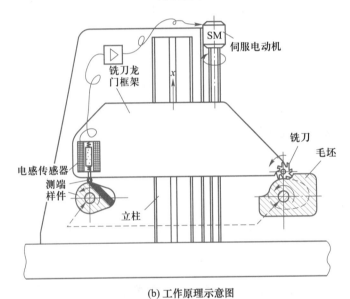

(b) 工作原理示意图

图 3-1-13 仿形铣床

输出的交流电压先送放大器放大，然后送相敏检波器，检波器输出直流电压，最后由直流电压表或显示器输出。

二、差分变压器

差分变压器的工作原理类似于变压器，主要由衔铁、一次绕组、二次绕组和线圈框架等组成，一次绕组作为差分变压器激励用，而二次绕组由结构尺寸和参数相同的两个线圈反相串接而成，且以差分方式输出，因此称为差分变压器式传感器，简称差分变压器。

1. 差分变压器的外形和结构

图 3-1-15 所示为常见的应用差分变压器的传感器实物图，包括线位移传感器、角位移

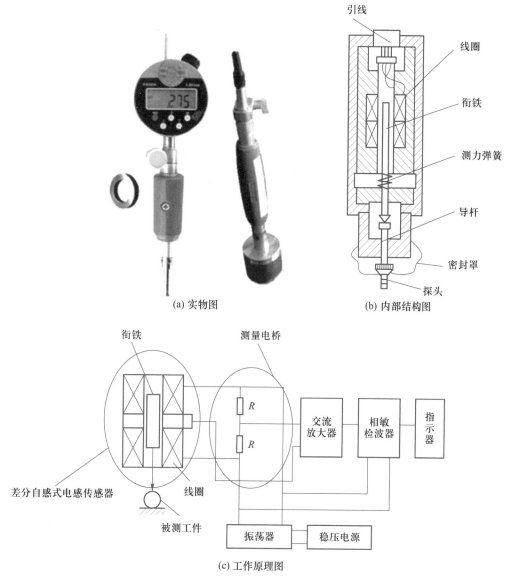

(a) 实物图　　　　　　　(b) 内部结构图

(c) 工作原理图

图 3-1-14　电感测微仪

传感器、液位计、差分变压器压力表。

按照结构不同，差分变压器可分为变隙式、变面积式和螺管式 3 种类型，它们的结构、工作原理、性能特点和使用场合见表 3-1-3。

2. 差分变压器的工作原理

下面以螺管式差分变压器（三节式）为例介绍差分变压器工作原理。图 3-1-16（a）所示为其结构示意图，其中 u_i 为一次绕组激励电压，L_1 为一次绕组的电感，L_{21}、L_{22} 分别为两个二次绕组的电感，u_o 为差分输出电压；图 3-1-16（b）所示为差分变压器的等效电路图。当一次绕组接入电源后，二次绕组将产生感应电动势 e_{21} 和 e_{22}，由于两个二次绕组反向串接，则差分输出电压 $u_o = e_{21} - e_{22}$。

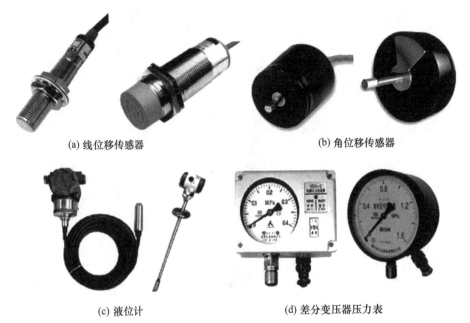

(a) 线位移传感器　　　　　　　　　(b) 角位移传感器

(c) 液位计　　　　　　　　(d) 差分变压器压力表

图 3-1-15 常见的应用差分变压器的传感器实物图

表 3-1-3 几种差分变压器的结构、工作原理、性能特点和使用场合

类型	变隙式	变面积式	螺管式
结构	一次绕组　衔铁　二次绕组	一次绕组　衔铁　二次绕组	一次绕组　二次绕组　衔铁
工作原理	气隙厚度 δ 的变化引起线圈的互感变化	气隙导磁面积 A 的变化引起线圈的互感变化	衔铁插入螺管中的长度变化引起线圈的互感变化
性能特点	灵敏度高，测量范围小	衔铁是旋转的，可测量角位移	灵敏度较高，线性范围较大
使用场合	测量几微米到几百微米的位移	常做成微动同步器来测量角位移	测量大量程直线位移

如果在工艺上保证两个二次绕组完全对称，则当衔铁处于线圈中心位置时，两个二次绕组与一次绕组间的互感相同，产生的感应电动势也相同，即 $e_{21}=e_{22}$，并且 $u_o=0\ \text{V}$。当衔铁随着被测物体移动时，一个二次绕组产生的感应电动势增加，而另一个二次绕组产生的感应电动势减少，则 $e_{21}\neq e_{22}$，$u_o\neq 0\ \text{V}$，u_o 与衔铁的位移 x 成正比，即

$$u_o=kx$$

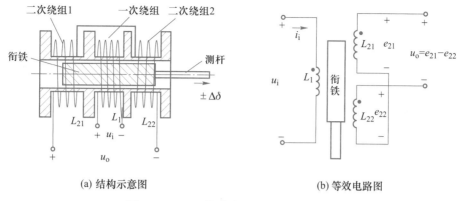

二次绕组1 一次绕组 二次绕组2

衔铁 测杆

$\pm\Delta\delta$

L_{21} L_1 L_{22}

$+$ u_i

$+$ u_o $-$

(a) 结构示意图

i_i

L_{21} e_{21}

$u_o=e_{21}-e_{22}$

u_i L_1 衔铁

L_{22} e_{22}

(b) 等效电路图

图3-1-16 差分变压器的工作原理

由上式可知,根据 u_o 的值即可确定被测物体的位移量,根据 u_o 的正负即可确定被测物体的移动方向。上式中的 k 是差分变压器的灵敏度,该灵敏度与差分变压器的结构及材料有关,在线性范围内可看作常量,线性范围约为线圈骨架长度的 $\dfrac{1}{10}$。由于差分变压器中间部分的磁场均匀且较强,因此只有中间部分线性较好。为了提高灵敏度,应尽量提高励磁电压,取测量范围为线圈骨架长度的 $\dfrac{1}{10}\sim\dfrac{1}{4}$;电源频率采用中频,以 400 Hz～10 kHz 为佳。

3. 差分变压器的测量电路

差分变压器的测量电路常采用差分相敏检波电路和差分整流电路,几种典型的差分整流电路如图 3-1-17 所示,差分变压器的两个二次绕组线圈电流分别整流后,以它们的差值作为输出。图 3-1-17(a)、(b)所示电路用于连接低阻抗负载,是电流输出型;图 3-1-17(c)、(d)所示电路用于连接高阻抗负载,是电压输出型。图 3-1-17 所示电路中可调电阻用于调整零点输出电压。

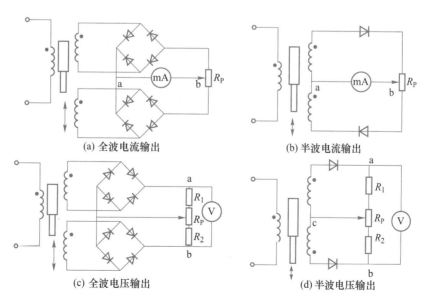

(a) 全波电流输出

(b) 半波电流输出

(c) 全波电压输出

(d) 半波电压输出

图3-1-17 差分整流电路

一般经相敏检波和差分整流输出的信号还必须通过低通滤波器,把调制的高频信号滤掉,让衔铁运动产生的有效信号通过。

4. 差分变压器的应用

(1) 振动计

将差分变压器安装在悬臂梁上可构成振动计,图 3-1-18 所示为其结构图和测量电路框图。

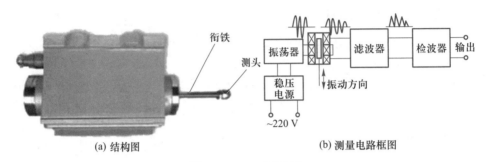

(a) 结构图　　　　　　　(b) 测量电路框图

图 3-1-18　振动计

振动计外壳的铁心上绕有电磁线圈,通以高频交流电,由软弹簧支撑的大惯性质量与铁心间有 δ 间隙。振动时,差分变压器的衔铁随着物体的振动而发生位移,从而导致其线圈的电感量发生变化,输出电压随之改变,经过整流、滤波后,输出与振动成正比的电信号。

(2) 浮筒式液位计

图 3-1-19 所示为浮筒式液位计实物图和测量液位的原理示意图。差分变压器的衔铁与浮筒刚性连接,用弹簧平衡浮力。平衡时压缩弹簧的弹力与浮筒浮力及重力相平衡,使衔铁处于中心位置时,差分变压器输出信号 $U_o = 0$;当液位上升或下降时,浮筒上下移动,弹簧

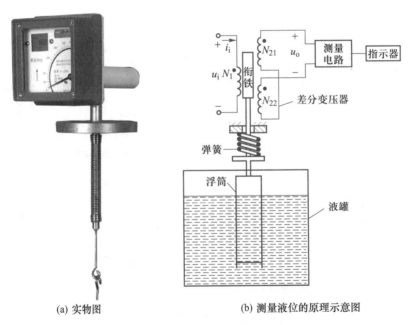

(a) 实物图　　　　　　　(b) 测量液位的原理示意图

图 3-1-19　浮筒式液位计

被压缩或被伸展，与浮筒相连的衔铁也上下移动，导致衔铁发生位移，输出电压$U_o \neq 0$，其大小与衔铁位移即液位的变化成正比，通过相应的测量电路便能确定该液位的高低，并以一定的方式显示出来。

（3）差分压力变送器

差分压力变送器适用于测量各种液体、水蒸气及其他气体的压力，主要由膜盒、随膜盒膨胀与收缩的铁心、感应线圈以及电子线路等组成。图 3-1-20 所示为差分压力变送器的实物图、内部结构图以及工作原理示意图。

当无压力（即压力为零时）时，固接在膜盒中心的衔铁处于差分压力变送器的初始平衡位置上，两个二次绕组输出的电压相等。由于两个二次绕组差分连接，极性相反，因此输出电压相互抵消，使得传感器输出电压为零。当被测压力 p 输入到膜盒中心时，膜盒的自由端面[图 3-1-20（b）中的上端面]便产生一个与 p 成正比的位移，且带动衔铁沿垂直方向向上移动，导致两个二次绕组输出的电压不再相等，两者的电压差即为差分压力变送器输出电压，该电压正比于被测压力，经过安装在线路板上的电子线路检波、整形和放大后，送到仪表加以显示。

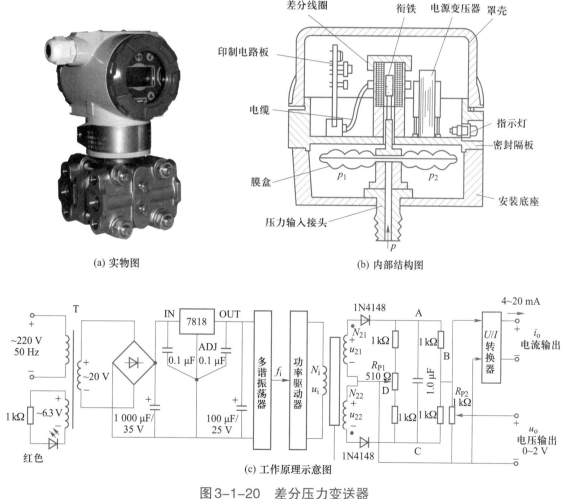

(a) 实物图   (b) 内部结构图

(c) 工作原理示意图

图 3-1-20　差分压力变送器

三、电涡流传感器

将金属导体置于变化的磁场中，导体内就会产生感应电动势，并自发形成闭合回路，产生感应电流。该电流就像水中旋涡一样，因此被称为涡流。电涡流传感器就是利用涡流效应来工作的。

电涡流传感器的实物图如图 3-1-21 所示。

1. 电涡流传感器的结构和工作原理

电涡流传感器主要由安置于框架上的扁平线圈构成，图 3-1-22 所示为电涡流传感器的结构和电路原理图。

图 3-1-21 电涡流传感器的实物图

给激励线圈中通以正弦交流电 i_1 时，线圈周围将产生正弦交变磁场 H_1，使位于此磁场中的金属导体感应出电涡流 i_2，i_2 又产生新的交变磁场 H_2，H_2 将阻碍原磁场的变化，从而导致线圈内阻抗发生变化。线圈阻抗的变化既与电涡流效应有关，又与静磁学效应有关，即与金属导体的电导率、磁导率、几何形状、线圈的几何参数、激励电流频率以及线圈到金属导体的距离等参数有关。电涡流传感器将与被测金属导体之间距离的变化转换成线圈品质因数、等效阻抗和等效电感 3 个参数的变化，再通过测量、检波、校正等电路变为线性电压（电流）的变化。

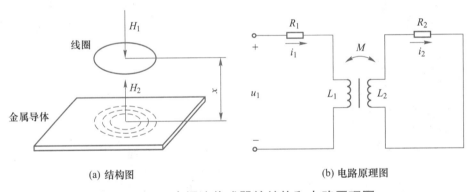

(a) 结构图　　　　　　　　　　　　(b) 电路原理图

图 3-1-22 电涡流传感器的结构和电路原理图

2. 电涡流传感器的测量电路

（1）桥式电路

图 3-1-23 所示为电涡流传感器的测量电路，该电路中的 L_1 和 L_2 为传感器的两个电感线圈，分别与选频电容 C_1 和 C_2 并联组成两个桥臂，电阻 R_1 和 R_2 组成另外的两个桥臂，由振荡器供给交流电源。静态时，电桥平衡，桥路输出 $u_{AB}=0$ V。当传感器接近被测导体时，电涡流效应使传感器的等效电感 L 发生变化，电桥失去平衡，即 $u_{AB} \neq 0$ V。u_{AB} 经线性放大后送检波器检波，然后输出直流电压 U，这样桥式电路通过传感器线圈的阻抗变化转换为电压的变化，就可得到与被测量成正比的输出。

（2）谐振电路

谐振电路以传感器线圈 L 与调谐电容 C 组成并联谐振回路，如图 3-1-24 所示。由石英晶体振荡器提供高频励磁电流。

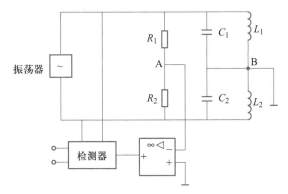

图 3-1-23　电涡流传感器的测量电路

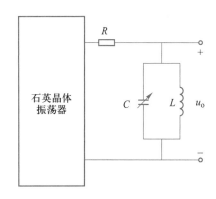

图 3-1-24　谐振电路

初始状态时，传感器远离被测物体，调整 LC 回路谐振频率，使其等于石英晶体振荡器的频率，即

$$f = \frac{1}{2\pi LC}$$

此时，LC 谐振回路的等效阻抗 Z 最大。当传感器线圈与被测体之间的距离变化时，电涡流线圈的等效电感 L 也随之变化，LC 谐振回路的频率偏离谐振频率，谐振回路等效阻抗显著减小，输出电压 $u_。$ 也跟着发生变化。

根据 LC 谐振回路的幅频特性，谐振电路分为调幅法和调频法。采用调幅法时，以 LC 谐振回路的电压作为输出量，输出电压 $u_。$ 正比于 LC 谐振电路的阻抗 Z，Z 越大，$u_。$ 越高，从而通过测量输出电压的大小便可实现位移量的测量；采用调频法时，以 LC 谐振回路的频率作为输出量，直接用频率计测量，或通过测量 LC 谐波回路的等效电感 L 间接测量频率的变化量。

3. 电涡流传感器的应用

电涡流传感器可以用于测量机械振动与位移、转子与机壳热膨胀量的长期监测、生产线的在线自动监测与自动控制、科学研究中的多种微小距离与微小运动的测量等。总之，电涡流传感器目前已被广泛应用于能源、化工、医学、汽车、冶金、机械制造、军工、科研教学等诸多领域，并且还在不断地扩展。

（1）电涡流位移计

电涡流位移计用来测量被测体（必须是金属导体）与探头端面的相对位置。图 3-1-25（a）所示为电涡流位移计的实物，主要由探头、延伸电缆、前置器和附件组成。电涡流位移计常用于测量大型旋转机械的轴向位移 [如图 3-1-25（b）所示]；测量磨床换向阀、先导阀的位移量 [如图 3-1-25（c）所示]；根据测量金属试件轴向膨胀量来间接测量金属热膨胀系数 [如图 3-1-25（d）所示]。通过对各项参数的长期实时监测，可以分析出设备的工作状况和故障原因，有效地对设备进行保护及预测性维修。

对于许多旋转机械，包括发电机、汽轮机、离心式和轴流式压缩机等，轴向位移是一个十分重要的信号，过大的轴向位移将会损坏设备。使用电涡流位移计测量发电机轴向位移的原理图如图 3-1-26 所示。通过联轴器把汽轮机和发电机的主轴对接起来，用电涡流探头监测主轴的轴向位移变化，以判断发电机的机械故障，防止因轴向位移过大而使发电机不能正常工作。

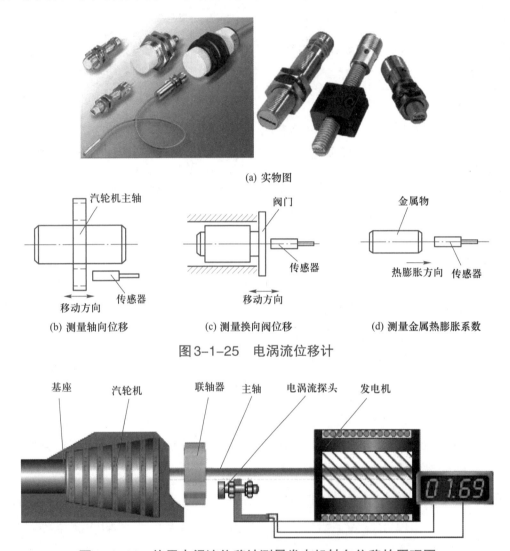

(a) 实物图

(b) 测量轴向位移　　　(c) 测量换向阀位移　　　(d) 测量金属热膨胀系数

图 3-1-25　电涡流位移计

图 3-1-26　使用电涡流位移计测量发电机轴向位移的原理图

（2）电涡流转速计

图 3-1-27（a）所示为电涡流转速计的实物图，图 3-1-27（b）所示为转轴带凹槽的电涡流转速计的工作原理示意图，图 3-1-27（c）所示为转轴带凸槽的电涡流转速计的工作原理示意图。

在旋转体上开一条或数条槽（凹槽或凸槽），旁边安装电涡流传感器。当轴转动时，传感器与转轴之间的距离发生改变，使输出信号也随之变化。该输出信号经放大、整形后，由频率计测出变化的频率，从而测出转轴的转速。

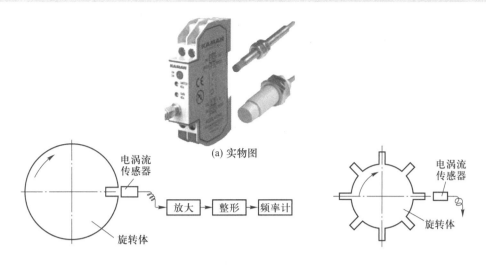

(a) 实物图

(b) 转轴带凹槽的电涡流转速计的工作原理示意图　　(c) 转轴带凸槽的电涡流转速计的工作原理示意图

图 3-1-27　电涡流转速计

（3）电涡流式通道安全检查门

为确保航空运输安全，在机场安检处都安装有安全检查门。图 3-1-28 所示为电涡流式通道安全检查门示意图。

安检门的内部设置有发射线圈和接收线圈。当有金属物体通过时，交变磁场就会在该金属导体表面产生电涡流，在接收线圈中感应出电压，计算机根据感应电压的大小、相位来判定金属物体的大小，同时报警指示灯闪亮。

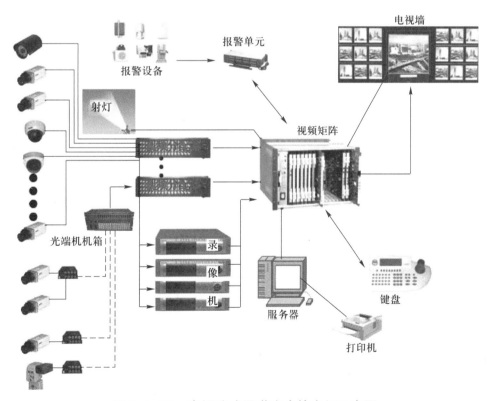

图 3-1-28　电涡流式通道安全检查门示意图

////// **任务实施**

一、工件及材料准备（见表3-1-4）

表3-1-4　工件及材料准备

序号	名称	型号或规格	图片	数量	备注
1	输出可调的直流电源	TPR6005S		1台	
2	信号灯	不同电压等级		若干	
3	蜂鸣器			若干	
4	继电器	自选		1个	

续表

序号	名称	型号或规格	图片	数量	备注
5	电工工具			1套	
6	电感式接近开关			若干	
7	导线			若干	
8	被测金属物体			若干	
9	二极管			若干	

二、识别和检测电感式接近开关

电感式接近开关是一种利用电涡流原理制成的具有开关量输出的位置传感器，主要用于检测金属物体的位置及进行外形判断。电感式接近开关的内部结构和工作原理如图 3-1-29 所示。

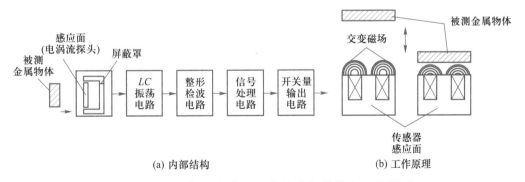

(a) 内部结构　　　　　　(b) 工作原理

图 3-1-29　电感式接近开关的内部结构和工作原理

由图 3-1-29 可知，电感式接近开关由 *LC* 振荡电路、整形检波电路和信号处理电路等组成。接通电源后，振荡电路在开关感应面会产生一个交变磁场，当金属物体靠近感应面时，金属物体中会产生涡流，该涡流反过来影响振荡电路振荡，使振荡减弱，甚至停振。振荡的变化被后级电路处理后，转换成开关信号输出，驱动控制元件，从而完成非接触检测物体的目的。

电感式接近开关有二线制、三线制和四线制等接线方式；连接的导线多采用 PVC 外皮，芯线颜色多为棕、黑、蓝、黄；供电方式有直流供电和交流供电；输出类型多为 PNP 型三极管或 NPN 型三极管输出，输出状态有动合（常开）和动断（常闭）两种形式。

观察所给电感式接近开关的线制和导线颜色，查看使用说明书，初步确定接线方式，并将主要技术参数填入表 3-1-5 中。

表 3-1-5 电感式接近开关技术参数记录表

序号	开关型号	接线方式	输出类型	供电方式	工作电流	工作电压
1						
2						
3						
4						
5						
6						

三、电感式接近开关的安装和接线

1. 电感式接近开关的安装方式

电感式接近开关的安装方式分为齐平式和非齐平式，如图 3-1-30 所示。齐平式（又称埋入型）接近开关是将传感器埋入金属基座内，其表面可与被安装的金属基座形成同一表面，机械保护性能更好，不易被碰坏，但灵敏度较低，可以通过一个专门的内部屏蔽环提高其灵敏度。非齐平式（非埋入安装型）接近开关则需要把感应头露出一定高度，必须与其基座保持一定的尺寸，否则将降低灵敏度，其有效感应工作表面最大的可能动作距离与直径有关。齐平式安装的传感器与非齐平式安装的传感器相比较，其作用距离大约是后者的 69%。

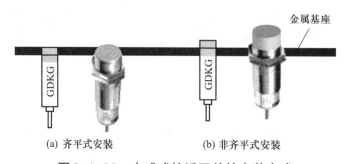

(a) 齐平式安装　　　　(b) 非齐平式安装

图 3-1-30 电感式接近开关的安装方式

在安装过程中需要考虑一下几个问题：

① 根据安装要求选择外形和检测距离。

② 根据供电合理选用工作电压。

③ 根据实际负载合理选择传感器工作电流。

2. 电感式接近开关使用方法

① 为了保证不损坏接近开关,在接通电源前检查接线是否正确,核定电压是否为额定值。

② 与控制电路相连接时,必须考虑控制电路上的最小驱动电流和最低驱动电压,确保电路正常工作。

③ 直流二线制接近开关具有 0.5~1 mA 的静态泄漏电流,在一些对泄漏电流要求较高的场合下,可改用直流三线制接近开关。

④ 使用二线制传感器时,连接电源前,需确定传感器先经负载再接至电源,以免损坏内部元件。当负载电流<3 mA 时,为保证可靠工作,需接假负载。

⑤ 直流三线制串联时,应考虑串联后其电压降的总和。

⑥ 直流型接近开关使用电感型负载时,在负载两端必须并接一个续流二极管,以免损坏接近开关的输出级。

⑦ 不要将电感接近开关置于 0.02 T 以上的磁场环境下使用,以避免造成误动作。

⑧ 为了使接近开关长期稳定工作,必须对其进行定期维护,包括被检测物体和接近开关的安装位置是否有移动或松动,接线和连线部位是否接触不良,是否有金属粉尘粘附等。

⑨ 如果在传感器电缆线附近有高压线或动力线存在时,应将传感器的电缆线单独装入金属导管内,以防干扰。

3. 电感式接近开关的接线

接近开关的接线示意图如图 3-1-31 所示,图 3-1-32 所示为电感式接近开关的直接控制电路,图 3-1-33 所示为二线制接近开关的继电器控制电路。根据所给的参考电路图,分析各种控制电路的工作原理,自行设计三线制接近开关的继电器控制电路图。电路图设计完毕,经指导教师检验合格后,方可进行实际线路的连接。

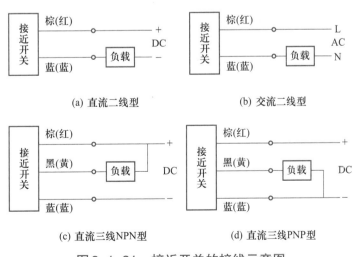

图 3-1-31 接近开关的接线示意图

根据图3-1-34所给出的元件设计电感式三线制接近开关继电器控制电路，按照电路图将各元件正确连接起来。

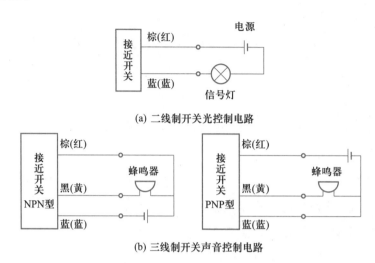

(a) 二线制开关光控制电路

(b) 三线制开关声音控制电路

图3-1-32　电感式接近开关的直接控制电路

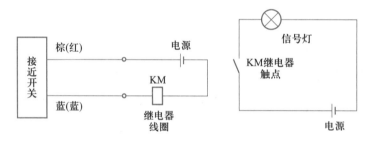

图3-1-33　二线制接近开关的继电器控制电路

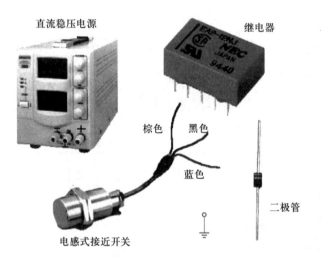

图3-1-34　电感式三线制接近开关继电器控制电路元件

 注意

① 接线前一定要看清接近开关的供电方式是直流还是交流，输出是 NPN 型还是 PNP 型，然后按照接线示意图接线。

② 在图 3-1-32（a）所示电路中，接近开关的额定电流要大于信号灯的启动电流，两者的工作电压要一致。否则不能直接接线，以免损坏接近开关，此时应参考图 3-1-33 所示的继电器控制电路接线。

③ 在继电器控制电路中，要注意电源电压不能大于继电器及信号灯的额定电压。

四、电感式接近开关的性能测试

电感式接近开关只能检测金属物体，检测距离随金属材料的不同而不同。完成电路的接线后，逐一进行性能测试。测试时，将被测金属物体逐渐靠近电感式接近开关的感应面，直到开关动作，记录动作距离，并观察电路中信号灯及蜂鸣器的变化，分析变化的原因。在继电器控制电路中，注意倾听继电器的吸合声音及信号灯的变化。

图 3-1-35 所示为电涡流传感器的几种典型应用，试分析它们的工作原理。

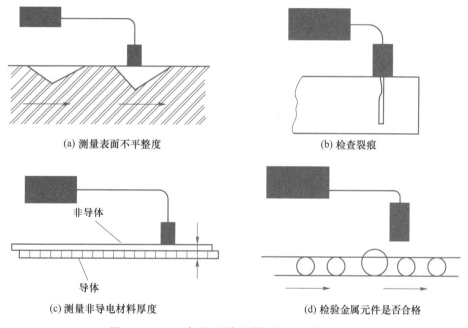

(a) 测量表面不平整度　　　　(b) 检查裂痕

(c) 测量非导电材料厚度　　　　(d) 检验金属元件是否合格

图 3-1-35　电涡流传感器的几种典型应用

五、DGS-301 型电感测微仪

图 3-1-36 所示的电感测微仪采用微电子处理器技术，在被测尺寸发生变化时引起传感器感应电压值发生变化，从而引起仪器显示值的变化，并利用计算机技术对数据进行处理，直接指示出被测尺寸相对于标准尺寸的变化量，根据预先设定的工件尺寸界限，指示出被测工件合格与否。

最终，用红、绿、橙三色数码管指示出被测尺寸及其公差带尺寸。可直观感受被测尺寸在其公差带内分布情况。合格工件示值为绿色，接近公差带示值为橙色，超出公差带示值为红色，并同时显示测量的尺寸值。触摸式的按键可预先设置超差判定值以及合格和警告的判定值；内、外径尺寸测量方式可选择设置，使尺寸指示的变化方向和实际的尺寸变化方向相一致，符合人的感受习惯；手动加自动两种调整仪器模式同时使用，最大限度满足客户对方便性和精确度的要求，使测量结果更加准确可靠。在标准件校准时，采用双重模式并用，可以保证快速准确校准。

电感测微仪可配接差分电感和差分变压器式传感器。对于各种传感器，在调整完成后（需要定制前声明传感器型号），用户只需要简单调整零位和倍率旋钮，就能够得到很好的线性精度。电感测微仪具备双量程，标准配置为 ±50.0 μm 和 ±500 μm；也可根据用户要求定制。

首次使用电感测微仪，要对运行参数进行设定。设定完成后，每次开机即可进行测量工作。电感测微仪背面如图 3-1-37 所示。

图3-1-36 电感测微仪正面

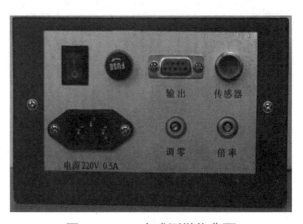

图3-1-37 电感测微仪背面

1. 启动

接通电源，通电后，预热 10 min，电感测微仪就进入测量状态，对于参数设定已完成的电感测微仪，此时即可进行测量工作。

2. 设定

（1）设置标准件

① 按下"设置"键，数字窗口显示超差上限值，按上、下键（图 3-1-36 中对应的箭头）可以改变对应数值，按左、右键改变调整位，按"确定"键保存，按其他键放弃。

② 按下"显示"键，数字窗口显示超差下限值，按上、下键可以改变对应数值，按左、右键改变调整位，按"确定"键保存，按其他键放弃。

显示数值超出超差设置的上下限范围则窗口显示变为红色。

（2）设置警戒线

① 按下左键，数字窗口显示警戒上限值，按上、下键可以改变对应数值，按左、右键改变调整位，按"确定"键保存，按其他键放弃。

② 按下右键，数字窗口显示警戒下限值，按上、下键可以改变对应数值，按左、右键

改变调整位，按"确定"键保存，按其他键放弃。

警戒线上下值是正负警告判定依据。显示数值超出警戒线的上下限范围则窗口显示变为橙色，在警戒线以内窗口示值显示绿色。警戒范围应在超差值范围之内。

////// **任务评价**

评价项目	任务评价内容	分值	自我评价	小组评价	教师评价
职业素养	遵守实验室规程及文明使用实验室	5			
	按实物观测操作流程规定操作	10			
	出勤、纪律、团队协作	5			
理论知识	自感式电感传感器的外形、结构、工作原理、测量电路、应用	5			
	差分变压器的外形、结构、工作原理、测量电路、应用	5			
	电涡流传感器结构、工作原理、测量电路、应用	5			
实操技能	能识别和检测电感式接近开关	20			
	能安装电感式接近开关并接线	25			
	能对电感式接近开关进行性能测试	20			
总分		100			
个人学习总结					
小组评价					
教师评价					

练一练

1. 单线圈螺管式电感传感器主要由_____和可沿线圈轴向移动的_____组成。

2. 电感式传感器一般用于测量_____，也可用于振动、压力、荷重、流量、液位等参数的测量。

3. 对于差分变压器，当衔铁处于_____位置时，两个二次绕组与一次绕组间的互感相同。一次绕组加入激励电源后，两个二次绕组产生的感应电动势相同，输出电压为零。但在实际应用中，铁心处于差分线圈中心位置时的输出电压并不为零，该电压称为_____电压。

4. 电涡流传感器的整个测量系统由_____和_____两部分组成。

5. 电感式接近开关是一种有开关量输出的位置传感器,利用_____原理制成,主要用于物体的位置检测及判断。

6. 单线圈螺管式电感传感器相比于变隙式电感传感器优点很多,缺点是_____低,它广泛用于测量_____。

7. 电涡流传感器常采用_____电路和_____电路作为测量电路。

8. 自感式电感传感器实质上是一个带_____的铁心线圈,主要由_____、_____和_____组成。

9. 单一结构的电感传感器不适用于精密的测量,在实际工作中常采用两个电气参数和几何尺寸完全相同的电感线圈共用一个衔铁构成的_____式电感传感器。

10. 互感式电感传感器主要由_____、_____和_____组成。由于在使用时两个二次绕组反向串接,以_____方式输出,因此称为差分变压器式传感器。

任务二 电位器式传感器及精密位移检测 ∎

/////// **任务情境**

电位器式传感器在生产中只能应用在测量要求不高的场合,其他如数控车床等需要精密位移测量的场合就需要应用雷达测速传感器、磁栅传感器、感应同步器以及编码器等数字位移传感器。

/////// **任务准备**

电位器式传感器是电阻式传感器的一种,也是将被测量通过一定的方式引起电阻阻值发生相应变化,并经测量转换电路处理后转变为所需的电信号并送给处理系统的测量装置。

一、电位器式传感器工作原理

电位器式传感器工作原理电路示意图如图 3-2-1 所示,它实际上是一个精密线绕电位器,由触点机构和电阻器两部分组成。其滑动臂与被测物体相连接,在被测量的作用下移动,从而实现把位移量变换成电阻值的变化。根据公式 $R=\rho L/A$(ρ 为电阻率,L 为电阻丝长度,A 为电阻丝截面积)可知,如果电阻丝直径与材质一定,其输出电阻值 R_x 的大小就只能随触点接触处电阻丝的长度变化而变化。当电位器两端加上电压 E 时,整个电阻回路就会有电流通过,此时在 R_x 两端所产生的电压降为

$$U = \frac{ER_x}{R}$$

因为
$$\frac{R_x}{R}=\frac{x}{L}$$

所以
$$U=\frac{Ex}{L}$$

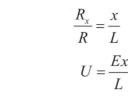
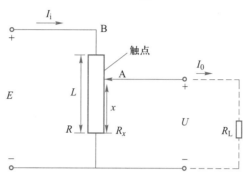

图3-2-1　电位器式传感器工作原理电路示意图

并由此推算出被测的位移量的大小，即

$$x=\frac{LU}{E}$$

二、电位器式传感器主要类型

电位器式传感器主要有直线位移型、角位移型、非线性型 3 种，如图 3-2-2 所示。

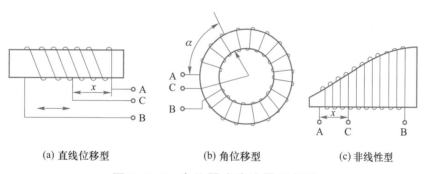

(a) 直线位移型　　　(b) 角位移型　　　(c) 非线性型

图3-2-2　电位器式传感器示意图

1. 直线位移型

图 3-2-2（a）所示为直线位移型，这种传感器的被测量是线位移 x。电位器 A、B 两端接标准电压，A、C 为输出端。触点 C 随被测位移的变化沿着电位器滑动时，即可改变 A、C 间的电阻值。若电阻丝的材质是均匀的，则电阻丝单位长度的电阻值就是一个常数（用 σ_1 表示）。此时被测位移 A、C 间的电阻值为

$$R=\sigma_1 x$$

式中，R——输出端的电阻值；

$\quad x$——被测位移的变化值；

$\quad \sigma_1$——单位长度的电阻值（当材质均匀时为常数）。

该传感器的输出（电阻）与输入（位移）呈线性关系，其灵敏度 $K=\sigma_1$。

2. 角位移型

图 3-2-2（b）所示为角位移型，当被测角位移变化时，受它的控制，电位器的动臂 C 将绕电位器中心旋转一个 α 角度，其输出电阻值也将随之发生变化。若电阻丝材质均匀，电位器单位弧度所对应的电阻值为一常数，此时电位器 A、C 间的输出电阻值为

$$R=\sigma_{\alpha}\alpha$$

式中，R——输出端的电阻值；

α——被测的角位移值；

σ_{α}——电位器常数。

该传感器的输出（电阻）与输入（位移）也呈线性关系，其灵敏度 $K=\sigma_{\alpha}$。

3. 非线性型

图 3-2-2（c）所示为非线性型，有些情况下由于被测项目的需要，要求输出量必须按输入量的某种函数关系变化，而不是呈线性关系。此种情况就要应用非线性型的电阻传感器来加以解决。实际应用时，可采用在不同形状的骨架上绕制线圈的方法获取不同的函数关系，制作所需的传感器。

三、电位器式传感器主要特性及分辨率

电位器式传感器的特性主要反映在它具有阶梯性。这是由于电位器式传感器的动臂触点与线绕电阻的接触是一匝一匝进行的，每当触点在线圈上移动一个节距，输出电阻便会产生一匝电阻值的跳跃，而输出电压亦相应产生一个阶跃。如果传感器有 W 匝导线，那么其特性曲线就会产生 W 次阶跃而形成一条阶梯形状的折线，如图 3-2-3 所示。通过阶梯形折线每个阶梯的中点的直线即为理论特性线。由于电位器的阶梯特性线沿着理论特性线上下波动而产生一定的偏差，这个偏差就称为电位器的阶梯误差。

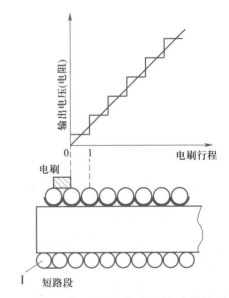

图3-2-3 电位器式传感器的阶梯特性图

电位器式传感器的阶梯误差通常是以该传感器的理论阶梯特性线对理论直线的最大偏差与最大输出电压比值的百分数来表示，即

$$e_{\mathrm{j}}=\frac{\pm(U/2W)}{U}\times100\%=\pm\frac{1}{2W}\times100\%$$

式中，e_{j}——阶梯误差；

W——绕线总匝数；

　　U——最大输出电压。

　　电位器式传感器的阶梯误差还可以用分辨率来表示，它是传感器绕线所能分成的最小间隔与线圈的总匝数之比的百分数。例如，有一个直线位移型传感器，其绕线总匝数为500匝，最小间隔为1匝，则该传感器的分辨率为$\frac{1}{500}\times100\%$，即0.2%。它表示该传感器能检测到它的总量程的$\frac{1}{500}$以上的位移量，而低于这个数值的位移量信号就分辨不出来了。由此可知，要提高此类传感器的分辨率，应尽可能选用小直径导线，并在一定结构条件下尽量增加绕线的总匝数。

四、电位器式传感器主要特点及应用

　　1. 优点

　　电位器式传感器的优点是输出功率大、结构简单、使用方便、输入信号大。

　　2. 缺点

　　电位器式传感器的缺点是分辨率低，阶梯误差无法克服。特别是电位器式传感器存在摩擦，要求敏感元件有较大的输出功率，否则会降低传感器的精度。由于摩擦会造成磨损，使传感器的可靠性和寿命受到影响。

　　3. 应用

　　基于以上特点，电位器式传感器主要用于一般精度的检测，如液位的测量、物流位移的检测等。

////// **任务实施**

一、工件及材料准备（见表3-2-1）

表3-2-1　工件及材料准备

序号	图片	传感器类型（直线位移型或角位移型）	型号或规格	测量范围	测量精度
1					
2					

续表

序号	图片	传感器类型（直线位移型或角位移型）	型号或规格	测量范围	测量精度
3					
4	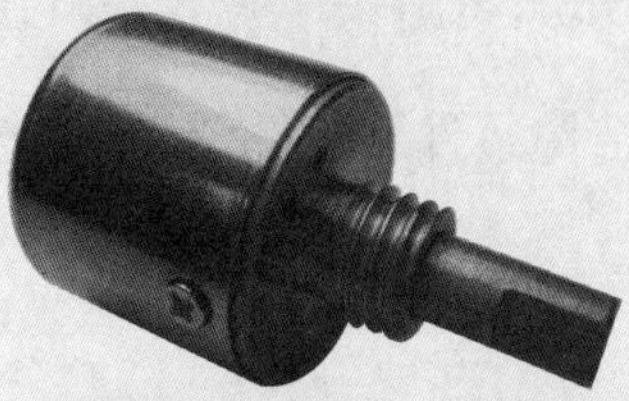				
5					

二、认识电位器式传感器

通过识读电位器式传感器铭牌以及查阅资料，在表 3-2-1 中填写各实际产品的型号或规格以及相关参数，并区分直线位移传感器和角位移传感器。

三、电位器式传感器应用

针对实际生产设备应用的电位器式传感器，选择两种典型产品，通过拆装和查阅资料，绘制其结构图、测量电路图，总结其接线方式、工作过程以及维护方法，将结果填入表 3-2-2。

表 3-2-2 实际电位器式传感器应用

	电位器式传感器 1	电位器式传感器 2
结构图		
测量电路图		
接线方式		
工作过程		
维护方法		

任务评价

评价项目	任务评价内容	分值	自我评价	小组评价	教师评价
职业素养	遵守实训实验室规程及文明使用实训实验室	10			
	按实物观测操作流程规定操作	10			
	出勤、纪律、团队协作	5			
理论知识	电位器式传感器工作原理	5			
	电位器式传感器主要类型	5			
	电位器式传感器主要特性及分辨率	5			
	电位器式传感器主要特点及应用	5			
实操技能	实物观察记录	25			
	动手实践	30			
总分		100			
个人学习总结					
小组评价					
教师评价					

练一练

1. 电位器式传感器主要有_____、_____、_____3种。

2. 电位器式传感器的特性主要反映在它具有_____。

3. 电位器式传感器的优点是_____、_____、_____、_____。

4. 电位器式传感器的缺点是_____、_____，特别是存在_____。

知识拓展

一、雷达测速传感器

雷达测速传感器利用多普勒效应（Doppler effect）：当目标向雷达天线靠近时，反射信号频率将高于发射机频率；反之，当目标远离天线而去时，反射信号频率将低于发射机频率。因此可以通过频率的改变数值（目标面对雷达传感器行进，传感器检测数据分析的多普勒频率为正，当目标背向雷达驶离，传感器检测数据分析的多普勒频率为负），计算出目标与雷达的相对速度。

在交通工程中，速度是计量与评估道路绩效和交通状况的基本重要数据之一。速度数据的搜集方法有许多种，包括人工测量固定距离行驶时间、压力皮管法、线圈法、影像处理法、雷达测速法与激光测速法等，本文采用图 3-2-4 所示雷达测速枪进行观测。

图 3-2-5 所示为雷达测速观测示意图，超速行车公认是交通肇事的重要因素；从交通执法角度来看，控制超速是维护交通安全的必要手段。国内检测移动车辆是否超速，多采用雷达测速枪，并辅以照相设备。图 3-2-6 所示为雷达测速观测显示图。雷达测速具有以下特点和技术要求：

① 雷达波束（射线）的照射面大，雷达测速易于捕捉目标，准确传感。

图 3-2-4 雷达测速枪

② 雷达测速设备可在运动中实现检测车速，携带方便且精确度高。

③ 雷达固定测速误差为 ±1 km/h，运动时测速误差为 ±2 km/h，满足交通违章纠察条件。

④ 雷达发射的电磁波波束有一定的角位移范围，最远测速距离为 800 m。

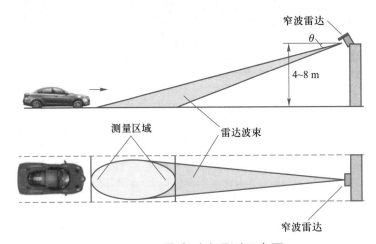

图 3-2-5 雷达测速观测示意图

雷达测速传感器的主要技术要求：

① 雷达测速传感器的测速范围 0.2～400 km/h。

② 测速精度 $v \leqslant 50$ km/h 时，为 0.5 km/h；$v > 50$ km/h 时，为测量值的 1%。

③ 测距精度 当 $v > 15$ km/h 时，误差 <0.4%。

④ 脉冲输出 两路脉冲输出，相位差为 90º±10º，占空比为 50%±10%，16.85 Hz 对应 1 km/h。

⑤ RS485 接口 输出 I、Q 信号。

⑥ RS232 接口 输出速度，可修正程序、参数。

⑦ 微波特性 24.125 GHz，<5 mV。

⑧ 温度应用范围 −40～70℃。

现代智能技术衍生出更多传感器的新产品，如全景监测技术。图 3-2-7 所示为雷达测速全景观测图，其传感原理示意图如图 3-2-8 所示。

图 3-2-6 雷达测速观测显示图

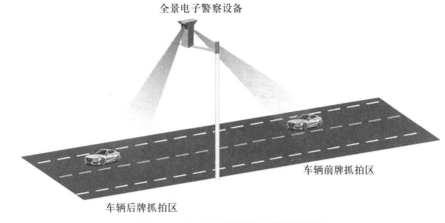

图3-2-7　雷达测速全景观测图

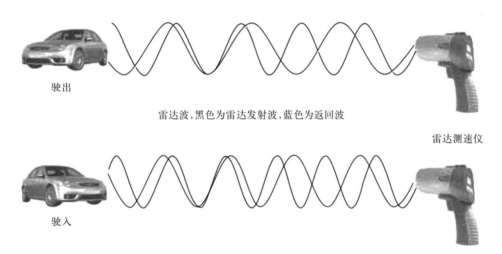

图3-2-8　雷达测速传感原理示意图

二、感应同步器

感应同步器是利用电磁感应原理来检测位移的精密传感器，具有对环境要求低，受污染、灰尘影响小，工作可靠，抗干扰能力强，精度高，维护方便及寿命长等特点。与数显表配合，可用于大、中型机床的进给位移显示。能测出 0.01 mm 甚至 0.001 mm 的直线位移或 0.5″ 的角位移。它的不足之处是存在接长误差，不够轻巧。感应同步器及其数显表外形如图3-2-9所示。

感应同步器按用途不同可分为直线式和圆盘式两大类。前者用于直线位移测量，后者用于角位移测量。直线式感应同步器由定尺和滑尺组成；圆盘式感应同步器由定子和转子组成，它们的基板都采用碳钢，以增强磁场。一般在定尺或转子有连续的印制绕组，而在滑尺或定子上有正弦、余弦两相印制绕组。当对正弦、余弦绕组用交流励磁时，由于电磁感应的作用，在连续绕组上就会产生感应电动势。通过对感应电动势的处理就能精密地测量出直线或角位移，解决机械加工过程中自动测量的问题。

（一）感应同步器的种类和结构

1. 直线式感应同步器

直线式感应同步器绕组布置方式如图3-2-10所示，定尺上是连续绕组，节距（周期）W 为 2 mm；滑尺上的绕组分为两组，在空间相差90°相角（即1/4节距），分别称为正弦和余弦绕组，两

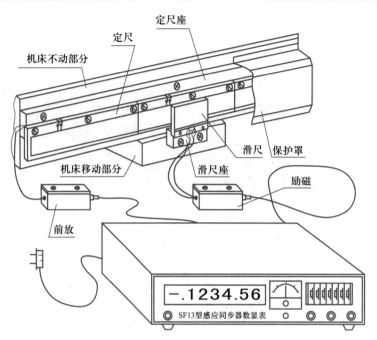

图3-2-9 感应同步器及其数显表外形

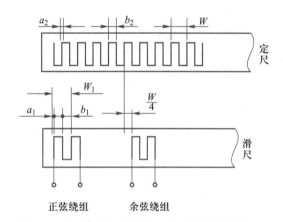

图3-2-10 直线式感应同步器绕组布置方式

组绕组节距相等，W_1 为 1.5 mm。

根据不同的运行方式、精度要求、测量范围、安装条件等，直线式感应同步器可设计成各种不同的尺寸、形状和种类，如标准型、窄型、带型和三重型等。

（1）标准型

精度最高，应用最广。若测量范围超过 150 mm，可把几根定尺接起来使用。

（2）窄型

定尺、滑尺宽度比标准型窄，用于安装尺寸受限制的设备，其精度不如标准型。

（3）带型

定尺的基板为钢带，滑尺做成游标式，直接套在定尺上，适用于安装表面不易加工的设备，使用时只需将钢带两端固定即可。

（4）三重型

在定尺和滑尺上均有粗、中、细3种绕组，主要用于绝对坐标测量系统。

2. 圆感应同步器

圆感应同步器由定子和转子组成，如图3-2-11所示，其转子相当于直线式感应同步器的定尺，定子相当于滑尺。目前，感应同步器的直径大致有302 mm、178 mm、76 mm和50 mm 4种，其径向导体数（也称极数）有360、720、1 080和512。圆感应同步器的定子绕组也做成正弦、余弦绕组形式，两者相差90°相角，转子为连续绕组，如图3-2-12所示。

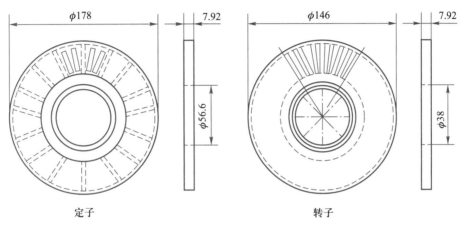

图3-2-11　圆感应同步器的组成

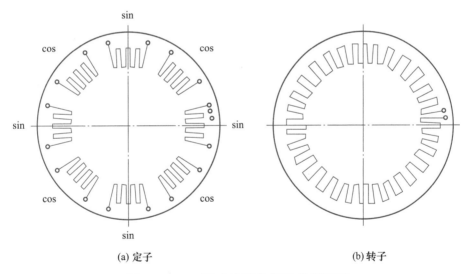

(a) 定子　　　　　　　　(b) 转子

图3-2-12　圆感应同步器的绕组图形

（二）感应同步器的工作原理

感应同步器安装时，定尺和滑尺相互平行、相对安放，如图3-2-13所示，它们之间保持一定的间隙（0.25 mm±0.05 mm）。一般情况下，定尺固定，滑尺可动。

当定尺通过励磁电流时，在滑尺的正弦和余弦绕组上将感应出相位相差90°的感应电动势；反之，在滑尺的正弦和余弦绕组上加上同频率的正弦和余弦电压励磁时，也会在定尺绕组上产生相同频率的感应电动势。定尺、滑尺绕组结构图如图3-2-14所示。

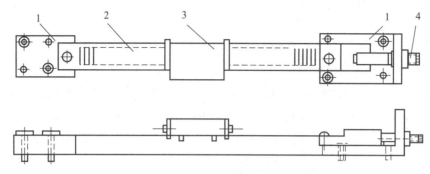

1—安装座；2—定尺；3—滑尺；4—调整螺钉

图3-2-13 感应同步器定尺和滑尺

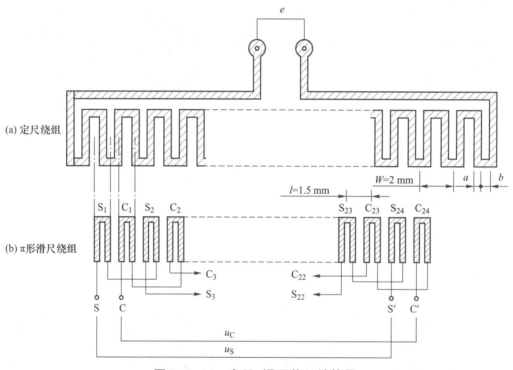

图3-2-14 定尺、滑尺绕组结构图

现在以单匝正弦（余弦）绕组励磁为例，说明定尺的感应电动势与绕组间相对位置变化的函数关系，如图3-2-15所示。

设在初始状态时，滑尺在图3-2-15（a）所示的位置，定尺绕组的感应电动势为零。当滑尺向右滑动到图3-2-15（b）$W/4$距离时，定尺绕组感应电动势幅值E_m达到最大值；当滑尺向右滑到图3-2-15（c）的$W/2$距离时，定尺绕组的感应电动势又减小到零；滑尺接着向右滑到图3-2-15（d）的$3W/4$位置时，定尺绕组感应电动势幅值E_m达到负的最大值；当滑尺再向右滑到图3-2-15（e）W位置时，定尺绕组的感应电动势幅值又变为零。在滑尺相对于定尺滑动的过程中，定尺的感应电动势幅值也呈现出周期性的变化，如图3-2-15（f）中的曲线1所示。

同理，当余弦绕组单独励磁时，在图3-2-15（a）所示初始位置，定尺绕组感应电动势幅值最大，在图3-2-15（b）、（c）、（d）、（e）所示位置时，定尺感应电动势的幅值经历零→负的最大→零→正的最大，其变化如图3-2-15（f）曲线2所示，曲线2（余弦曲线）的相位关系始终超前曲线1（正

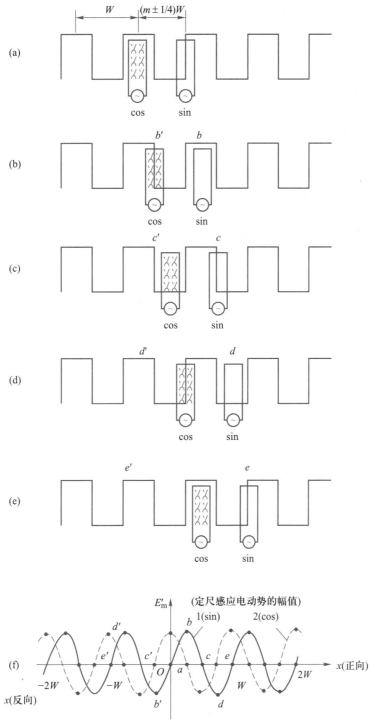

图3-2-15　定尺感应电动势与两相绕组相对位置的关系

弦曲线）$W/2$。

当滑尺的正弦和余弦绕组同时励磁时，定尺绕组感应的电动势等于滑尺的正弦、余弦绕组分别励磁时产生的感应电动势之和。

如果滑尺反向运动，分析可得，余弦绕组单独励磁时，在定尺绕组上产生的感应电动势波形不变。而由正弦绕组单独励磁时，在定尺绕组上产生的感应电动势波形反向180°

变为 −sin，波形如图 3-2-15（f）所示，从而为辨向提供了依据。加大励磁电压，可获得较大的感应电动势，但过高的励磁电压会使励磁电流过大而无法正常工作，一般取 1～2 V。励磁频率一般为 1～20 kHz，频率选大些，允许测量的速度就大；频率选小些，绕组感抗小，有利于提高精度。

感应同步器的输出信号可以用其幅值和相位两个物理量来说明。根据不同的励磁供电方式和对输出信号的不同处理，感应同步器测量电路有鉴相和鉴幅两种方式。

（三）感应同步器数显装置

把感应同步器作为位置检测元件再配上数显表，这样构成的数字位置测量系统是感应同步器应用最广泛的一种方式。感应同步器作为测量元件，可用鉴相或鉴幅方式将直线位移或角位移转换为电模拟量，再对该模拟量进行测定或处理，以数字信号的形式输出测量结果，便构成一个完整的数字位置测量系统。根据感应同步器检测信号处理方式的不同，感应同步器数显表也可分为鉴相型、鉴幅型和脉冲调宽型 3 种。这里仅介绍鉴幅型数显表。图 3-2-16 所示是某感应同步器数显表的组成框图，它采用了零位式测量方式和鉴幅型信号处理方式。

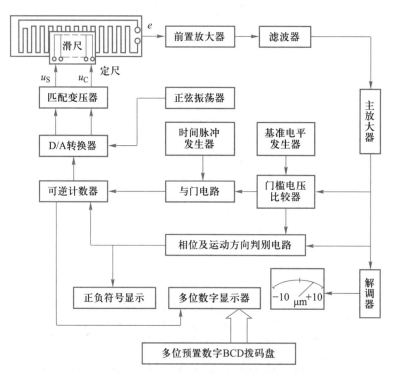

图 3-2-16 某感应同步器数显表的组成框图

设感应同步器的滑尺和定尺开始时处于平衡位置，即 $\theta_x = \theta_d$，定尺感应电动势 e 等于零，系统处于平衡状态。当滑尺移动 Δx 后，产生 $\Delta\theta_x$，则 $\theta'_x = \theta_x + \Delta\theta_x$，此时，$\theta'_x$ 不再等于 θ_d，由前面的分析可知，e 不再等于零，所以在定尺上就存在输出信号，这个输出信号经放大、滤波，再放大后与门槛比较器的基准电平相比较，若超过门槛基准电平（基准电平略高于零位），则说明机械位移量 Δx 大于仪器所设定的数值（与基准电平有关）。此时，门槛电路打开，与门电路输出一个计数脉冲，此脉冲代表一个最小位移增量。设细分数为 200，则此位移增量为 0.01 mm，相当于 1.8°。与门电路输出的脉冲一方面经可逆计数器、译码器然后进行数字显示，另一方面又送入 D/A 转换器，使电子开关状态发生变化，从而使函数变压器输出的励磁电压幅度校正一个电角度（1.8°），使 $\Delta\theta_x = \Delta\theta_d$，让 θ_d 等于 θ'_x，

于是感应电动势 e 重新为零，使系统再次进入平衡状态。

若滑尺继续移动 0.01 mm，系统又不平衡，那么门槛比较器就会使与门电路继续输出一个脉冲，计数器再计一个数，函数变压器也再校正一个电角度 $\Delta\theta_d$，从而使 θ_d 再次等于 θ'_x，系统又恢复平衡。这样，滑尺每移动 0.01 mm，系统就从平衡到不平衡，再到平衡，达到跟踪、显示位移的目的。从以上分析可知，鉴幅型数显表的测量方式是零位式测量。

三、磁栅传感器

磁栅传感器是一种新型位置传感器，与其他类型的位置检测元件相比，磁栅传感器具有制作简单、录磁方便、易于安装及调整、测量范围宽（可达十几米）、不需接长、抗干扰能力强等一系列优点，因而在大型机床的数字检测及自动化机床的定位控制等方面得到了广泛的应用。磁栅传感器外形如图 3-2-17 所示。

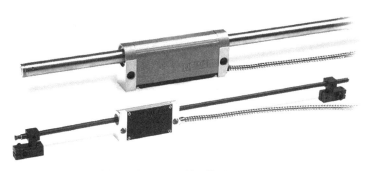

图 3-2-17 磁栅传感器外形

磁栅传感器是利用磁栅原理将被测量转换为电量的器件，它由磁栅（磁尺）、磁头和检测电路组成，磁栅上录有等间距的磁信号，它是利用磁带录音的原理，将等节距、周期变化的电信号（正弦波或矩形波）用录磁的方法记录在磁性尺子或磁性圆盘上而制成的。装有磁栅传感器的仪器或装置工作时，磁头相对于磁栅有一定的相对位置，在这个过程中，磁头把磁栅上的磁信号读出来，这样就能把被测位置或位移转换成电信号。

磁栅传感器可分为长磁栅和圆磁栅两大类。长磁栅主要用于直线位移测量，圆磁栅主要用于角位移测量。

（一）磁尺

磁尺由满足一定要求（有较大的剩磁和矫顽力、耐磨、易加工、热胀系数小）的硬磁合金制成，有时也可用热胀系数小的非导磁性材料（如铍青铜等）作为尺基，在尺基表面镀上一层 $10\sim30$ μm 厚的硬磁性薄膜。

磁尺结构如图 3-2-18 所示，节距均匀。利用与录音技术相似的方法，通过录磁磁头在磁尺上录制出节距严格相等的磁信号，幅度变化应小于 10%，以作为计数信号，信号可为正弦波或方波。目前长磁栅常用的磁信号节距 W 一般为 0.05 mm、0.1 mm、0.2 mm。圆磁栅的角节距一般为几角分至几十角分。最后在磁尺表面还要涂上一层 $1\sim2$ μm 的保护层，以防磁头频繁接触而造成磁膜磨损。磁栅基体 1 要有良好的加工性能和电镀性能，其线膨胀系数应与被测件接近。基体也常用钢制作，然后用镀铜的方法解决隔磁问题，铜层厚度为 $0.15\sim0.20$ mm。长磁栅基体工作面平直度误差范围为 $0.005\sim0.01$ mm/m，圆磁栅工作面不圆度范围为 $0.005\sim0.01$ mm。粗糙度 R_a 在 0.16 μm 以下。磁性薄膜 2 的剩余磁感应强度 B_r 要大，矫顽力 H_c 要高，性能稳定，电镀均匀。目前常用的磁性薄膜材料为镍钴磷合金，其 $B_r=0.7\sim0.8\,\text{T}$，$H_c=6.37\times10^4\,\text{A}\cdot\text{m}^{-1}$，薄膜厚度在 $0.10\sim0.20\,\text{mm}$。

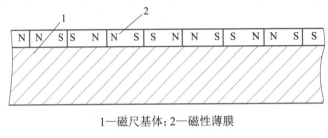

1—磁尺基体；2—磁性薄膜

图3-2-18 磁尺结构

图 3-2-19 所示为静态磁头结构、磁尺上的配置及磁化波形，在 N 和 N、S 与 S 重叠部分的磁感应强度为最大，从 N 到 S 磁感应强度呈正弦波变化。

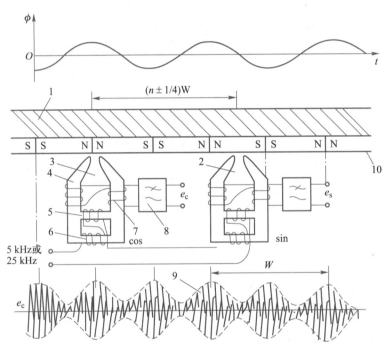

1—磁尺；2—sin 磁头；3—cos 磁头；4—磁极铁心；5—可饱和铁心；6—励磁绕组；7—响应输出绕组；
8—低通滤波器；9—匀速运动 sin 磁头输出波形；10—保护膜

图3-2-19 静态磁头结构、磁尺上的配置及磁化波形

磁尺按基体形状分有带状磁尺、实体型磁尺（又称尺型）、线状磁尺（又称同轴型）和圆盘磁尺，如图 3-2-20 所示。带型磁栅是用宽约为 20 mm、厚约为 0.2 mm 的金属作为尺基，其有效长度可达 30 m，带状磁尺固定在用低碳钢做的屏蔽壳体内，并以一定的预紧力绑紧在框架或支架中，框架固定在设备上，使带状磁尺同设备一起胀缩，从而减少温度对测量精度的影响。当量程较大或安装面不好安排时，可采用带型磁栅。带状磁尺的录磁与工作均在张紧状态下进行，磁头在接触状态下读取信号，能在振动环境下正常工作。为了防止磁尺磨损，可在磁尺表面涂上一层几微米厚的保护层，调节张紧预变形量，可在一定程度上补偿带状尺的累积误差与温度误差。

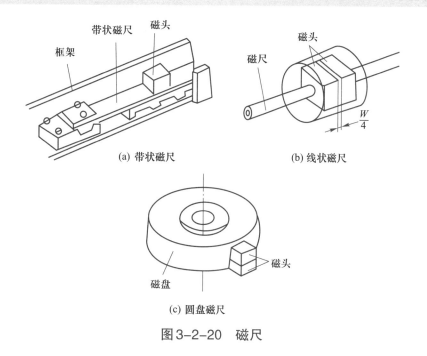

图 3-2-20　磁尺

实体型磁栅用具有相当厚度的金属或铍青铜作为尺基，它的精度较高。线状磁尺是用 $\phi2\sim\phi4$ mm 的圆形线材作尺基，磁头套在圆形线材上，由于磁尺被包围在磁头中间，对周围电磁场起到了屏蔽作用，所以抗干扰能力较强，安装和使用都十分方便。

圆盘磁尺做成圆形磁盘或磁鼓形状，用于组成圆磁栅，如图 3-2-20（c）所示。

（二）磁头

磁头可分为动态磁头（又称速度响应式磁头）和静态磁头（又称磁通响应式磁头）（如图 3-2-21 所示）两大类。动态磁头只有在磁头与磁尺间有相对运动时才有信号输出，故不适用于速度不均匀、时走时停的设备或被测物体的信号检测。静态磁头在磁头与磁栅间没有相对运动时也有信号输出。

下面以静态磁头为例来说明磁栅传感器的工作原理。

静态磁头工作原理图如图 3-2-22 所示。静态磁头的铁心由两大部分组成，包括前端留有气隙的磁极铁心和截面积较小的可饱和铁心（图 3-2-21 中两根横向铁心）。可饱和铁心与磁极铁心串接在一起，形成完整的闭合磁路。

静态磁头有 N_1 和 N_2 两个绕组，N_1 为励磁绕组，它绕制在两根可饱和铁心上；N_2 为感应电压输出绕组，它绕制在左、右两根铁心上。磁头工作时，在励磁绕组两端输入适当强度的中频（5 kHz）或高频（25 kHz）正弦励磁电压。由于励磁绕组相当于一个非线性电感，因而励磁电流是非正弦的，波形如图 3-2-22 中的曲线 1 所示。

当励磁电流从过零点上升、幅值小于某额定值、可饱和铁心尚未饱和时，磁头铁心的总磁阻 R_m 较小，磁尺在磁头气隙处的磁通可以在磁头铁心中通过。反之，如果励磁电流的幅值超过某一额定值后，励磁绕组产生的磁场使可饱和铁心开始饱和，磁路磁阻越来越大，磁路不再闭合，磁尺上的磁通就不能在磁极铁心中通过。可饱和铁心磁阻 R_m 的变化如图 3-2-22 中的曲线 2 所示。

图 3-2-22 中的曲线 3 为磁头固定在磁尺某一位置时该处磁尺的磁通 Φ 的大小。由于磁头静止不动，所以它是一个恒值。图 3-2-22 中的曲线 4 为磁尺上磁通穿过磁极铁心时，铁心中的磁通随时间变化的曲线。当整个铁心磁阻越来越大时，Φ 就越来越小。显然，可饱和铁心好像一个磁路开关，

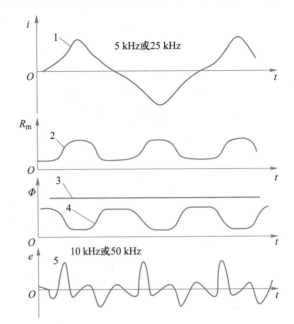

1—励磁电流；2—铁心磁阻变化曲线；3—磁头静止时的磁通；
4—磁头运动时的磁通；5—感应电动势

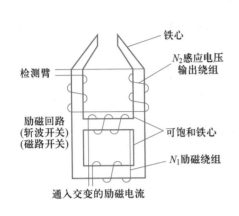

图 3-2-21 静态磁头结构示意图　　　　图 3-2-22 静态磁头工作原理图

随着励磁电流的变化不断地使磁极铁心回路"通"和"断"，致使由磁尺产生的、穿过磁极铁心的磁通 Φ 时有时无。根据电磁感应原理，将在输出绕组 N_2 上感应出电动势 e，如图 3-2-22 中的曲线 5 所示。这样，即使静态磁头与磁尺间没有相对运动，也能产生感应电动势。感应电动势的峰值仅与进入磁极铁心的磁通大小有关（即与磁头、磁尺的相对位置有关），而与磁头、磁尺间的相对运动速度及励磁电流的大小无关，故称静态磁头。

由于励磁电流正、负半周都可以使磁路饱和，使磁路实现一次"通"和"断"，故在激励信号的一周内，输出绕组产生的感应电动势为两周，即 e 的频率为励磁电流频率的两倍（10 kHz 或 50 kHz），而幅值正比于磁尺的磁通（与磁头所在的位置有关）。用低通滤波器滤去图 3-2-22 中曲线 5 所示的感应电动势 e 中的高次谐波，就可以得到 10 kHz（或 50 kHz）的正弦输出信号。采用 25 kHz 高频励磁，可以使磁头相对于磁尺的运动速度上限有较大的提高。

图 3-2-23 所示为磁头从静止到开始运动，再恢复到静止的波形曲线。其中图 3-2-23（a）为磁头静止于磁通较小位置时的波形（$t_1 \sim t_2$ 时段），它是等幅波，幅值较小；图 3-2-23（b）所示为磁头从静止到快速运动再转变为慢速运动，最后在 t_3 时刻停止的波形（$t_2 \sim t_3$ 时段），它是调幅波，包络线的重复频率 f_2 与运动速度成正比（$f_2 \sim v/W$）；图 3-2-23（c）所示为磁头静止于磁通较大位置时的波形（$t_3 \sim t_4$ 时段），其包络线的幅值较大。

为了增大输出，实际常采用多气隙磁头结构，它的输出是许多气隙所取得信号的均值，能对磁尺录磁时的节距误差起平均效应，因而可以提高测量精度。

磁栅传感器的信号处理方式有鉴相式、鉴幅式等。

（三）磁栅数显表及其应用

磁头、磁尺与专用磁栅数显表配合，可用于检测机械位移量，其行程可达数十米，分辨率高于

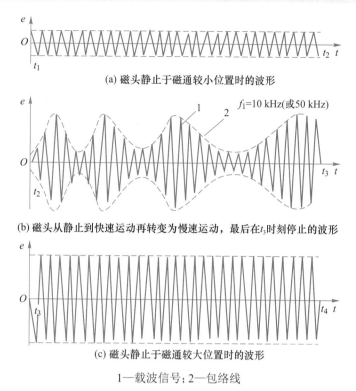

(a) 磁头静止于磁通较小位置时的波形

(b) 磁头从静止到快速运动再转变为慢速运动，最后在t_3时刻停止的波形

(c) 磁头静止于磁通较大位置时的波形

1—载波信号；2—包络线

图3-2-23　不同位置、不同运动速度时的磁头输出信号波形图

1 μm。图 3-2-24 所示为鉴相型磁栅数显表的原理框图，图中，晶体振荡器输出的脉冲经分频器变为 5 kHz 方波信号，再经功率放大电路后同时送入 sin、cos 磁头的励磁线圈（串联），对磁头进行励磁。两只磁头分别产生感应电动势 e_1、e_2，e_1 移相后变为 e'_1，然后将两路对称的输出信号送到求和电路，得到相位能反映位移量的电动势 e，即

$$e = E_m \sin(\omega t + 2\pi x/W)$$

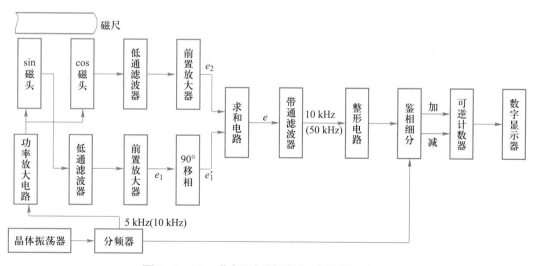

图3-2-24　鉴相型磁栅数显表的原理框图

由于求和电路的输出信号中还包括许多高次谐波、干扰等无用信号，所以还需将其送入一个带通滤波器，它表达角频率为 ω（10 kHz 或 50 kHz）的正弦信号，并将其整形为方波。当磁头相对磁

尺位移一个节距 W 时，其相位就变化 $360°$。

为了能检测到比一个节距更小的位移量，就需要在一个节距内进行电气细分，每当位移 x 使整形后的方波相位变化 $1.8°$ 时，鉴相、内插细分电路就会输出一个计数脉冲，此脉冲就表示磁头相对磁尺位移了 $1\,\mu m$（条件是：设 $W=0.2\,mm$，$\Delta x=0.2\,mm×1.8°/360°=1\,\mu m$）。鉴相、内插细分电路有加、减两个脉冲输出端，当磁头正位移时，θ_x 为正值，电路输出加脉冲，可逆计数器做加法；反之，则做减法。计数结果由多位十进制数码管显示。

目前，磁栅数显表多已采用微机来实现图 3-2-24 所示框图中的功能，这样硬件的数量可大大减少，而功能却优于普通数显表。现以微机磁栅数显表为例来说明带微机数显表的功能。

目前国内生产的直线位移数显表装置具有位移显示功能、直径 / 半径、公制 / 英制转换及显示功能、数据预置功能、断电记忆功能、超限报警功能、非线性误差修正功能、故障自检功能等，它能同时测量 x、y、z 3 个方向的位移，通过计算机软件程序对 3 个坐标轴的数据进行处理，分别显示 3 个坐标轴的位移数据。当用户的坐标轴数大于 1 时，其经济效益指标就明显优于普通型数显表。

磁栅数显表可用在机床进给轴的坐标显示，用数字显示的方式代替了传统的标尺刻度读数，这样提高了加工精度和加工效率。图 3-2-25 所示为磁栅数显表在机床上的应用示意图。以上下（y 轴）运动为例，磁尺固定在立柱上，磁头固定在主轴箱上，当主轴箱沿着机床立柱上下运动时，主轴箱移动的位移量（相对值 / 绝对值）可通过显示面板显示出来。同理，工作台左右（x 轴）、前后（z 轴）移动的位移量以同样的方法来处理。

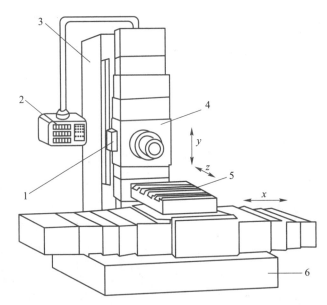

1—磁栅；2—显示面板；3—立柱；4—主轴箱；5—工作台；6—床身

图 3-2-25 磁栅数显表在机床上的应用示意图

四、数字位移传感器

数字式传感器主要有以编码方式产生数字信号的代码型和将输出的连续信号经过简单的整形、微分电路处理后输出离散脉冲信号的计数型两种。

代码型传感器又称编码器，其工作原理是把一定量的输入量用一个二进制的代码代替作为输出量。二进制代码中的 1 和 0 表示高、低电平，可以用机械接触式元件或光电元件输出，通常用来检测执行元件的位置和速度，如绝对接触式编码器、光电脉冲编码器等。

计数型数字式传感器又称脉冲数字型传感器，它可以是任何一种脉冲发生器，所发出的脉冲数与输入量成正比，加上计数器可以对输入量进行计数，可用来检测输送带上通过的产品个数，也可用来检测执行机构的位移量。这时执行机构每移动一定距离或转动一定角度，传感器就会发出一个脉冲信号。增量式光电脉冲编码器就属于这类。

脉冲编码器是一种旋转式脉冲发生器，它能将机械转角或速度转换为增量电脉冲或二进制编码输出，是一种常用的角位移检测传感器。脉冲编码器有光电式、接触式和电磁感应式3种。

光电式脉冲编码器，在发光元件与光电接收元件之间，有一个直接装在旋转轴上的具有一定数量的透光与不透光扇形区的编码盘，当它转动时，就可得到与转角或转速成比例的脉冲电压信号。它具有非接触性、精度高、响应速度快、可靠性高等优点，是精密数字控制、数控机械系统中常用的角位移数字式检测传感器。

光电式脉冲编码器有绝对式和增量式两种。绝对式测量的特点是，每一被测点都有一个对应的编码，常以二进制数据形式来表示绝对式测量值。即使断电之后再重新上电，也能读出当前位置的数据。典型的绝对式位置传感器有绝对式角编码器。在这种装置中，编码器所对应的每个角度都有一组二进制数据。分辨的角度值越小，或直线位移量程越大，所要求的二进制位数越多，结构越复杂。

而如果中途断电，增量式位置传感器就无法获知移动部件的绝对位置。典型的增量式位置传感器有增量式光电编码器、光栅等。

角编码器又称码盘，是一种旋转式位置传感器，通常装在被测轴上，随被测轴一起转动。它能将被测轴的角位移转换成增量脉冲或二进制编码。角编码器有两种基本类型：绝对式编码器和增量式编码器。

（一）绝对式编码器

绝对式编码器是按角度直接进行编码的传感器（如图3-2-26所示），可直接把被测转角用数字代码表示出来，指示其绝对位置。根据内部结构和检测方式不同有接触式、光电式等。

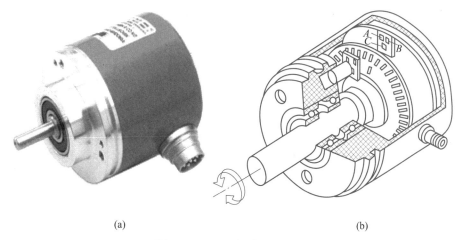

(a)   (b)

图3-2-26 绝对式编码器

1. 接触式编码器

图3-2-27所示为一个4位二进制接触式编码器（又称接触式码盘），它在一个不导电基体上做成许多有规律的导电金属区，其中涂黑部分为导电区，用1表示，其他部分为绝缘区，用0表示。

码盘分成 4 个码道，在每个码道上都有一个电刷，电刷经电阻接地，信号从电阻上取出。这样，无论码盘处在哪个角度上，该角度均有 4 个码道上的 1 和 0 组成 4 位二进制编码。码盘上最里一圈码道是公用的，它和各码道所有导电部分连在一起，经电刷和限流保护电阻接电源正极。由于码盘是与被测转轴连在一起的，而电刷位置是固定的，当码盘随被测轴一起转动时，电刷和码盘的位置发生相对变化，若电刷接触到导电区域，那么信号经电刷、码盘、电阻和电源形成回路，该回路中的电阻上有电流流过，产生电压降，输出为 1；反之，若电刷接触的是绝缘区域，则不能形成回路，电阻上无电流流过，输出为 0，由此可根据电刷的位置得到由 1、0 组成的 4 位二进制码。由图 3-2-27 可看出电刷位置与输出编码的对应关系。

不难看出，码道的圈数就是二进制的位数，且高位在里，低位在外。由此可以推断，若有 n 圈码道的码盘，就可以表示为 n 位二进制编码，若将圆周均分为 2^n 个数据，且分别表示其不同位置，那么其分辨的角度 α 为

$$\alpha = 360°/2^n$$
$$分辨力 = 1/2^n$$

显然，码盘的码道越多，二进制编码的位数也越多，所能分辨的角度 α 也越小，测量精度就越高。例如，某 6 码道的绝对式角编码器，其角度分辨力为 $\alpha = 360°/2^6 = 5.625°$；若为 12 码道，则角度分辨力为 $\alpha = 360°/2^{12} = 5.27'$。

需要说明的是，当电刷由位置 0111 向位置 1000 过渡时，若电刷安装位置不准或接触不良，可能会出现 8～15 之间的任一十进制数。为了消除这种非单值性误差，可采用二进制循环码盘（格雷码盘）。

图 3-2-28 所示为一个 4 位格雷码盘，与图 3-2-27 所示的 BCD 码盘相比，不同之处在于，码盘旋转时，任何两个相邻数码间只有一位是变化的，所以每次只切换一位数，把误差控制在最小范围内。

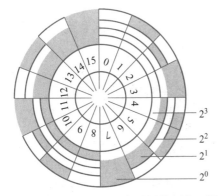

图 3-2-27 4 位二进制接触式编码器

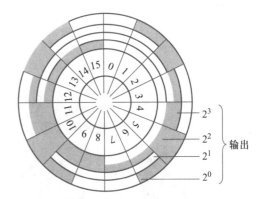

图 3-2-28 4 位格雷码盘

2. 绝对式光电编码器

绝对式光电编码器与接触式编码器结构相似，只是其中的黑白区域不表示导电区和绝缘区，而是表示透光或不透光区。其中黑的区域为不透光区，用 0 表示；白的区域为透光区，用 1 表示。如此，在任意角度都有对应的二进制编码。与接触式编码器不同的是，不必在最里面一圈设置公用码道，同时取代电刷的是在每一码道上都有一组光电元件，如图 3-2-27 所示。

普通二进制编码器由于相邻两扇区的计数状态相差比较大，容易产生误差，例如，由位置 0001

向位置 1000 过渡时，光敏元件安装位置不准或发光故障，可能会出现 8～15 之间的任一十进制数。

普通二进制编码器由于相邻两扇区图案变化时在使用中易产生较大误差，因而在实际使用中大都采用格雷码盘，如图 3-2-28 所示。它的特点是，编码器从一个计数状态转到下一个计数状态时，只有 1 位二进制码改变，所以它能把误差控制在最小单位内，提高了可靠性。

（二）增量式编码器

增量式编码器的结构原理如图 3-2-29 所示。光源常用具有聚光效果的 LED。增量式编码器与光栅传感器有类似之处，也需要一个计数和辨向系统，旋转的码盘通过光电元件给出一系列脉冲，在计数中对每个基数进行加或减，从而记录下转动的方向和角度。由于它只能反映相对于上次转动角度的增量，所以称为增量式编码器。

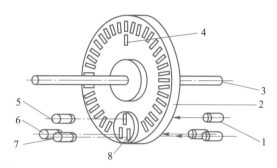

1—发光元件；2—均匀分布透光槽码器；3—转轴；4—零位标志槽；
5—零位标志信号处理电路；6—cos 信号处理电路；7—sin 信号处理电路；8—透光狭缝

图 3-2-29 增量式编码器结构原理图

光电码盘与转轴连在一起。码盘可以用玻璃材料制作，表面镀上一层不透光的金属铬，然后在边缘刻出向心透光窄缝。透光窄缝在光电码盘圆周上等分，数量从几百条到几千条不等。这样，码盘就分成透光与不透光区域。码盘材料也可以用不锈钢材料制作，制作原理与玻璃材料相同。

光电编码器的测量精度取决于它所能分辨的最小角度，这又与码盘圆周上的窄缝条数有关，即能分辨的最小角度为

$$\alpha = 360^\circ / n$$
$$分辨力 = 1/n$$

例如，窄缝条数为 2 048，则角度分辨力为

$$\alpha = 360^\circ / 2\,048 = 0.175\,8^\circ$$

为了得到码盘转动的绝对位置，还必须设置一个基准点，如图 3-2-29 中的零位标志槽，并在两边分别配置发光和光电接收元件，每当工作轴旋转一周，光电元件就产生一个 Z 相一转基准脉冲信号。通常数控机床的机械原点与各轴的脉冲编码器发出的 Z 相脉冲的位置是一致的。

目前，在数控系统中应用的增量式编码器，有每转产生 2 000、2 500、3 000、4 000 脉冲等多种，最高速度可达 2 000 r/min。

（二）电磁编码器式数字传感器

电磁式编码器的码盘有两种制作方法，一种是在非磁性材料制成的圆盘上涂满磁性材料，然后用磁化的方法在磁性层上预先录下相应的代码；另一种是在磁性材料（软铁）圆盘上用腐蚀的方法做成一定的编码图形，使圆盘的导磁性有的地方高有的地方低，以此来表示相应的代码。

数码的读出是用一个很小的马蹄形磁心作为磁头，上面绕两个线圈，一个为励磁线圈，另一个为读出线圈。工作时码盘随被测轴旋转，励磁线圈加上一个幅度和频率均不变的正弦励磁电流，由于电磁感应，在读出线圈中产生一个与励磁信号同频率的信号，但此信号的幅度与线圈匝数以及磁头靠近码盘时回路的磁场强弱有关。当磁头对准一个磁化区时，磁路饱和，读出线圈的输出电压就低，而磁头对准一个非磁化区时，输出电压就高，将此输出信号解调整形后便可得到方波输出，方波所代表的代码表示了码盘（被测物体）所转的角度。

电磁式码盘也是一种无触点码盘，具有寿命长、转速高、比接触编码式码盘工作可靠、对环境条件要求较低等优点，是一种比较有发展前途的码盘，但成本比接触式要高。

就前面3种码盘而言，光电码盘性能价格比最高。除了上述几种码盘外，还有电容码盘和霍尔码盘，应用也较广泛，使用时可查阅相关资料。

项目小结 ∎

用于位移测量的传感器主要包括：用于简单位移测量的电感式传感器、电位器式传感器，用于精密位移检测的雷达传感器、感应同步器、磁栅传感器、数字位移传感器。

电感式传感器利用电磁感应原理进行测量，主要包括自感式电感传感器、差分变压器式传感器和电涡流传感器3种类型。

自感式电感传感器由铁心、线圈和衔铁组成，可以将衔铁位移的变化转换为线圈自感系数的变化，经过测量电路转换为正比于位移量的电压或电流输出。自感式电感传感器可分为变隙式、变面积式和螺管式3种类型。在实际应用中，这3种传感器多制成差分式，以便提高线性度，减小测量误差。

互感式传感器是根据变压器的原理制成的，主要由衔铁、一次绕组和二次绕组组成。一次绕组和二次绕组间的互感量随着衔铁的移动而变化，二次绕组的输出电压与衔铁的位移成正比。由于在使用时两个二次绕组反向串接，并以差分方式输出，因此称为差分变压器式传感器，简称差分变压器。目前，应用最广泛的是螺管式差分变压器。

将金属导体置于变化的磁场中，导体内就会产生感应电动势，并自发形成闭合回路，产生感应电流。该电流称为涡流，这种现象被称为涡流效应，电涡流传感器就是利用涡流效应来工作的。

电感式接近开关的接线方式可以通过观察电感式接近开关的芯线颜色来确定，可以根据接近开关的参考电路图来选择直流和交流的供电方式、PNP型三极管或NPN型三极管的输出类型以及动断和动合输出状态。

电感式接近开关的安装分为齐平式和非齐平式两种方式，齐平式接近开关具有很好的机械保护性能，不易被碰坏，但灵敏度低。非齐平式接近开关的安装位置金属基座保持一定的尺寸，非齐平式安装比齐平式安装的传感器作用距离大。安装时应注意选择外形和检测距离，选择工作电压和工作电流。电感式接近开关的使用过程中应注意接线的正确性，避免在强磁场环境下使用，做好定期维护等，注意防干扰等措施。

电位器式传感器是电阻式传感器的一种，也是将被测量通过一定的方式引起电阻阻值发生相应变化，并经测量转换电路处理后转变为所需的电信号并送给处理系统的测量装置。电位器式传感器主要有直线位移型、角位移型、非线性型 3 种。电位器式传感器的特性主要反映在它具有阶梯性。

雷达测速传感器基于现代化智能制造技术。道路交通检测行驶车辆是否超速，多采用雷达测速传感器，并辅以照相设备。

感应同步器是利用电磁感应原理来检测位移的精密传感器，具有对环境要求低、受污染、灰尘影响小、工作可靠、抗干扰能力强、精度高、维护方便及寿命长等特点。感应同步器按用途不同可分为直线式和圆盘式两大类。前者用于直线位移测量，后者用于角位移测量。

磁栅传感器是一种新型位置传感器，与其他类型的位置检测元件相比，磁栅传感器具有制作简单、录磁方便、易于安装及调整、测量范围宽（可达十几米）、不需接长、抗干扰能力强等一系列优点，因而在大型机床的数字检测及自动化机床的定位控制等方面得到了广泛的应用。磁栅传感器可分为长磁栅和圆磁栅两大类。长磁栅主要用于直线位移测量，圆磁栅主要用于角位移测量。

数字式传感器主要有以编码方式产生数字信号的代码型和将输出的连续信号经过简单的整形、微分电路处理后输出离散脉冲信号的计数型两种。

项目目标

1. 认识常见的力和压力传感器并了解其典型应用。
2. 了解电阻应变式传感器的结构、基本工作原理、常用测量电路和典型应用。
3. 了解压阻式传感器的结构、基本工作原理和常用测量电路。
4. 了解电容式传感器的结构、基本工作原理和常用测量电路。
5. 了解差压变送器在工业测压中的应用。
6. 了解用压电式传感器测量压力的方法，以及压电式传感器的应用。
7. 在实训实验中，能遵守实训实验室安全规则，遵守 6S 管理规范，养成仔细认真按规则操作等良好的职业习惯。

任务一　认识力和压力传感器 ■

////////　*任务情境*

　　力和压力普遍存在于日常生活和生产过程中，因此对力和压力进行测量和控制十分常见。力和压力传感器是工业中常用的一种传感器，广泛应用于各种自动控制系统，涉及水电、交通、建筑、石化、电力等行业。例如，对锅炉水蒸气和水的压力监控，不仅可以保证生产和生活的质量，还是安全生产的保障。由此可见，力和压力的测量是非常重要的。

////////　*任务准备*

　　力传感器是指能够测量各种力的大小并将其转换为电信号的器件，是力测量的重要器件。力测量包括质量、力、力矩、压力、应力等的测量。在工业生产中，压力测量最为常用，有时又将压力传感器单独归为一类。

一、力和压力的概念

1. 力的概念和单位

力是物体对物体的作用，常用字母 F 表示，单位是 N（牛［顿］）。

2. 压力的概念和单位

压力是指垂直作用于单位面积上的力，也就是物理中的压强，常用字母 p 表示。即

$$p = \frac{F}{A}$$

式中，p——压力；

　　　F——垂直作用力；

　　　A——受力面积。

压强的单位为 Pa（帕［斯卡］），$1\,Pa = 1\,N/m^2$。

二、力传感器的分类

力传感器种类繁多，下面介绍几种常用的分类方法。

1. 根据工作原理分类

根据工作原理的不同可以将力传感器分为两类：一类是基于形变量测量的传感器，另一类是基于受力后物性变化的传感器。

基于形变量测量的传感器工作原理是利用被测力使弹性体形变，通过测量形变的程度来测出被测力的大小，常见的有电阻应变式力传感器、电容式力传感器等。

基于受力后物性变化的传感器工作原理是测量某些物质受力作用时其固有物理性质发生的变化，从而测得作用力的大小，如压电式传感器、压阻式传感器等。

2. 根据被测力的类型分类

根据被测力的类型不同，力传感器可分为重力传感器、力矩传感器、压力传感器、应力传感器等，图 4-1-1 所示为几种常见的不同类型力传感器。

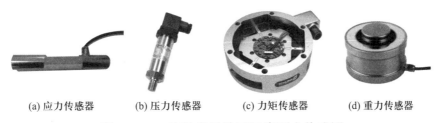

(a) 应力传感器　　　(b) 压力传感器　　　(c) 力矩传感器　　　(d) 重力传感器

图 4-1-1　几种常见的不同类型力传感器

3. 根据防爆等级分类

危险品生产、存储、运输设备附近通常安装压力传感器，其防爆等级有所不同。根据易燃易爆品性质及其危险程度，应选用符合防爆要求的传感器。

　　有关各种危险场所对传感器防爆等级的要求在国家标准中有明确规定。这里介绍常用的3 种防爆等级不同的压力传感器，即普通型、隔爆型以及本安型，如图 4-1-2 所示。

(a) 普通型压力传感器　　(b) 隔爆型压力传感器　　(c) 本安型压力传感器

图 4-1-2　防爆等级不同的压力传感器

　　普通型即不考虑防爆措施，只能在非易燃易爆场所使用，防爆等级最低。

　　隔爆型在内部电路和周围易燃气体之间采取了隔离措施，允许应用在有一定危险性的环境里，大多数生产场所都能使用。

　　本安型是本质安全型的简称，依靠特殊设计的电路保证在正常工作及故障状态下都不会引起燃爆事故，可用在十分易燃易爆的场所，其防爆等级最高。

　　在选择和使用压力传感器的时候，一定要注意它的使用环境条件，这样才能保障生产安全。

4. 根据功能分类

　　根据功能不同，力传感器可以分为普通力传感器、智能力传感器、一体化力传感器。

（1）普通力传感器

　　普通力传感器只具有将力的量值转换为相关电信号的单一功能，只能进行某种单一力的测量，一般输出信号为电压、电流等模拟信号。

（2）智能力传感器

　　智能力传感器是具有信息处理功能的力传感器，一般装有微处理器。智能力传感器依靠软件帮助，大幅提高了传感器的性能，同时对硬件性能要求有所降低，是高科技产品。图 4-1-3 所示为几种常见智能力传感器，图（a）、（b）的两款传感器不带显示功能，图（c）的传感器带有显示功能。智能力传感器可以通过手操器、组态软件以及手机 APP 进行远程操作，使用起来更为方便。

(a) 智能高温压力传感器　(b) 智能单晶硅差压传感器　(c) 智能数显压力传感器

图 4-1-3　几种常见的智能力传感器

智能力传感器主要由力传感器、微处理器、存储器、通信接口等部分组成，如图4-1-4所示。

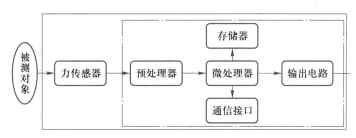

图4-1-4 智能力传感器的组成

智能力传感器可实现的功能有：

① 具有自校零、自标定、自校正功能。

② 具有自动补偿功能。

③ 能够自动采集数据，并对数据进行预处理。

④ 能够自动进行检验、自选量程、自寻故障。

⑤ 具有数据存储、记忆与信息处理功能。

⑥ 具有双向通信、标准化数字输出或者符号输出功能。

⑦ 具有判断、决策处理功能。

相比普通力传感器，智能力传感器有如下显著特点：

① 精度高 智能力传感器具有信息处理功能，通过软件不仅可修正各种确定性系统误差（如传感器输入输出的非线性误差、零点误差、正反行程误差等），而且还可适当地补偿随机误差、降低噪声，大大提高了传感器的精度。

② 可靠性高 智能力传感器采用集成化设计，消除了传统结构的某些不可靠因素，改善整个系统的抗干扰性能；同时它还有自适应、自动诊断、自动校准和数据存储等功能，具有良好的稳定性。

③ 多功能化 智能力传感器可以实现多传感器多参数综合测量，通过编程扩大测量与使用范围；有一定的自适应能力，根据检测对象或条件的改变，相应地改变量程及输出数据的形式；具有数字通信接口功能，直接送入远程计算机进行处理；具有多种数据输出形式，适配各种应用系统。

（3）一体化力传感器

一体化力传感器是指将包括力敏感元件在内的多种敏感元件封装在同一种材料或单独一块芯片上的多功能传感器，是当前传感器技术发展的一个新的方向。目前常见的一体化力传感器有同时测量温度和压力的温度-压力一体化传感器［如图4-1-5（a）所示］、同时测量液位和压力的液位-压力一体化传感器［如图4-1-5（b）所示］、同时测量温度、湿度和大气压力的气象一体化传感器［如图4-1-5（c）所示］等。

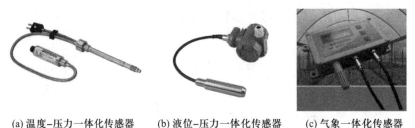

(a) 温度-压力一体化传感器　　(b) 液位-压力一体化传感器　　(c) 气象一体化传感器

图4-1-5　几种常见的一体化力传感器

一体化力传感器主要由力传感器、其他传感器、微处理器、存储器等部分组成，其结构原理如图4-1-6所示。

一体化力传感器是包括力测量在内的一个多功能传感器系统，具有以下特点：

① 由若干种各不相同的敏感元件组成，可以用来同时测量多种参数。

② 将多种元器件集成在一起，实现了高度综合化和小型化。

③ 由于敏感元件被集成在一起，它们总在同一种条件下工作，所以对系统误差进行补偿和校正更为容易和精准，改善了传感器的性能。

④ 多个参数测量可以共用一个微处理器，降低了成本，显著提高了传感器的性能价格比。

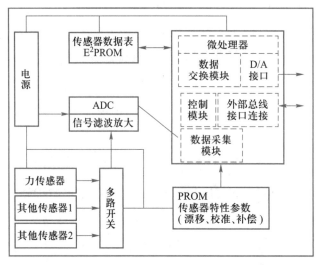

图4-1-6　一体化力传感器的结构原理

三、力传感器的基本组成

力传感器的基本组成包括弹性敏感元件、转换元件和测量电路三部分，如图4-1-7所示。转换元件和测量电路因传感器工作原理不同而不同，这里只介绍弹性敏感元件。

弹性敏感元件也称力敏元件，是指在外力的作用下产生形变，当外力消失后能够恢复原

图4-1-7　力传感器的基本组成结构框图

来状态的元件。这种元件应具有良好的稳定性和抗腐蚀性，常用的材料有弹性钢、铜合金等。

弹性敏感元件在形式上可分为两大类：一是将力转换为应变或位移的变换力的弹性敏感元件，二是将压力转换为应变或位移的变换压力的弹性敏感元件。

1. 变换力的弹性敏感元件

这类弹性敏感元件大多采用等截面积柱式、等截面积薄板、悬臂梁及轴状等结构。图4-1-8所示为常见的变换力的弹性敏感元件。

2. 变换压力的弹性敏感元件

常见的这类弹性敏感元件有膜片、膜盒、弹簧管和波纹管等，如图4-1-9所示，它可以把流体产生的压力变换成位移量输出。

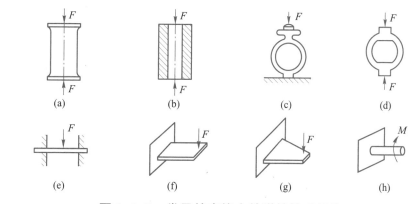

图4-1-8　常见的变换力的弹性敏感元件

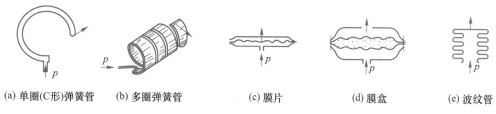

(a) 单圈(C形)弹簧管　　(b) 多圈弹簧管　　　(c) 膜片　　　(d) 膜盒　　　(e) 波纹管

图4-1-9　常见的变换压力的弹性敏感元件

四、力和压力传感器的典型应用领域

力和压力传感器是工业实践中应用非常广泛的传感器产品，下面简单介绍它们的几个典型应用领域。

1. 力传感器应用于重力测量

以称重传感器为代表的力传感器主要应用在各种电子衡器、工业控制、在线控制、安全过载报警、材料试验机等领域。如电子汽车衡、电子台秤、电子叉车、动态轴重秤、电子吊钩秤、电子计价秤、电子钢材秤、电子轨道衡、料斗秤、配料秤、罐装秤等，图4-1-10（a）所示为力传感器用于地磅，图4-1-10（b）所示为力传感器用于料斗秤，图4-1-10（c）所示为力传感器用于牛奶精准灌装。

(a) 力传感器用于地磅　　　(b) 力传感器用于料斗秤　　　(c) 力传感器用于牛奶精准灌装

图4-1-10　力传感器应用于重力测量

2. 压力传感器应用于液压传动系统

液压传动系统是汽车、装备制造等行业中必不可少的设备，通过改变介质液体压强增大作用力，从而传递运动和动力。压力传感器在液压系统中主要是测量液体压力大小，并完成力的闭环控制。图4-1-11（a）所示为农业机械中的压力传感器，图4-1-11（b）所示为机床传动系统中的压力传感器。

(a) 农业机械中的压力传感器　　　(b) 机床传动系统中的压力传感器

图4-1-11　压力传感器应用于液压传动系统

3. 压力传感器应用于石化行业

压力传感器广泛用于石化产品的生产和储运，可以精确测量管道和储罐的压力、液位等参数，对生产质量控制和安全控制管理起着重要作用。图4-1-12（a）所示为油气管道运输中的压力传感器；图4-1-12（b）所示为天然气站中的压力传感器；图4-1-12（c）所示为硫化生产车间中的压力传感器。图4-1-13所示为单体液氨储罐传感器位置分布，其中压力检测使用压力传感器，液位检测也是使用压力传感器为核心的液位计。

4. 压力传感器应用于监测矿山压力

对于采矿行业，安全生产特别重要。为了保障生产安全，矿山要求有压力监测系统，用于实时、在线监测液压支架工作阻力、立柱伸缩量、超前支承压力、煤柱应力、锚杆（索）载荷、巷道变形量及人员定位和管理等。力传感器技术是矿山压力监控的关键性技术之一。基于矿山压力监测的特殊环境，矿用压力传感器主要有振弦式压力传感器、半导体压阻式压力传感器、金属应变片式压力传感器、差分变压器式压力传感器等，具体使用哪种传感器需根据采矿环境进行选择。图4-1-14所示为矿山压力监测系统。

(a) 油气管道运输中的压力传感器　　(b) 天然气站中的压力传感器　　(c) 硫化生产车间中的压力传感器

图 4-1-12　压力传感器用于石油化工行业

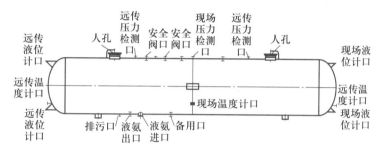

图 4-1-13　单体液氨储罐传感器位置分布

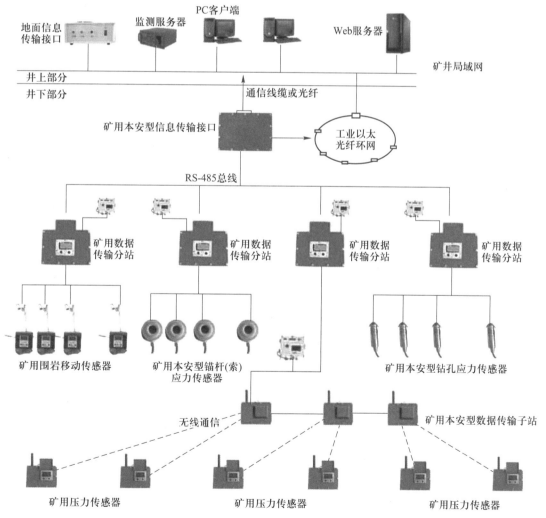

图 4-1-14　矿山压力监测系统

////// **任务实施**

通过观察、查阅资料、小组讨论，总结表 4-1-1 所列常用产品、设备包含的力传感器，并说明它们的作用。

表 4-1-1 常用产品、设备包含的力传感器

名称	图片	包含的力传感器	作用
体重秤	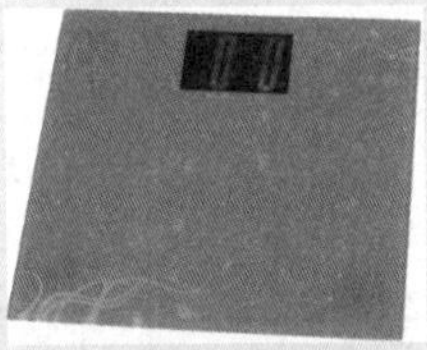		
滚筒洗衣机			
空调			
汽车			

////// **任务评价**

评价项目	任务评价内容	分值	自我评价	小组评价	教师评价
职业素养	遵守实训实验室规程及文明使用实训实验室	10			
	纪律、出勤、团队协作	5			
理论知识	了解力传感器的应用场合	10			
	了解力传感器的基本结构	5			
	了解力传感器的常见种类	10			

续表

评价项目	任务评价内容	分值	自我评价	小组评价	教师评价
实操技能	会使用网络、文献等工具，查找和下载专业资料	20			
	正确识别力传感器型号、主要指标等	20			
	能分析各领域中力传感器的作用	20			
总分		100			
个人学习总结					
小组评价					
教师评价					

 知识拓展

力传感器在工业机器人中的应用

随着科学技术的飞速发展，机器人把人们从繁重的体力劳动中解放出来。在工业领域中使用的、能靠自身动力和控制能力来实现各种特定功能的自动执行装置被称为工业机器人，一般不具有类似人的外形。图4-1-15所示为几种常见的工业机器人，它们可以接受人类指挥，也可以按照预先编排的程序运行，现代的工业机器人还可以根据人工智能技术制定的程序自动运行，完成工作任务。

(a) 加工机器人 (b) 装配机器人

(c) 焊接机器人 (d) 喷涂机器人

图4-1-15 几种常见的工业机器人

工业机器人是智能制造的重要组成部分，是面向工业领域的多关节机械手或多自由度的机器装置。为了保证机器人正确执行相关的操作，需要传感器提供必要的信息，因此，工业机器人中大量使用各种传感器。

机器人常用传感器根据检测对象的不同可分为内部传感器和外部传感器。内部传感器主要用来检测机器人本身状态，多为检测位置和角度的传感器。外部传感器主要用来检测机器人所处环境及状况。机器人中的传感器如图4-1-16所示。其中，加速度传感器和力觉传感器都用的是各种力传感器。

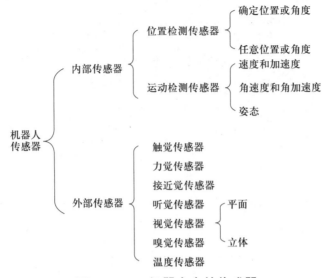

图4-1-16 机器人中的传感器

在机器人中的力传感称为力觉传感器，是可以让机器人感知力的传感器，多数情况下，力传感器位于机器人和夹具之间（即机器人手臂上），这样所有反馈到夹具上的力都在机器人的监控之中。根据数据分析，对机器人接下来的行为做出指导。有了力传感器，装配、人工引导、示教、力度限制等应用才得以实现。力传感器在机器人中的具体作用如下：

1. 提供恒定力或力矩

机器人在进行打磨、抛光等机械加工过程中，需要保持一定的推力。利用力传感器，通过在程序中引入力反馈回路，可以轻易地让这些操作实现自动化，实现制造流程的一致性。

2. 目标定位

将力传感器安装在机器人的夹具上，可以用来检测和感觉抓取的物体的位置。传感器通常能够检测力度并得出力度分布的情况，从而感知对象的确切位置，控制抓取的位置和末端执行器的抓取力度。

3. 提供重复力

用机器人做装配任务时，需要机器人能够重复同样的任务。通过引入力传感器，可以让机器人感受到装配过程中施加的外力，并可以施加非常精确的力量，这有利于实现精细装配的自动化，并确保装配质量。

4. 称重辨物

人一般通过颜色、形状识别物体，机器人识别物体往往通过测量物体的重量。力传感器精准测量物体的重量，从而区分不同的物体。

力传感器还可用于区分外形相似的不同零部件。通过分析计算夹具（手爪）上各个传感器受力情况的不同，可以知道夹持的物体是否正确，或物体是否已经掉落。

5. 手动引导

现在大部分协作机器人是通过使用内置力传感器来实现手动引导的，这样就可以通过设定机器人的起点和终点，以及中间的线性轨迹，完成机器人的示教，而不需要使用示教器。

6. 安全保障

在机器人中直接内置一些力传感器，来识别某种力，当传感器感知到异常的力度时，就会给机器人发送信号，限制或停止机器人的运动，从而确保安全。

练一练

一、填空题

1. 力传感器是能够测量_____的大小并将其转换为_____信号的器件。

2. 压力是_____的力，是物理中的_____，常用字母_____表示。

3. 在国际单位制中，压力的单位为_____。

4. 力传感器的工作原理有两种：一种是基于_____测量的传感器，常见的有_____、_____等；另一种是基于_____变化的传感器，常见的有_____、_____等。

5. 根据力传感器的功能不同，力传感器可以分为_____力传感器、_____力传感器、_____力传感器。

6. 力传感器的基本组成包括_____、_____和_____三部分。

7. 弹性敏感元件是指在外力的作用下_____，当外力消失后能_____的元件。

二、选择题

1. 由于压力传感器通常安装在生产设备附近，对于_____不容忽视。

　　A. 用电安全　　　　　　B. 防爆安全　　　　　C. 防尘要求　　　　D. 防水要求

2. 面粉生产车间因有大量粉尘存在，容易发生爆炸事故，因此在面粉生产车间使用力传感器应选用_____。

　　A. 普通型　　　　　　　B. 隔爆型　　　　　　C. 防尘型　　　　　D. 本安型

3. 具有信息处理功能的力传感器是_____力传感器。

　　A. 普通　　　　　　　　B. 智能　　　　　　　C. 数显　　　　　　D. 一体化

4. 体重秤中使用的是_____传感器。

　　A. 重力　　　　　　　　B. 压力　　　　　　　C. 应力　　　　　　D. 扭力

5. 不属于压力传感器的典型应用领域的是_____。

　　A. 液位测量　　　　　　B. 安全控制　　　　　C. 温度测量　　　　D. 压力测量

三、简答题

1. 相比普通力传感器，智能力传感器有哪些显著特点？

2. 试绘制智能力传感器的组成框图。

3. 与普通力传感器相比，智能力传感器可实现哪些功能？

4. 简述一体化力传感器相比单一传感器的优势。

5. 简述力和压力传感器的典型应用。

任务二　认识应变式传感器 ■

////// **任务情境**

应变式传感器利用金属和半导体的应变效应，将力或压力转换为应变片电阻值的变化，再通过电路转变为电压或电流的变化进行测量。这种测力方式是最早也是最常用的一种测力方式。

////// **任务准备**

电阻应变片是常用的力测量检测敏感元件，图4-2-1所示为几种典型应变式力传感器。这类传感器利用应变片将弹性元件的形变转换成电阻值的变化，再通过转换电路转变成电压信号或电流信号，通过放大后再用数字或模拟显示仪表指示，按照以上原理可以做成电子秤，如图4-2-2所示。

(a) 拉力传感器　　　　(b) 称重传感器　　　　(c) 扭矩传感器

图4-2-1　几种典型应变式力传感器

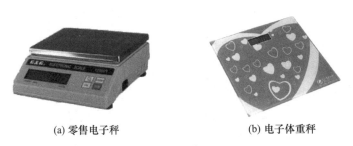

(a) 零售电子秤　　　　　　(b) 电子体重秤

图4-2-2　电子秤

一、电阻应变片的结构和种类

1. 电阻应变片的结构

电阻应变片的结构如图4-2-3所示，合金电阻丝以曲折形状（敏感栅）用黏合剂粘贴在绝缘基片上，两端通过引出线引出，敏感栅上面再粘贴一层绝缘保护膜。把应变片贴在被测物体上，敏感栅随被测物体表面的变形而使电阻值改变，只要测出电阻的变化就可得知变形量的大小。

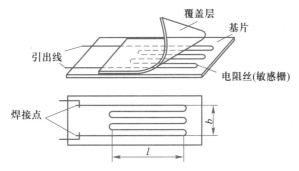

图4-2-3 电阻应变片的结构

电阻应变片具有体积小、灵敏度高、使用简便、横向效应小、可进行静态和动态测量等优点，但也有灵敏度一致性差、温漂大、非线性严重等缺点。

2. 电阻应变片的分类

根据应变片的材料，电阻应变片主要分为金属电阻应变片和半导体应变片两大类，其中金属电阻应变片又分为丝式、箔式和薄膜式3种。不同种类电阻应变片的结构如图4-2-4所示。

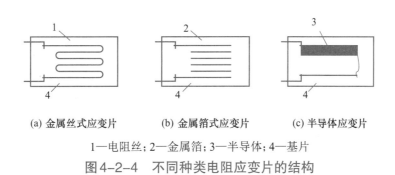

(a) 金属丝式应变片　　　(b) 金属箔式应变片　　　(c) 半导体应变片

1—电阻丝；2—金属箔；3—半导体；4—基片

图4-2-4 不同种类电阻应变片的结构

二、电阻应变片的工作原理

导体或半导体受外力作用变形时，其电阻值也将随之发生变化，这种现象称为应变效应。设一金属导体的长度为 L，截面积为 A，电阻率为 ρ，则该导体的电阻 R 为

$$R = \rho \frac{L}{A}$$

如图4-2-5所示，当金属导体受到拉力作用时，长度将增加 ΔL，截面积将缩小 ΔA，从而导致电阻增加 ΔR，导体的电阻变为 $R+\Delta R$。通过推导，可以得出导体电阻的相对变化量为

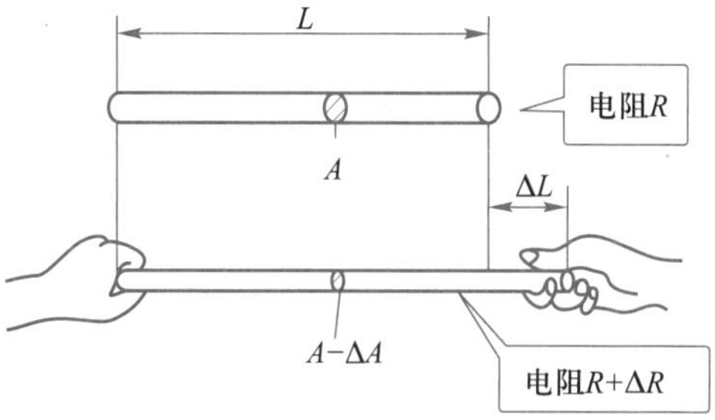

图4-2-5 金属丝的应变效应

$$\frac{\Delta R}{R} \approx K \frac{\Delta L}{L} \approx K\varepsilon$$

式中，$\varepsilon = \dfrac{\Delta L}{L}$ ——纵向应变；

K——金属导体的应变灵敏度。

三、测量电路

为了检测应变片电阻的微小变化，需要通过测量电路把电阻的变化转换为电压或电流后由仪表显示。在应变式电阻传感器中常用的转换电路是桥式电路。按输入电源性质的不同，桥式电路可分为交流电桥和直流电桥两类。多数情况下用直流电桥电路。下面以直流电桥为例说明其工作原理。

直流电桥电路如图 4-2-6（a）所示，图中 E 为直流电源电压，R_1、R_2、R_3、R_4 为桥臂电阻，R_L 为负载电阻。当 $R_L \to \infty$ 时，电桥输出电压为

$$U_O = E\left(\frac{R_1}{R_1 + R_2} - \frac{R_3}{R_3 + R_4}\right)$$

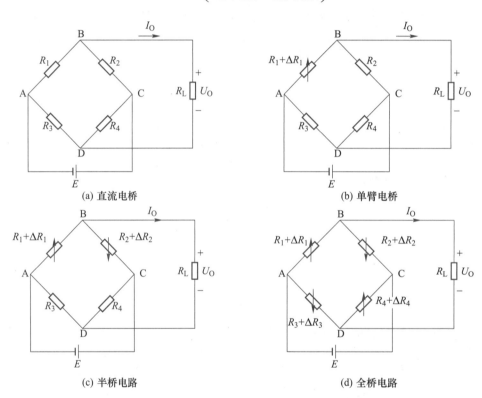

(a) 直流电桥　　　　　　　(b) 单臂电桥

(c) 半桥电路　　　　　　　(d) 全桥电路

图 4-2-6　应变式电阻传感器常用的转换电路

当电桥平衡时，$U_O = 0$，则有 $R_1 R_4 = R_2 R_3$ 或

$$\frac{R_1}{R_2} = \frac{R_3}{R_4}$$

由以上分析可知电桥平衡条件为：相邻两臂电阻比值相等，或者对臂电阻乘积相等。

在实际应用中，电阻应变片的接入方式通常有 3 种：单臂、双臂（半桥）和全桥。

单臂电桥就是在桥路中只使用一个电阻应变片，另外 3 个电阻都是固定电阻，如图 4-2-6（b）所示，应变片粘贴方式如图 4-2-7（a）所示。图 4-2-6（b）中只有 R_1 为应变片，R_2、

R_3、R_4 均是固定电阻。若使初始值 $R_1=R_2=R_3=R_4$ 时，且 R_1 的变化量为 ΔR_1，则输出电压为

$$U_O = \frac{E}{4} \cdot \frac{\Delta R_1}{R_1}$$

此时，电桥输出电压 U_O 与 $\dfrac{\Delta R_1}{R_1}$ 成正比。

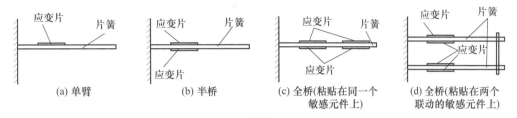

(a) 单臂　　(b) 半桥　　(c) 全桥(粘贴在同一个敏感元件上)　　(d) 全桥(粘贴在两个联动的敏感元件上)

图4-2-7　不同桥式电路电阻应变片的粘贴方式

双臂电桥又称半桥，是指在桥路中成对使用规格参数都相同的应变片，相对贴在敏感元件的对应位置，如图4-2-6（c）所示，应变片粘贴方式如图4-2-7（b）所示，R_1、R_2 为应变片，R_3、R_4 是固定电阻。半桥电路输出电压是单臂电桥的2倍。

全桥是指桥路中4个电阻全都使用规格参数都相同的应变片，相对贴在敏感元件的对应位置，如图4-2-6（d）所示，应变片粘贴方式如图4-2-7（c）、（d）所示。

全桥电路输出电压是半桥电路输出电压的2倍，是单臂电路输出电压的4倍。半桥电路和全桥电路能提高电路的灵敏度，全桥电路的灵敏度最高。

需要说明的是，半桥或全桥电路可以克服应变片的阻值受温度影响较大的问题，提高电路的灵敏度。

////// **任务实施**

一、工件及材料准备（见表4-2-1）

表4-2-1　工件及材料准备

序号	名称	型号或规格	图片	数量	备注
1	应变式电阻传感器			1个	

序号	名称	型号或规格	图片	数量	备注
2	电阻传感器电路板			1个	
3	差分放大电路板			1个	
4	直流稳压电源	+5 V		1个	实训箱内配置
		+15 V		1个	
		−15 V		1个	
5	数字电压表	2 V/20 V		1个	
6	位移台架			1个	
7	螺旋测微器			1个	
8	$4\frac{1}{2}$位数字万用表	VC9807 A+		1台	

二、比较应变式电阻传感器半桥、全桥性能

1. 认识应变式电阻传感器

步骤1：观察认识电阻应变式传感器实物,找出其中的敏感元件（悬臂梁）、转换元件（应

变片）。

应变式电阻传感器结构如图 4-2-8 所示，传感器的主要组成部分是上、下两个悬臂梁，4 个电阻应变片粘贴在悬臂梁的根部，可组成半桥和全桥电路，最大测量范围为 +2 mm。

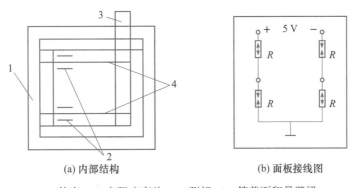

(a) 内部结构　　　　　(b) 面板接线图

1—外壳；2—电阻应变片；3—测杆；4—等截面积悬臂梁

图 4-2-8　应变式电阻传感器结构

步骤 2：在应变片没有受力变形的情况下，用数字万用表分别测量每个应变片的电阻值 R，若 4 个应变片的电阻值基本相等，则传感器是好的；若 4 个应变片的电阻值 R 差异较大，则传感器是坏的，不可进行实验。

步骤 3：观察认识应变式电阻传感器测量转换电路，理解各电路的作用。

2. 比较实训准备

步骤 1：检查连接线质量：用数字万用表通断挡检测连接线的好坏，确保连接线的质量。
注意：在检测过程中适当拉伸和弯折导线，以检出接触不良的导线。

步骤 2：检查直流稳压电源和电压表：接通电源线，打开电源开关，观察 ±15 V、±5 V 这 4 个直流电源指示灯是否点亮。在确保直流电源指示灯正常的情况下，关断电源开关，将电压量程切换开关置于 20 V 挡位置，用导线将 +15 V 直流电源输出与电压表输入连接，如图 4-2-9 所示。打开电源开关，观察电压表是否为 15 V 左右。注意：观察电压表最后一位

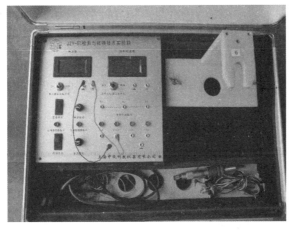

图 4-2-9　检查直流稳压电源与电压表

数字是否跳动频繁。若跳动频繁说明电压表稳定性差，对实训有不良影响，最好更换。用同样方法检查其余直流稳压电源的好坏。

3. 安装位移台架及传感器

步骤1：固定好位移台架，将应变式电阻传感器置于位移台架上。

步骤2：调节螺旋测微器，使其指示15 mm左右。

步骤3：将螺旋测微器装入位移台架上部的开口处，旋转螺旋测微器测杆使其与应变式电阻传感器的测杆适度旋紧，然后调节两个滚花螺母使应变式电阻传感器上的两悬梁处于水平状态时，两滚花螺母正好固定在开口处上、下两侧，如图4-2-10所示。注意：此时螺旋测微器从正面和侧面看都应处于垂直状态，并与传感器测杆轴线同轴。

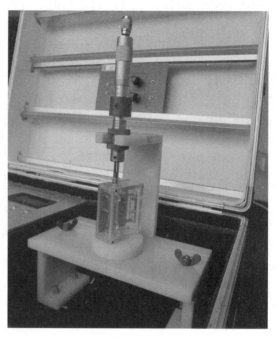

图4-2-10 安装位移台架与传感器

4. 差分放大器电路调零

步骤1：识读图4-2-11所示应变式电阻传感器半桥、全桥性能比较电路，其中差分放大器电路在图4-2-11右半部。

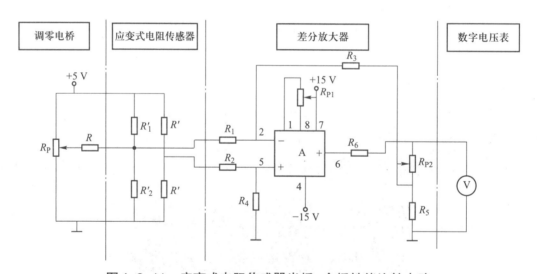

图4-2-11 应变式电阻传感器半桥、全桥性能比较电路

步骤2：用导线将实训箱面板上的 +15 V 和地端分别接到差分放大器上，如图4-2-12所示。

步骤3：将差分放大器倍数调整电位器 R_{P1} 旋钮逆时旋到终端（最大）位置。

步骤4：用导线将差分放大器的正负输入端连接，再将其输出端分别对应接到数字电压表的输入端（"IN"）和接地端（"⊥"）。

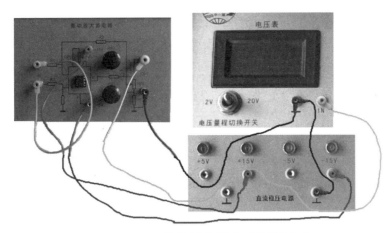

图4-2-12　差分放大器电路调零接成

步骤5：将电压量程切换开关置于 20 V 挡。接通电源开关，通电稳定约 5 min。

步骤6：旋动差分放大器的调零电位器旋钮 R_{P2}，使数字电压表读数趋近于零，然后换到 2 V 挡，继续轻微旋动调零电位器旋钮 R_{P2} 使数字电压表读数趋近于零。到此差分放大器调零结束，整个实验过程中，不可再调节调零电位器旋钮 R_{P2}。

5. 半桥性能测试

步骤1：按图 4-2-11 所示，将两个受力方向相反的应变片（传感器上插孔）以及固定电阻 R_1' 和 R_2'（转换电路板上插孔）接入电桥，组成半桥电路，如图 4-2-13 所示。

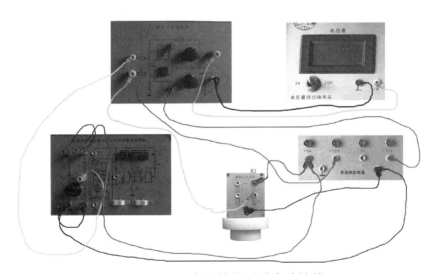

图4-2-13　半桥性能测试电路接线

步骤2：系统调零。调节转换电路板上平衡电位器旋钮 R_P，使数字电压表指示接近于零，然后细微旋动螺旋测微器使电压表指示为零，此时螺旋测微器的读数视为系统零位。

步骤3：放大增益调整。上旋螺旋测微器 0.2 mm，观察电压表读数变化，若读数有明显变化，说明电路连接无问题。若读数无明显变化，说明电路连接有问题，需要重新检查电线和连接电路。调节差分放大器中倍数调整电位器 R_{P1} 旋钮，使读数约为 0.2 V，并将读数值记入表 4-2-2 中。

步骤 4：上翘变形测量。继续上旋螺旋测微器 5 次，每次 0.2 mm，共 1 mm，观察电压表读数值并记入表 4-2-2 中。

步骤 5：下弯变形测量。下旋螺旋测微器，使其回到初始位置。继续下旋螺旋测微器，5 次，每次 0.2 mm，共 1 mm，观察电压表读数值，并将位移量 x 和对应的输出电压值 U_O 记入表 4-2-2 中。

表 4-2-2 半桥性能测试数据记录表

x/mm											
U_O/mV						0					

6. 全桥性能测试

将图 4-2-11 中应变式电阻传感器电路中的固定电阻 R_1' 和 R_2' 换成应变片，即将 4 个应变片接入电桥中，组成全桥，其余接线与半桥性能测试电路接线相同，如图 4-2-14 所示。注意：相邻桥臂的应变片电阻受力方向必须相反，重复半桥性能测试步骤 2 至步骤 5，将测试结果记入表 4-2-3 中。

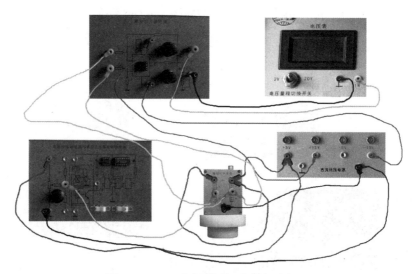

图 4-2-14 全桥性能测试电路接线

表 4-2-3 全桥性能测试数据记录表

x/mm											
U_O/mV						0					

7. 数据分析处理

根据表 4-2-2 和表 4-2-3 中的测试数据，画出输入/输出特性曲线 $U_O=f(x)$，计算灵敏度和非线性误差，并对半桥电路和全桥电路性能进行比较。

任务评价

评价项目	任务评价内容	分值	自我评价	小组评价	教师评价
职业素养	实物观测操作规程	10			
	出勤、纪律、团队协作	5			
	安全文明	5			
理论知识	电阻应变效应	10			
	应变式电阻传感器的检测原理	10			
实操技能	认识应变式电阻传感器	10			
	半桥、全桥性能比较测试	40			
	数据分析处理	10			
总分		100			
个人学习总结					
小组评价					
教师评价					

练一练

一、填空题

1. 电阻应变式传感器由_____、_____和_____等部分组成。

2. 电阻应变片是应变式电阻传感器的核心部分，它是将被测件上的_____转换成_____的传感元件，根据材料不同可分为_____电阻应变片和_____电阻应变片两种。

3. 金属应变片的工作原理主要是_____，而半导体应变片的工作原理主要是_____。

4. 电阻应变片由_____、_____、覆盖层和_____等部分组成。

5. 在实际应用中，电阻应变片的接入方式通常有 3 种，分别是_____、双臂（半桥）和_____。

二、简答计算题

1. 什么是应变效应？试用应变效应解释金属电阻应变片的工作原理。

2. 有一段金属电阻丝，其阻值为 R。现将其拉长为原来的 2 倍，假设其体积不变，求其电阻值的大小。

任务三 应变式传感器在电子秤中的应用

////// **任务情境**

电子秤在日常生活中应用广泛，无论在菜市场还是在超市，都能看到它的身影。电子秤是利用电子技术进行测量、显示等的称重仪表，具有快速、准确、连续、自动的特点，可用于需要快速、远距离测量以及数字显示、打印、自动控制等场合，其称量范围可从几克到几百吨，称量精确度可达 0.001～0.000 1 g。

电子秤主要由称重传感器、放大滤波电路、A/D 转换电路、单片机、显示器、键盘、通信接口电路及直流稳压电源等组成，其组成框图如图 4-3-1 所示。

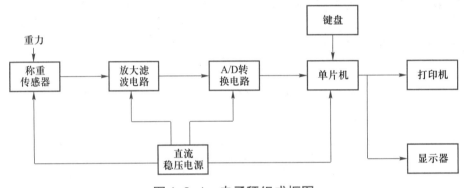

图 4-3-1 电子秤组成框图

电子秤工作原理如下：被称重物体通过装在机构上的称重传感器，将重力转换为模拟电信号，经过放大及滤波处理后，由 A/D 转换电路转换为数字信号，送到单片机中进行运算处理，同时，辅助功能（如键盘输入、打印等）电路也与单片机相连，最后都由显示器以数字方式显示出来。

////// **任务准备**

电子秤的核心是将重力转换成电信号的称重传感器，它不仅能快速、准确地称出商品的质量并显示出来，而且具有计算功能，使用起来更加方便。

一、实用电子秤测量电路

在实际情况下，即使是相同型号的电阻应变片，其阻值也有细小的差别，因此，在测量前电桥的 4 个桥臂电阻不完全相等，桥路可能不平衡（即有电压输出），这必然会造成测量误差。针对这种情况，在应变式电阻传感器的实际应用中，一般在基本电路基础上加调零电路，如图 4-3-2 所示，图中 R_5、R_6、R_{P2} 构成调零电路，以尽量减小测量误差，另外还增加了灵敏度调节电位器（R_{P1}），以调节灵敏度。

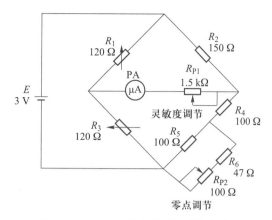

图4-3-2 实用电子秤测量电路

二、应变片粘贴技术

应变片在使用时通常是用黏合剂粘贴在弹性体上的，粘贴技术对传感器的质量起着重要的作用。

应变片的黏合剂必须适合应变片基底材料和被测材料，另外还要根据应变片的工作条件、工作温度和湿度、有无腐蚀、加温加压固化的可能性、粘贴时间长短等因素来进行选择。常用的黏合剂有硝化纤维素黏合剂、酚醛树脂胶、环氧树脂胶、502胶水等。

应变片在粘贴时，必须遵循正确的粘贴工艺，保证粘贴质量，这些都与最终的测量精度有关。应变片的粘贴步骤如下：

（1）应变片的检查与选择

首先对应变片进行外观检查，观察应变片的敏感栅是否整齐、均匀，是否有锈斑以及断路、短路或折弯等现象。其次要对选用的应变片的阻值进行测量，确定是否选用了正确阻值的应变片。

（2）试件的表面处理

为了获得良好的黏合强度，必须对试件表面进行处理，清除试件表面杂质、油污及疏松层等。一般的处理方法可采用砂纸打磨，较好的处理方法是采用无油喷砂法，这样不但能得到比抛光更大的表面积，而且可以获得质量均匀的效果。为了表面的清洁，可用化学清洗剂如四氯化碳、甲苯等进行反复清洗，也可采用超声波清洗。为了避免氧化，应变片的粘贴应尽快进行。如果不立刻贴片，可涂上一层凡士林暂做保护层。

（3）底层处理

为了保证应变片能牢固粘贴在试件上，并具有足够的绝缘电阻，改善胶接性能，可在粘贴位置涂上一层底胶。

（4）贴片

将应变片底面用清洁剂清洗干净，然后在试件表面和应变片底面各涂上一层薄而均匀的黏合剂，待稍干后，将应变片对准划线位置迅速贴上，然后盖一层玻璃纸，用手指或胶辊加压，挤出气泡及多余的胶水，保证胶层尽可能薄而均匀。

（5）固化

黏合剂的固化是否完全，直接影响黏合处的机械性能。关键是要掌握好温度、时间和循环周期。无论是自然干燥还是加热固化都要严格按照工艺规范进行。为了防止强度降低、绝缘破坏以及电化腐蚀，在固化后的应变片上应涂上防潮保护层，防潮层一般可采用稀释的黏合剂。

（6）粘贴质量检查

首先从外观上检查粘贴位置是否正确，黏合层是否有气泡、漏粘、破损等，然后测量应变片敏感栅是否有断路或短路现象以及测量敏感栅的绝缘电阻。

（7）引线焊接与组桥连线

检查合格后即可焊接引出导线，引线应适当加以固定。应变片之间通过粗细合适的漆包线连接组成桥路，连接长度应尽量一致，且不宜过长。

////// **任务实施**

一、工件及材料准备（见表 4-3-1）

表 4-3-1 工件及材料准备

序号	名称	型号或规格	作用	数量	备注
1	铁架台			1个	
2	烧瓶夹			1副	
3	刮胡刀片			若干	
4	透明塑料杯			若干	
5	502胶水			1支	
6	金属箔式应变片	标称电阻值为120 Ω		2只	
7	细塑料套管			若干	
8	棉纱线			若干	编织成"吊斗"
9	检测面板微安表	量程199.9 μA		1个	可用VC9807A+代替
10	砝码	20 g		若干	
11	直流电源	3 V和6 V		各1个	
12	电阻	150 Ω		1只	
		100 Ω		2只	
		47 Ω		1只	
13	电位器	1.5 kΩ		1只	
		100 Ω		1只	

续表

序号	名称	型号或规格	作用	数量	备注
14	导线			若干	
15	面包板			1块	

二、观察实物

认识和观察表 4-3-1 所列工件及材料，并将型号或规格、作用等填写在表 4-3-1 中。

三、组装实用电子秤测量电路

步骤 1：将金属箔式应变片的两条金属引出线分别套上细塑料套管后，用 502 胶水把两片应变片分别粘贴在刮胡刀片（1/2 片）正反面中心位置上，敏感栅的纵轴与刀片纵向一致。注意：操作刀片要谨慎小心，避免割伤。

步骤 2：用铁架台上的烧瓶夹固定住刮胡刀片传感器头的根部及上面的引线，另一端悬空，吊挂好棉纱线及塑料水杯制成的"吊斗"。

步骤 3：按图 4-3-2 所示连接好电路。

步骤 4：接通电源稳定一段时间后，先将灵敏度调节电位器 R_{P1} 的电阻调至最小，此时电桥检测灵敏度最高。

步骤 5：再仔细调节零点电位器 R_{P2}，使检测面板表 PA 的读数恰好为零，电桥平衡。

步骤 6：在"吊斗"中轻轻放入 20 g 砝码，调节灵敏度电位器 R_{P1}，使面板表读数为 2.0 μA，如果无法达到，可将电桥供电电压提升到 6 V。

步骤 7：取出砝码，看检测面板表 PA 是否为零，若不为零，调节零点电位器 R_{P2}，使面板表读数为零。反复调整 R_{P1}、R_{P2}，直至达到要求。

四、检测电子秤的线性度

在"吊斗"内陆续放入 5 个 20 g 砝码。每放入 1 个砝码，在表 4-3-2 中记录实训数据。

表 4-3-2　实训数据记录

砝码质量/g	0	20	40	60	80	100
电流/μA						

五、实训数据分析

步骤 1：根据表 4-3-2 的实训数据，画出输入/输出特性曲线，并分析线性好坏。

步骤 2：计算电子秤的灵敏度。

步骤 3：想一想为什么提升电桥供电电压至 6 V 后，输出电流也能随之提高。由此可得到结论：提升电桥供电电压可提高_____。

任务评价

评价项目	任务评价内容	分值	自我评价	小组评价	教师评价
职业素养	实物观测操作规程	10			
	出勤、纪律、团队协作	5			
	安全文明	5			
理论知识	电子秤组成原理	10			
	实用测量电路分析	10			
实操技能	观察实物	10			
	电子秤组装及性能测试	40			
	数据分析	10			
总分		100			
个人学习总结					
小组评价					
教师评价					

练一练

1. 在应变式电阻传感器的实际应用中，一般在基本电路基础上加_____电路，以尽量减小测量误差。

2. 电子秤主要由称重传感器、_____电路、_____电路、单片机、_____、键盘、_____电路及_____等组成。

3. 为了避免氧化，应变片的粘贴应尽快进行。如果不立刻贴片，可涂上一层_____暂做保护层。

知识拓展

认识几种不同组件的应变式电阻传感器

1. 筒式压力传感器

筒式压力传感器的内部结构和实物如图4-3-3（a）、（b）所示。应变管的一端为盲孔（孔不穿透应变管），另一端为法兰盘，与被测系统连接。当被测压力与应变管的内腔相通时，应变管部分产生应变，在薄壁筒上的应变片产生形变，使测量的电桥电路失去平衡。这种压力传感器结构简单、制作方便、使用面宽，在测量火炮、炮弹、火箭的动态压力方面得到了广泛应用。

2. 膜片式压力传感器

用于测量气体或液体压力的膜片式压力传感器内部结构和实物如图4-3-4（a）、（b）所示。当气体或液体压力作用在弹性元件膜片的承压面上时，膜片变形，使粘贴在膜片另一面的电阻应变片随之产生形变，电阻值也要改变。致使测量电路的电桥失去平衡，产生输出电压。

3. 组合式压力传感器

组合式压力传感器用于测量较小压力，由波纹膜片、膜盒、波纹管等弹性敏感元件构成。其内部结构和实物如图 4-3-5（a）、（b）所示。电阻应变片粘贴在梁的根部感受应变。当波纹膜片感受压力时，推动推杆使梁发生形变，电阻随之发生变化。悬臂梁的刚性较大，用于组合式压力传感器，可以提高测量的稳定性。

4. 力和转矩传感器

图 4-3-6 所示为几种测量力和转矩传感器的弹性敏感元件粘贴位置。

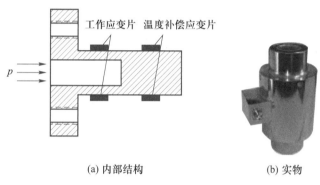

(a) 内部结构　　　　(b) 实物

图 4-3-3　筒式压力传感器

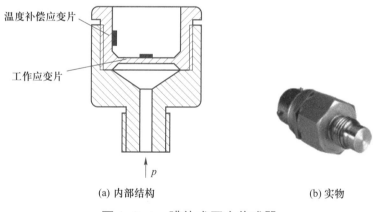

(a) 内部结构　　　　(b) 实物

图 4-3-4　膜片式压力传感器

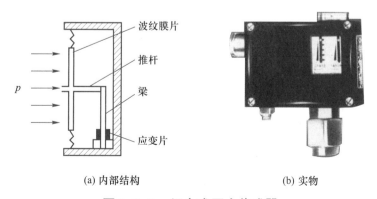

(a) 内部结构　　　　(b) 实物

图 4-3-5　组合式压力传感器

拉伸应力作用下的细长杆和压缩应力作用下的短粗圆柱体如图 4-3-6（a）、（b）所示。测量时都可以在轴向布置一个或几个应变片，在周围方向上布置同样数目的应变片。后者拾取符号相反的横向应变，从而构成差分式。另一种弯曲梁和扭转轴上的应变片也均构成差分式，如图 4-3-6（c）、（d）所示。还有用环形弹性敏感元件测量拉力，如图 4-3-6（e）所示。

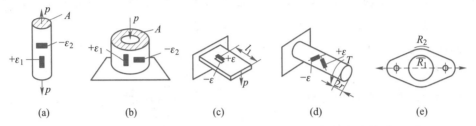

（a） （b） （c） （d） （e）

图 4-3-6 几种测量力和转矩传感器的弹性敏感元件粘贴位置

任务四 认识压阻式传感器

任务情境

为了适应日益发展的技术，不仅对传感器性能指标（包括精确度、可靠性、灵敏度等）的要求越来越严格，而且传感器越来越向集成化、智能化方向发展。压阻式传感器正是利用单晶硅材料的压阻效应和集成电路技术制成的新型传感器，并具有易于实现集成化、微型化以及灵敏度高等特点，压阻式传感器与单片机配合，还可构成智能传感器，更便于测量和控制，因此越来越受到重视，广泛应用于航天、航空、航海、石油化工、动力机械、生物医学工程、气象、地质、地震测量等领域。

智能压阻式传感器的组成框图、内部结构如图 4-4-1（a）、（b）所示。图 4-4-2 所示为可用于呼吸机、透析机和注射泵等设备的小型压阻式固态差压传感器，用来测量压力差。图 4-4-3 所示为基于压阻式固态压力传感器的投入式液位计，可用于深度为几米至几十米，且混有大量杂质的水或其他液体的液位测量。

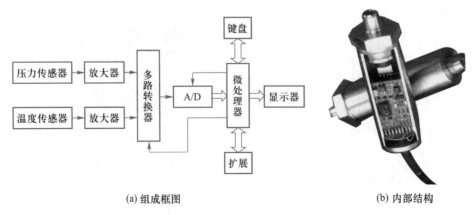

（a）组成框图 （b）内部结构

图 4-4-1 智能压阻式传感器

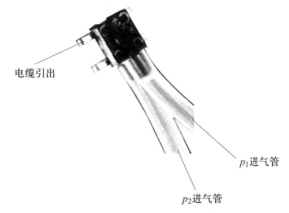

图4-4-2　小型压阻式固态差压传感器

图4-4-3　基于压阻式固态压力传感器的投入式液位计

////// **任务准备**

一、压阻式传感器的工作原理和特点

由前面所学的应变效应可知导体或半导体发生形变时，由于长度或截面积发生改变导致其电阻值发生变化，实际上，导体或半导体受到作用力后，其电阻率也要发生变化，半导体材料的这种现象特别明显，称为压阻效应。利用压阻效应制成的传感器称为压阻式传感器。

压阻式传感器的优点很多：灵敏度高、无迟滞、频响高、输出电平高、精度高、耐振及耐冲击性能好、功耗小、寿命长、设计及使用方便、可以小型化等，但其缺点也十分明显：零位温度漂移和灵敏度温度漂移大，因此受温度影响大，需要进行温度补偿。

二、压阻式传感器的类型

利用半导体材料做成的压阻式传感器有两种类型：一种是利用半导体材料的体电阻做成的应变片型压阻传感器，是从单晶硅或锗切下薄片制成，如图4-4-4所示，主要优点是灵敏系数大，横向效应和机械滞后极小，但温度稳定性和线性度比金属电阻应变片差得多。另一种是在半导体材料的基片上用集成电路工艺制成扩散电阻，称扩散型压阻传感器。这种传感器采用集成工艺将电阻条集成在单晶硅膜片上，制成硅压阻芯片。硅膜片一般设计成周边固定的圆形，在圆形硅膜片（N型）定域扩散4条P杂质电阻条［如图4-4-5（a）所示］，并接成全桥［如图4-4-5（b）所示］，其中两条位于压应力区，另两条处于拉应力区，相对于膜片中心对称。芯片固定封装于外壳内，只引出电极引线，它不同于粘贴式应变片需通过弹性敏感元件间接感受外力，而是直接通过硅膜片感受被测压力，在使用时硅膜片的一面是与被测压力连通的高压腔，另一面是与大气连通的低压腔，如图4-4-5（c）所示。单晶硅材料在受到力的作用后，电阻率发生变化，通过测量电路就可得到正比于力变化的电信号输出。压阻式压力传感器主要是指扩散型压阻传感器，也称为固态压力传感器。

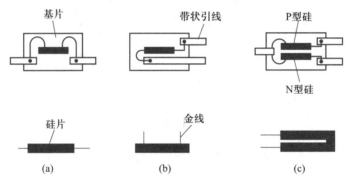

图4-4-4 应变片型压阻式传感器

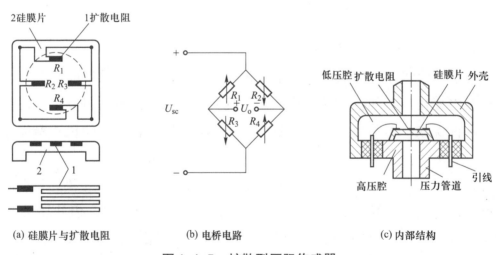

(a) 硅膜片与扩散电阻 (b) 电桥电路 (c) 内部结构

图4-4-5 扩散型压阻传感器

压阻式传感器不仅可用于压力、拉力、压力差，还可用于可转变为力的变化的其他物理量，如液位、加速度、质量、应变、流量、真空度等的测量和控制。图4-4-6所示为压阻式加速度传感器的内部结构和实物。它的悬臂梁直接用单晶硅制成,4个扩散电阻扩散在其根部两面。振动的加速度使单晶硅材料受力后,电阻率发生变化,通过测量电路就可得到正比于加速度的电信号输出。

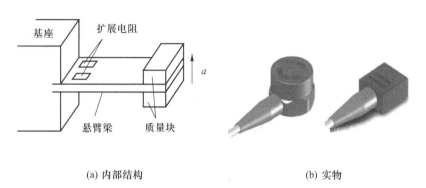

(a) 内部结构　　　　　　　　　　　　(b) 实物

图4-4-6　压阻式加速度传感器

压阻式压力传感器产品很多,特别是小型压阻式固态压力传感器应用十分广泛。图4-4-7所示为压阻式固态压力传感器;图4-4-8所示为小型压阻式固态压力传感器。

图4-4-7　压阻式固态压力传感器

(a) 体积比较　　　　　(b) 表压压力传感器　　　　　(c) 液位测量传感器

图4-4-8　小型压阻式固态压力传感器

////// **任务实施**

一、工件及材料准备（见表 4-4-1）

表 4-4-1 工件及材料准备

序号	名称	型号或规格	图片	数量	备注
1	压阻式压力传感器			1只	
2	压阻力传感器转换电路板		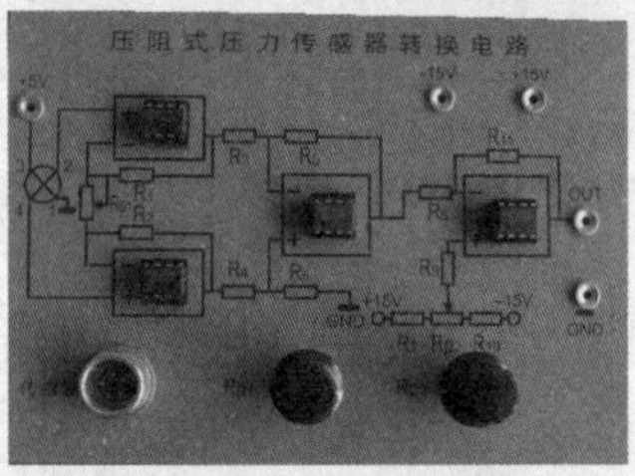	1块	
3	橡皮气囊		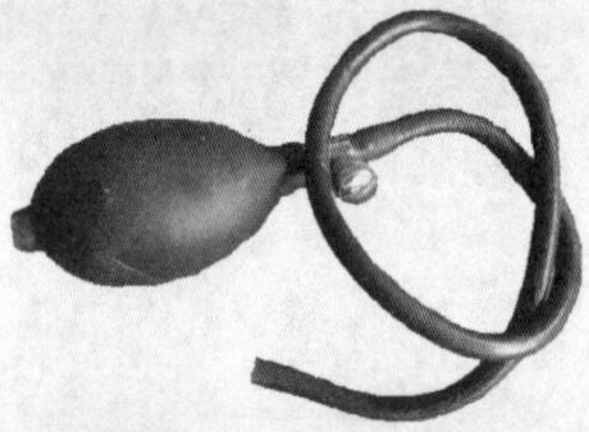	1个	
4	储气箱			1只	
5	三通连接导管		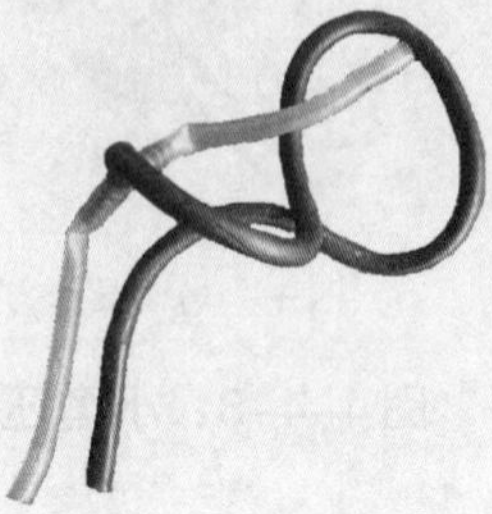	1套	

续表

序号	名称	型号或规格	图片	数量	备注
6	压力表	20～300 mmHg[①]		1只	
7	电压表	2 V/20 V		1个	
8	直流稳压电源	+5 V		1个	实训箱内配置
		+15 V		1个	
		−15 V		1个	
9	数字万用表	VC9807A+		1台	

二、用压阻式传感器测量压力

1. 认识压阻式传感器

步骤1：观察认识图4-4-9所示压阻式压力检测器，找出其中的小型压阻式固态压力传感器。

电缆线

进气口

小型压阻式
固态压力传
感器

电缆插头

底座

图4-4-9　压阻式压力检测器

———
① 1mmHg≈133Pa。

小型压阻式固态压力传感器通过 4 个引脚固定在电路板上，通过电缆线上的插头可以和转换电路相连接。小型压阻式固态压力传感器自带进气口，被测气体通过进气口送入传感器。

步骤 2：观察压阻式传感器转换电路，理解电路的作用。

2. 测量压力实训准备

步骤 1：参考前面相关任务的实训准备步骤，检测实训设备及连接线的好坏，确保实训正常进行。

步骤 2：根据图 4-4-10 所示连接管路，连好管路的实物如图 4-4-11 所示。

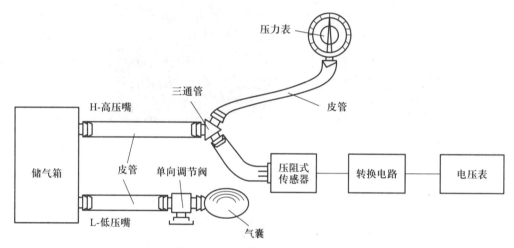

图 4-4-10　管路连接示意图

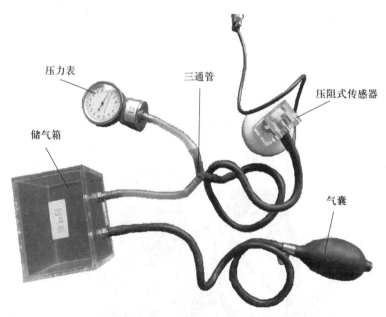

图 4-4-11　管路连接实物图

步骤 3：根据图 4-4-12 所示连接电路。对应连接好压阻式压力传感器转换电路板上的 +5 V、+15 V、-15 V 直流电源，将压力传感器上的电缆插头插在转换电路板上，并将输出端 OUT 连接到实训台（箱）面板电压表输入端 IN，电压量程切换开关拨到量程 20 V 挡。

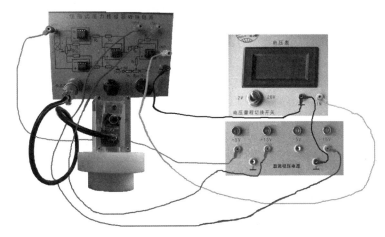

图4-4-12　电路连接图

压阻式压力传感器测量电路如图4-4-13所示。在压力作用下，基片产生应力，根据半导体的压阻效应，电阻条的电阻率产生很大变化，引起电阻的变化，将这一变化引入测量电路，测量其输出电压的变化反映的压力变化。

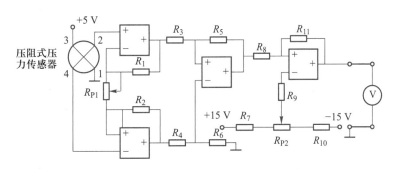

图4-4-13　压阻式压力传感器测量电路

3. 调整零点和量程

步骤1：将放大倍数调节电位器旋钮 R_{P1} 旋到满度的 1/3 左右位置。

步骤2：打开气囊上的单向阀，接通电源，调节零点调节电位器旋钮 R_{P2} 使电压表显示为零。

步骤3：拧紧气囊上单向阀的锁紧螺钉，轻按皮囊，注意不要用力过大，使压力表显示 100 mmHg 读数，调节 R_{P1} 旋钮使输出电压为 10 V。

重复步骤2和步骤3，使得压力为 0 时输出电压为 0 V，压力为 100 mmHg 时输出电压为 10 V。

4. 测量压力

打开单向阀，开始加压，每上升 10 mmHg 记录一次电压，并记入表4-4-2中。

表4-4-2　测量压力实训数据记录

p/mmHg	0	10	20	30	40	50	60	70	80	90	100
U_O/V											

5. 数据记录与分析

根据表 4-4-2 记录的数据，画出压力传感器的压力特性曲线，并计算本系统的灵敏度和非线性误差。

思考：如果电压表读数为 8.35 V，此时储气箱内的压力是多大？为什么？

////// **任务评价**

评价项目	任务评价内容	分值	自我评价	小组评价	教师评价
职业素养	实物观测操作规程	10			
	出勤、纪律、团队协作	5			
	安全文明	5			
理论知识	压阻效应	5			
	压阻式传感器的类型及结构特征	10			
	压阻式传感器的典型应用	5			
实操技能	认识压阻式传感器	10			
	利用压阻式传感器测量压力	40			
	数据分析处理	10			
总分		100			
个人学习总结					
小组评价					
教师评价					

　练一练

一、填空题

1. 压阻式压力传感器又称_____传感器，它不同于粘贴式应变片需通过弹性敏感元件间接感受外界压力，而是直接通过_____感受被测压力。

2. 压阻式传感器有两种类型：_____和_____。

二、选择题

1. 压阻式传感器的工作原理是（　　　）。

　　A. 应变效应　　　　B. 压电效应　　　　C. 压阻效应　　　　D. 热阻效应

2. 压阻式加速度传感器的悬臂梁是用（　　）制成的。

　　A. 弹性元件　　　　　B. 单晶硅　　　　　　C. 片簧　　　　　　　D. 半导体体电阻

3. 以下不属于压阻传感器优点的是（　　　）。

　　A. 体积小　　　　　　B. 灵敏度高　　　　　C. 无活动部件　　　　D. 温度敏感性小

4. 以下适合制作小型智能传感器的是（　　　）传感器。

　　A. 应变式　　　　　　B. 压阻式　　　　　　C. 差分变压器式　　　D. 热电阻

5. 压阻式传感器可以测量（　　　）。

　　A. 压力　　　　　　　B. 压力差　　　　　　C. 振动　　　　　　　D. 液位

三、问答题

1. 什么是压阻效应？试用压阻效应解释压阻传感器的工作原理。

2. 试比较金属应变式传感器与压阻式传感器的异同，完成表 4-4-3。

表 4-4-3　金属应变式传感器与压阻传感器的异同

传感器	相同	不同				
		工作原理	材料	特点		
				灵敏度	温度敏感性	是否适合集成化
金属应变式传感器						
压阻式传感器						

知识拓展

压阻式传感器的发展和应用

1. 发展状况

从 20 世纪 50 年代开始用硅制造压力传感器。早期的硅压力传感器是半导体应变式的。后来在 N 型硅片上定域扩散 P 型杂质形成电阻条，并接成电桥，制成芯片。此芯片仍需粘贴在弹性元件上才能感知压力的变化，因此存在滞后和蠕变大、固有频率低、不适于动态测量以及难于小型化和集成化、精度不高等缺点。

20 世纪 70 年代以来制成了周边固定支撑的电阻和硅膜片的一体化硅杯式扩散型压力传感器。它不仅克服了粘贴结构的固有缺陷，而且能将电阻条、补偿电路和信号调整电路集成在一块硅片上，甚至将微型处理器与传感器集成在一起，制成智能传感器。

2. 压阻式传感器的应用

压阻式传感器广泛应用于航天、航空、航海、石油化工、动力机械、生物医学工程、气象、地质、地震测量等领域。

在航天和航空工业中压力是一个关键参数，对静态和动态压力、局部压力和整个压力场的测量都要求很高的精度。压阻式传感器是在这方面较理想的传感器。例如，用于测量直升机机翼的气流压力分布，测试发动机进气口的动态畸变、叶栅的脉动压力和机翼的抖动等。在飞机喷气发动机中心压力的测量中，使用专门设计的硅压力传感器，其工作温度达500℃以上。在波音客机的大气数据测量系统中采用了精度高达0.05%的配套硅压力传感器。在小型风洞模型试验中，压阻式传感器能密集安装在风洞进口处和发动机进气管道模型中。单个传感器直径仅2.36 mm，固有频率高达300 kHz，非线性和滞后均为全量程的±0.22%。

在生物医学方面，压阻式传感器也是理想的检测工具。已制成扩散硅膜薄到10 μm、外径仅为0.5 mm的针形压阻式压力传感器和能测量心血管、颅内、尿道、子宫和眼球内压力的传感器。图4-4-14所示为针形压阻式血压传感器的结构。图4-4-15所示为压阻式脉搏传感器的结构。

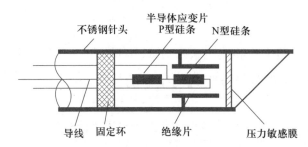

图4-4-14　针形压阻式血压传感器结构

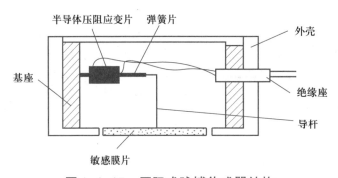

图4-4-15　压阻式脉搏传感器结构

压阻式传感器还有效地应用于爆炸压力和冲击波的测量、真空测量、监测和控制汽车发动机的性能以及诸如测量枪炮膛内压力、发射冲击波等军工方面的测量。

此外，在油井压力测量、随钻测向和定位地下密封电缆故障点的检测以及流量和液位测量等方面都广泛应用压阻式传感器。

随着微电子技术和计算机技术的进一步发展，压阻式传感器的应用还将迅速发展。

任务五　认识电容式传感器

////// **任务情境**

电容式传感器是以各种类型的电容器作为传感元件，通过电容元件将被测物理量的变化转换为电容量的变化，再经测量转换电路转换为电压、电流或频率等信号的测量装置。电容式传感器具有零漂小、结构简单、功耗小、动态响应快、灵敏度高等优点，虽然它易受干扰，存在着非线性，且受寄生电容的影响，但随着电子技术的发展，这些缺点已被逐渐克服。因此电容式传感器在对位移、振动、液位、介质等物理量的测量中得到越来越广泛的应用。

////// **任务准备**

一、电容式传感器的工作原理与结构形式

图 4-5-1 所示为最简单的平行板电容器。平行板电容器由两个导电极板、中间夹一层电介质构成。当忽略边缘效应时，其电容量为

$$C = \frac{\varepsilon A}{d} = \frac{\varepsilon_0 \varepsilon_r A}{d}$$

式中，A——两极板间相互覆盖的面积；

$\quad\quad d$——两极板间的距离；

$\quad\quad \varepsilon$——两极板间介质的介电常数；

$\quad\quad \varepsilon_0$——真空介电常数；

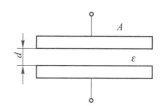

图 4-5-1　平行板电容器

$\quad\quad \varepsilon_r$——两极板间介质的相对介电常数。

由上式可知，电容量 C 的大小与 A、d 和 ε 有关，若保持这 3 个参数中的两个不变而只改变另一个（即被测量），则电容量 C 就会发生变化，这样电容量 C 的大小就与被测量之间构成了对应的关系。根据电容器上发生变化的参数不同，可将电容式传感器分为变面积型、变间隙型和变介电常数型。

1. 变面积型

变面积型电容传感器的两个极板中，一个是固定不动的，称为定极板；另一个是可以移动的，称为动极板。根据动极板相对定极板的移动情况，变面积型电容传感器又分为角位移式和直线位移式两种，如图 4-5-2 所示。

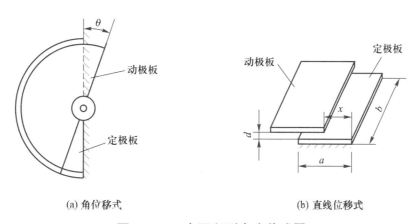

(a) 角位移式　　　　　　　　　(b) 直线位移式

图 4-5-2　变面积型电容传感器

（1）角位移式

如图 4-5-2（a）所示，当被测量的变化引起极板产生角位移 θ 时，两极板相互覆盖的面

积便发生了变化，从而改变了两极板间的电容量 C。

当 $\theta=0$ 时，初始电容量为

$$C_0 = \frac{\varepsilon A}{d}$$

当 $\theta \neq 0$ 时，电容量将变为

$$C = C_0 \left(1 - \frac{\theta}{\pi}\right)$$

由上式可见，电容量 C 与角位移 θ 呈线性关系。

（2）直线位移式

如图 4-5-2（b）所示，当被测量引起动极板产生直线位移 x 时，也将使两极板的覆盖面积发生变化，从而也使电容量变化为

$$C = C_0 \left(1 - \frac{x}{a}\right)$$

式中，$C_0 = \frac{\varepsilon b a}{d}$。

由上式可见，电容量 C 与直线位移量 x 也呈线性关系，其测量的灵敏度为

$$K = \frac{\varepsilon b}{d}$$

由上式可知，减小两极板的间距 d，增大极板的宽度 b 可提高传感器的灵敏度，但 d 太小容易造成两极板间击穿而短路，增大 b 将使传感器体积过大。

在实际使用中，可增加动极板和定极板的对数，使多片同轴动极板在等间隔排列的定极板间隙中转动，以提高灵敏度。由于动极板与轴连接，所以一般动极板接地，但必须制作一个接地的金属屏蔽盒，将定极板屏蔽起来。

变面积型电容传感器还可以做成其他多种形式，常用来检测位移等参数。

2. 变间隙型

变间隙型电容传感器根据结果不同可分为基本型和差分型。

（1）基本型

基本结构的变间隙型电容传感器有一个定极板和一个动极板，如图 4-5-3（a）所示。当被测量改变了动极板与定极板间的间隙 d 时，两极板间的电容量也将随之发生变化。

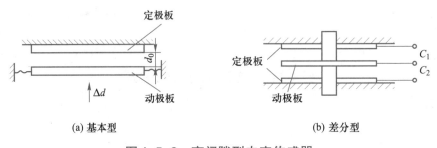

(a) 基本型   (b) 差分型

图 4-5-3 变间隙型电容传感器

设动极板在初始位置时与定极板的间距为 d_0，则初始电容量为

$$C = \frac{\varepsilon A}{d_0}$$

当被测量引起间距减小了 x 时，电容量将变为

$$C_x = C_0 + \Delta C \frac{\varepsilon A}{d_0 - x}$$

由上式可知，电容量 C 与位移量 x 不是线性关系。当 x 比 d_0 小得多时，测量灵敏度为

$$K = \frac{\varepsilon A}{d_0^2}$$

由上式可知，增大 A 和减小 d_0 都可以提高传感器的灵敏度。但是 A 增大将使传感器的体积增大，d_0 减小也使传感器有被击穿的风险。

（2）差分型

差分结构的变间隙型电容传感器采用两块定极板，在两块定极板之间放一块动极板，如图 4-5-3（b）所示。

设动极板在初始位置时与两个定极板的间距均为 d_0，当被测量使动极板移动了 x 时，C_1、C_2 两个电容器的间距分别变为 $d_0 - x$ 和 $d_0 + x$。从而使 C_1 和 C_2 差分变化，即变化量相等，变化趋势相反。此时的测量灵敏度

$$K = \frac{2\varepsilon A}{d_0^2}$$

比较以上两式可知，采用差分结构的变间隙型电容传感器的灵敏度比基本结构的变间隙型电容传感器的灵敏度提高了一倍。

3. 变介电常数型

图 4-5-4 所示的电容式液位计采用变介电常数型电容传感器，当被测液体（绝缘体）的液面在两个同心圆金属管状电极间上下变化时，引起两极间不同介电常数介质（上面为空气，下面为液体）的高度变化，从而导致总电容量的变化。总电容量由上下介质形成的两个电容器相并联，总电容量与液面高度的关系为

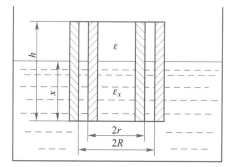

图 4-5-4　电容式液位计

$$C = a + bx$$

式中，a、b 均为常数。

由上式可知，液面计的输出电容 C 与液面高度 x 呈线性关系。

二、电容式传感器的测量电路

电容式传感器输出的电容量非常小，通常只有几皮法到几十皮法，因此不能直接显示、记录，更难以直接传输。为此，需要用测量电路将如此小的电容量转化为与之成正比的电压、

电流或频率信号。电容传感器的测量电路可分为调幅型电路、脉宽调制型电路和调频型电路三大类。以下分别作简单介绍。

1. 调幅型测量电路

这种测量电路输出的是幅值正比于或近似正比于被测量的电压信号，有以下两种电路形式。

（1）交流电桥电路（如图4-5-5所示）

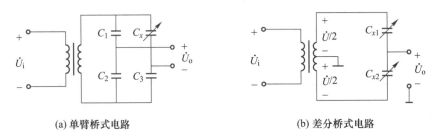

(a) 单臂桥式电路　　　　　(b) 差分桥式电路

图4-5-5　交流电桥电路

① 单臂桥式电路

如图4-5-5（a）所示，高频电源经变压器接到电容电桥的一条对角线上，电容 C_1、C_2、C_3、C_x 构成电桥的4个桥臂，C_x 为电容式传感器的输出电容，当交流电桥平衡时有

$$\frac{C_1}{C_2} = \frac{C_x}{C_3} \quad U_o = 0$$

当 C_x 改变时，$U_o \neq 0$，有对应于被测量的电压信号输出。

② 差分桥式电路

如图4-5-5（b）所示，其中相邻两臂接入差分结构的电容传感器。空载时，输出电压为

$$\dot{U}_o = \pm \frac{\Delta C}{C_0} \cdot \frac{\dot{U}}{2}$$

式中，C_0——传感器的初始电容值；

ΔC——传感器的电容变化值。

 注意

输出电压的相位还需要经过相敏检波电路的处理才能确定。

（2）运算放大器式测量电路

图4-5-6所示为运算放大器式测量电路。它由传感器电容 C_x、标准电容 C_0、运算放大器A组成。

由集成运算比例放大器原理可知，当A为理想运放时，便有

$$\dot{U}_o = -\frac{C_0}{C_x} \dot{U}_s$$

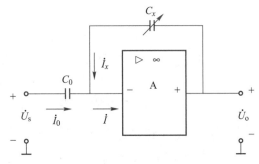

图4-5-6　运算放大器式测量电路

将 $C_x = \dfrac{\varepsilon A}{d}$ 代入上式可得

$$\dot{U}_o = -\frac{C_0 \dot{U}_s}{\varepsilon A} d$$

由上式可知，在标准电容 C_0 和信号源电压 $\dot{U}_s$ 恒定时，输出电压 $\dot{U}_o$ 正比于电容传感器两极板的间距。这就解决了电容式传感器测量位移时的非线性问题。

2. 脉宽调制型测量电路

图 4-5-7 所示为脉冲宽度调制电路，主要由比较器 A_1、A_2 和双稳态触发器及电容充放电回路组成。U_R 是参考电压，利用传感器电容 C_1、C_2 的慢速充电和快速放电的过程，使输出脉冲的宽度随传感器电容量的变化而变化，再经过低通滤波器输出对应于被测量的直流电压。

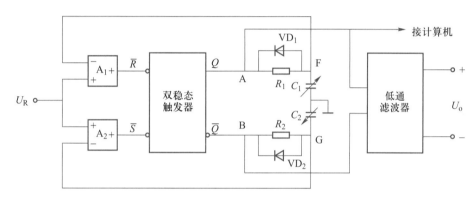

图 4-5-7　脉冲宽度调制电路

3. 调频型测量电路

调频型测量电路的原理框图如图 4-5-8 所示。该电路的基本原理是把电容式传感器接入高频振荡器的振荡回路中，当传感器的输出电容量在被测量作用下发生变化时，振荡器频率亦相应地变化，即振荡器频率受传感器输出电容的调制，故称调频型。在实现了电容到频率的转换后，再用鉴频器把频率的变化转换为幅度的变化，经放大后输出，进行显示和记录；也可将频率信号直接转换成数字输出，用以判断被测量的大小。

调频型测量电路的主要优点是抗外来干扰能力强，特性稳定，且能取得较高的直流信号。

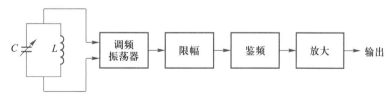

图 4-5-8　调频型测量电路原理框图

三、电容式传感器的应用

1. 差分式电容差压传感器

差分式电容差压传感器广泛应用于液体、气体的压力、液体位置及密度等的检测，其结构如图 4-5-9 所示。它实质上是一个由金属膜片与镀金凹形玻璃圆盘组成的采用差分电容原理工作的位移传感器。当被测压力 p_1 及 p_2 通过过滤器进入空腔时，由于弹性平膜片两侧存在压力差，使膜片凸向压力小的一侧，这一位移改变了两个镀金玻璃圆盘与弹性平膜片之间的电容量，而电容的变化可由电路加以放大后输出。这种传感器的分辨力很高，采用适当的测量电路，可以测量较小的压力差，响应速度可达数十毫秒。若测量含有杂质的液体，还必须在两个进气孔前设置波纹隔离膜片，并在两侧空腔中充满导压硅油，使得弹性平膜片感受到的压力之差仍等于 p_1-p_2。

2. 电容式测微仪

电容式测微仪原理如图 4-5-10 所示。圆柱形探头外一般加等位环以减小边缘效应。探头与被测件表面形成的电容为

$$C_x = \frac{\varepsilon A}{d}$$

式中，A——探头端面积；

d——探头与被测件表面的距离。

若采用图 4-5-6 所示的运算放大器式测量电路，则由 $\dot{U}_o = -\dfrac{C_0 \dot{U}_s}{\varepsilon A} d$ 可知

$$\dot{U}_o = Kd$$

式中，$K = -\dfrac{C_0 \dot{U}_s}{\varepsilon A}$。

根据以上原理，就可以用非接触方式精确测量被测件的微位移或微振动幅度，在最大量程为 $(100\pm5)\mu m$ 时，最小检测量为 0.01 μm。

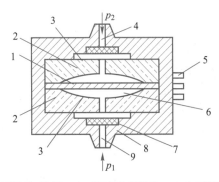

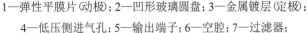

1—弹性平膜片（动极）；2—凹形玻璃圆盘；3—金属镀层（定极）；
4—低压侧进气孔；5—输出端子；6—空腔；7—过滤器；
8—壳体；9—高压侧进气孔

图4-5-9 差分式电容差压传感器结构

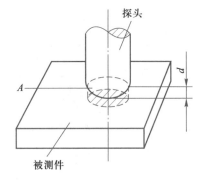

图4-5-10 电容式测微仪

3. 电容式油量表

图 4-5-11 所示为电容式油量表。当油箱中无油时，电容式传感器的电容量为 C_{x0}，调节匹配电容使 $C_0=C_{x0}$，并使电位器 R_P 的滑动臂位于零位，即电阻值为 0。此时，电桥平衡，电桥输出为 0。伺服电动机不转动，油量表指针偏转角为 0°。

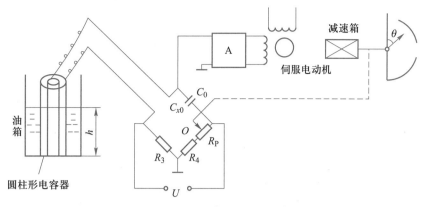

图 4-5-11　电容式油量表

当油箱中注满油时，液位上升至 h 处，电容传感器的电容量变为 $C_{x0}+\Delta C$，此时电桥失去平衡，电桥的输出电压由放大器 A 放大后驱动伺服电动机，经减速后带动指针偏转，同时带动 R_P 的滑动臂移动，从而使 R_P 的阻值增大。当 R_P 的阻值达到一定值时，电桥又达到新的平衡状态，$U_x=0$，于是伺服电动机停转，指针停留在转角 θ 处。

由于指针及可变电阻的滑动臂同时由伺服电动机所带动，因此，R_P 的阻值与转角 θ 存在着确定的对应关系，即 θ 正比于 R_P 的阻值，而 R_P 的阻值又正比于液位高度 h。因此可直接从刻度盘上读得油箱油量。

////////// **任务实施**

一、工件及材料准备（见表 4-5-1）

表 4-5-1　工件及材料准备

序号	名称	型号或规格	图片	数量	备注
1	电容式传感器			1套	
2	电容式传感器转换电路板			1个	

续表

序号	名称	型号或规格	图片	数量	备注
3	差分放大电路板		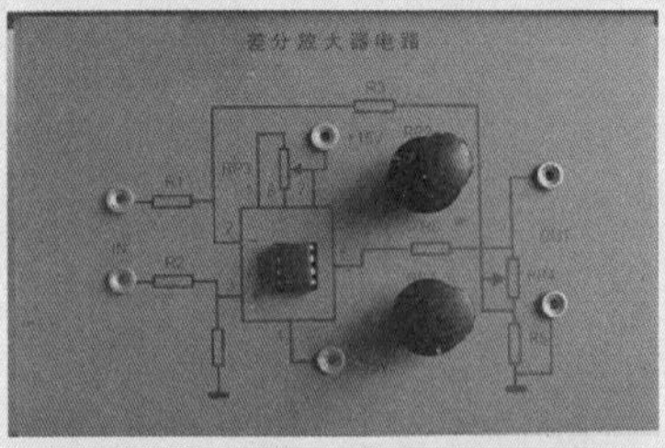	1个	
4	直流稳压电源	+5 V	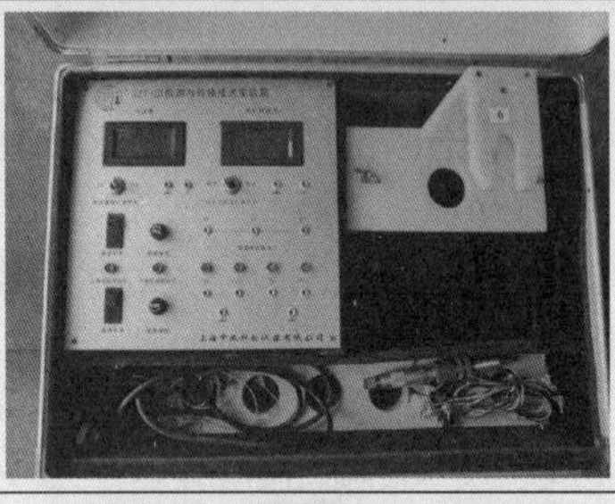	1个	实验箱内配置
		+15 V		1个	
		−15 V		1个	
5	数字电压表	2 V/20 V		1个	
6	螺旋测微器			1个	
7	位移台架			1个	
8	$4\frac{1}{2}$ 位数字万用表	VC9807A+	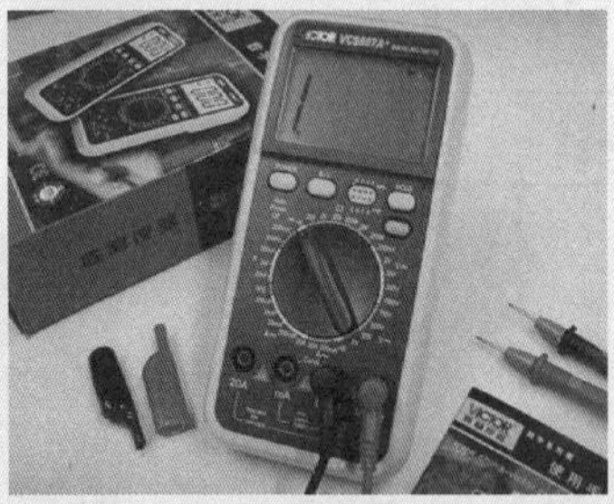	1台	

二、测试电容传感器性能

1. 认识电容传感器

步骤 1：观察认识电容式传感器实物，找出其中的动极、定极以及固定电容 C_0。

💡 提示

电容式传感器固定在透明有机玻璃内的银色铝圈为定极，分为上、下两个，中间的可以活动的铜芯为动极，如图 4-5-12 所示。固定电容 C_0 隐藏在电容式传感器接线面板后面，必须仔细观察才能发现。

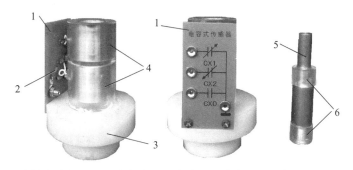

1—连接电路板；2—固定电容；3—底座；4—定极；5—动极；6—绝缘层

图4-5-12 电容式传感器的结构

步骤2：识读电容式传感器性能测试电路，理解各组成部分和元件的作用。

提示

电容式传感器性能测试电路如图4-5-13所示。信号发生器用于产生固定频率的方波信号，电容的变化通过电容转换电路转换成电压信号，经过差分放大电路放大后，由数字电压表显示出来。

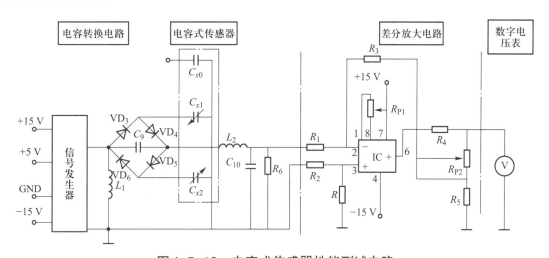

图4-5-13 电容式传感器性能测试电路

2. 性能测试准备

参考前面相关任务的实训准备步骤，检测实训设备及连接线的好坏，确保实训正常进行。

3. 安装位移台架及电容式传感器

步骤1：将电容式传感器的动极从定极中取出，找到两定极间的中间位置，将动极的水平中线对准极间的中间位置，并在动极上与传感器上缘平齐的位置做好标记，如图4-5-14所示。

步骤2：固定好位移台架，将电容式传感器置于位移台架上。旋动螺旋测微器，使其指示12 mm左右。将螺旋测微器装入台架上部的开口处，再将螺旋测微器测杆与电容传感器动极旋紧，然后调节两个滚花螺母，使电容式传感器的动极轴线与静极轴线重合，且将动极上的标记和传感器上缘平齐，这时将两个滚花螺母旋紧，如图4-5-15所示。

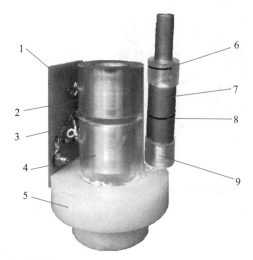

1—接线电路板；2—上定极；3—两定极间隔；4—下定极；
5—底座；6—标记线；7—动极；8—动极水平中线
（需自己绘制；9—动极绝缘层

图4-5-14　确定动极安装位置

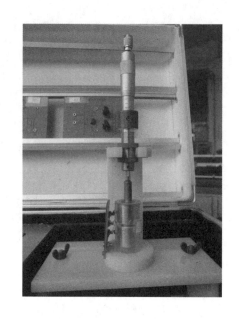

图4-5-15　安装电容式传感器

4. 差分放大电路调零

具体步骤参看项目四任务二中相关内容。

5. 测试差分变面积式电容传感器性能

步骤1：按照图4-5-13接线，接线实物图如图4-5-16所示。C_{x1} 和 C_{x2} 是电容式传感器上的两个差分电容。

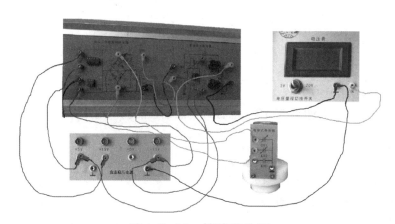

图4-5-16　接线实物图

步骤2：接通电源，调节螺旋测微器使输出电压 U_O 接近零。上移或下移螺旋测微器 0.5 mm，调节差分放大器的增益旋钮 R_{P1}，使 U_O 为 300 mV，再回调螺旋测微器，使 $U_O=0$ mV。以此为系统零位。

步骤3：分别上旋和下旋螺旋测微器，每次 0.5 mm，上下各 2.5 mm，将位移量 x 和对应的输出电压值 U_O 记入表 4-5-2 中。

表 4-5-2　差分变面积式电容传感器数据记录

x/mm										
U_O/mV					0					

6. 测试普通变面积式电容传感器性能

将图 4-5-13 中 C_{x2} 换接为固定电容 C_{x0}，构成普通变面积式电容传感器，重复以上步骤，将测试结果记录在表 4-5-3 中。

表 4-5-3　普通变面积式电容传感器数据记录

x/mm										
U_O/mV					0					

7. 数据分析

步骤 1：根据表 4-5-2 和表 4-5-3 的数据，在同一坐标系中分别画出差分变面积式和普通变面积式电容传感器的输入 / 输出特性曲线 $U_O=f(x)$，并且计算灵敏度和非线性误差。

步骤 2：试比较差分和普通两种变面积式电容传感器的优劣。

////////// **任务评价**

评价项目	任务评价内容	分值	自我评价	小组评价	教师评价
职业素养	实物观测操作规程	10			
	出勤、纪律、团队协作	5			
	安全文明	5			
理论知识	电容式传感器的工作原理	10			
	电容式传感器的类型及结构特点	10			
实操技能	认识电容式传感器	10			
	测试电容式传感器性能	40			
	数据分析	10			
总分		100			
个人学习总结					
小组评价					
教师评价					

 练一练

一、填空题

1. 电容式传感器是将被测物理量的变化转换成_____变化的器件。

2. 电容式传感器可以分为_____、_____和_____3 种。

3. 电容式传感器中，用于测量液位的是_____式电容传感器；用于测量较大位移的是_____式电容传感器；用于测量较大位移的是_____式电容传感器。

4. 测量非导电液体时是以_____为介质，电容式物位传感器提供一个或两个_____。

二、简答题

1. 试述电容式传感器的工作原理和分类。

2. 电容式传感器常用的测量转换电路有哪几种？各有什么特点？

任务六　差压变送器在工业中的应用

////// **任务情境**

现代生产从粗放型经营转变为集约型经营必须采取相应措施，有效地利用各种先进技术，运用科学规律和系统工程，通过自控手段和装备，使每个生产环节得到优化，进而保证生产的规范化，提高产品质量，降低生产成本，满足需求，使产品具备竞争能力。差压变送器就是一种可以测量多种过程参数的重要仪表，广泛用于石油、化工、电力、冶金、轻工、军工及核电等行业，可以说，在工业控制中，只要有需要控制压力的地方，就有差压变送器。

图 4-6-1 所示为差压变送器在火电行业中的应用。在整个流程中涉及压力、流量、液位、压差 4 种测量参数，空气、水和水蒸气、油等多种测量介质，以及不同阶段的压力范围。

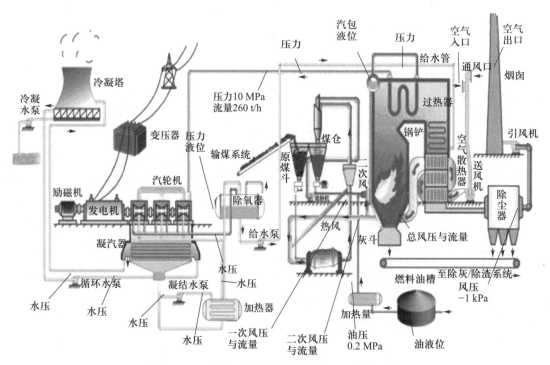

图4-6-1　差压变送器在火电行业中的应用

图 4-6-2 所示为钢铁行业生产流程图。在高炉炉身的上部、中部和下部分别装有差压变送器，用以测量炉身静压，通过炉身各点压力的变化来判断炉料是否顺利下降，以及提供崩料和悬料的相对位置；通过测量和控制鼓风压力来稳定炉内反应；冷却水的水压与流量也是通过差压变送器测量的。

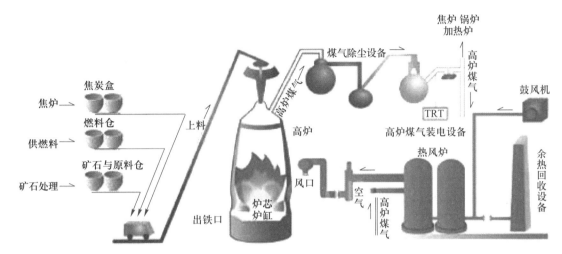

图 4-6-2 钢铁行业生产流程图

图 4-6-3 所示为差压变送器在煤化工行业中的实际安装图。

图 4-6-3 差压变送器在煤化工行业中的实际安装图

////// **任务准备**

一、差压变送器的测量方式

差压变送器用来测量变送器两端压力之差，其测量结果是压力差。差压变送器外形和图形符号如图 4-6-4 所示，有 2 个压力接口，分为正压端和负压端，一般情况下，差压变送器正压端的压力应大于负压端压力才能测量。

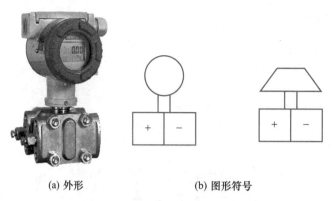

(a) 外形　　　　　　(b) 图形符号

图4-6-4　差压变送器外形及图形符号

二、差压变送器的应用

在石油化工等工业生产过程中，差压变送器不仅用来测量管道的压力和差压，还经常用来测量液位或与节流装置配合测量液体、气体流量等参数。

1. 压力的测量

图4-6-5所示为用差压变送器测量管道压力的示意图。差压变送器正压端与被测气体相通，负压端与大气相通，测量值 = 被测压力 − 大气压。排污阀是为了排出冷凝液。

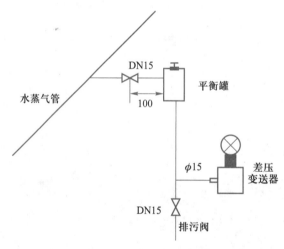

图4-6-5　用差压变送器测量管道压力示意图

2. 压力差的测量

图4-6-6所示为用差压变送器测量两管道压力差的示意图。正压端与高压气体（水蒸气）相通，负压端与低压气体（冷凝气体）相通，测量值 = 高压气体压力 − 低压气体压力。

3. 液位的测量

液位的测量是石油、化工等连续生产过程中常见的测量工艺，目前普遍采用的测量仪表是差压变送器。用差压变送器测量液位的原理如图4-6-7所示。图4-6-7（a）所示为常温开口容器的液位测量，差压变送器负压端与大气相通。图4-6-7（b）所示为常温密闭容器的液位测量，差压变送器负压端与容器顶端气体相连。

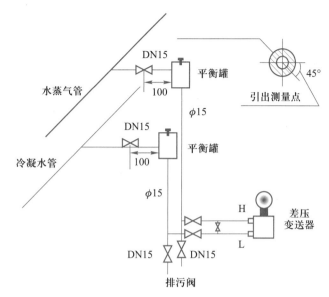

图4-6-6　用差压变送器测量两管道压力差示意图

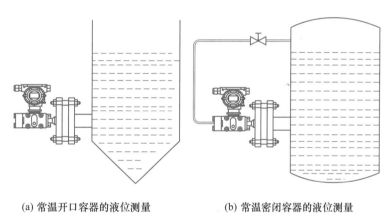

(a) 常温开口容器的液位测量　　　　(b) 常温密闭容器的液位测量

图4-6-7　用差压变送器测量液位的原理

三、差压变送器的选型

差压变送器在工业中的使用环境十分复杂多变，压力测量又关系到安全等生产要素，因此差压变送器的选型十分重要。选型时必须参考以下内容：

① 出厂量程　根据工况压力最大变化范围进行选择，以确定传感器型号、量程比等。

② 工作压力　根据被测流量的管道、密封罐压力进行选择，以确定选择的最大工作压力等级。

③ 精度等级　根据系统的控制精度要求来选择，精度等级必须满足控制精度要求，但不宜过高，过高会增加设备成本。

④ 防爆要求　根据测量介质的性质以及工况环境进行选择，可选择本安型或隔爆型，以及配备相应附件，以确保测量安全。

⑤ 工作温度 根据介质工作温度进行选择,可选择用法兰型或标准型,以及安装时是否需要采取加温、降温、保温或隔离等措施。

四、差压变送器安装原则

① 测量液体时,安装在低于取压点的位置。引压管到取压点应有上升斜度,以便排放杂质气体,如图4-6-8(a)所示。

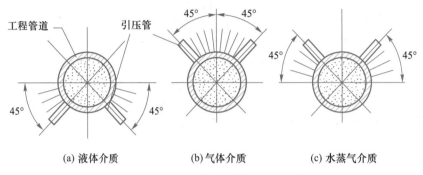

图4-6-8 差压变送器取压点的位置

② 测量气体时,建议安装在高于取压点的位置,引压管保持适当斜度,防止冷凝液流入变送器产生误差,如图4-6-8(b)、(c)所示。

③ 安装位置应尽量靠近取压点,避免强振动,防止热辐射。远传变送器本体应安装在取压点的下方,在罐内为负压时应特别注意,如图4-6-9所示。

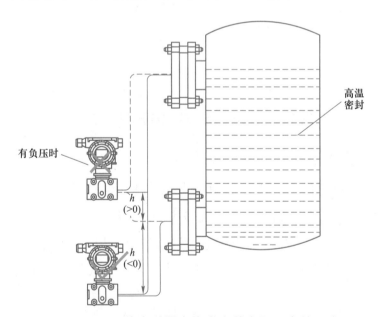

图4-6-9 远传变送器本体应安装在取压点的下方

④ 绝压变送器(不论是标准型还是法兰型)安装时,其变送器本体必须在引压口的下方,并保持最大高度。

////// **任务实施**

一、工件及材料准备（见表 4-6-1）

表 4-6-1　工件及材料准备

序号	名称	型号或规格	图片	数量	备注
1	压力校验仪	HB600F2，量程：0～100 kPa		1台/组	
2	变送器调校实训系统	HB6500XI，造压范围：0～1 000 kPa	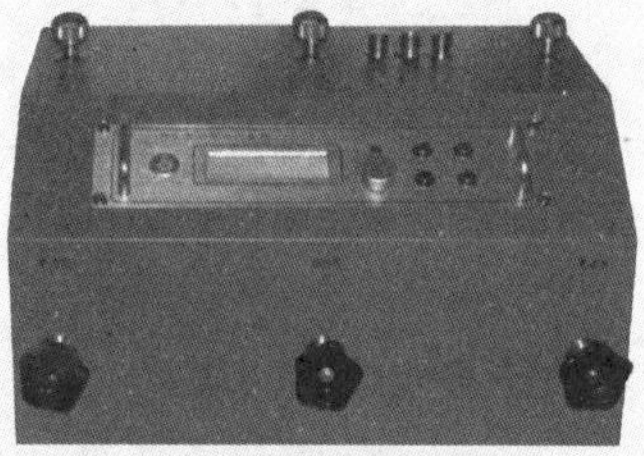	1台/组	
3	精密压力表	YB-150，量程：0～160 kPa，精度：0.4%	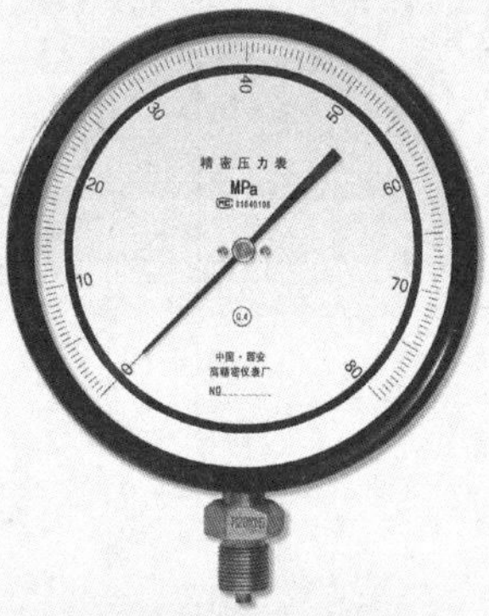	1台/组	
4	过程连接转换接头及软管	1/2NPT-M20×1.5	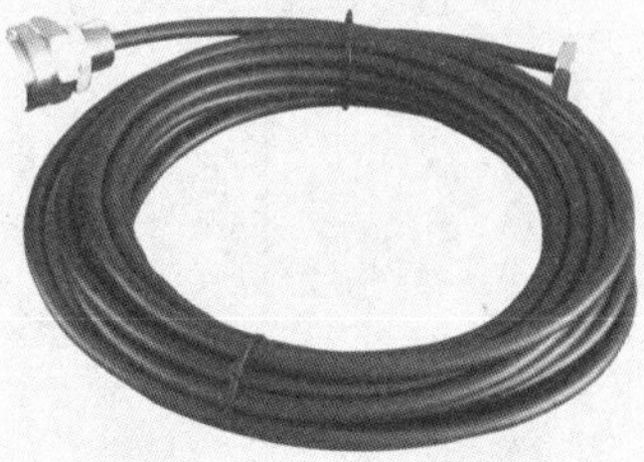	1套/组	
5	变送器安装支架			1个/组	

续表

序号	名称	型号或规格	图片	数量	备注
6	智能差压变送器	EJA110A		1台/组	
7	变送器安装托架			1套/组	
8	手持智能终端(手操器)	BT200		1台/组	
9	三阀组			1套/组	
10	精密电阻	250 Ω		1只/组	

二、安装与调校差压变送器

1. 观察认识工件及材料

步骤1：观察认识压力校验仪、变送器调校实训系统、精密压力表、智能差压变送器、手持智能终端、三阀组等主要设备。

步骤2：观察上述设备的铭牌，对照铭牌填写表4-6-2。

表4-6-2 设备参数和作用

序号	设备名称	型号规格	量程	精度等级	作用
1	变送器调校实训系统				
2	压力校验仪				
3	精密压力表				
4	智能差压变送器				
5	手持智能终端				
6	三阀组				

2. 安装与调校准备

检测实训设备及连接线的好坏，确保实训正常进行。

3. 安装变送器

步骤1：将托架与变送器连接并固定，注意4颗螺钉应按对角顺序逐步拧紧，如图4-6-10所示。

图4-6-10 连接托架与变送器

步骤2：将变送器与三阀组连接，注意在连接前一定要在变送器和三阀组之间安装密封垫，再把螺栓按对角顺序逐步拧紧，组装完成后如图4-6-11所示。拧紧不能一次完成，一定要按对角顺序分几次逐步完成。

步骤3：把变送器和U形圈水平安装在支架上，拧紧螺栓，直至摇晃变送器，变送器在支架上不能晃动为止。

4. 连接和清零压力校验装置

步骤1：将压力校验仪、精密压力表、过程连接转换接头及软管等安装在压力检定台上，如图4-6-12所示。注意拧紧，否则在后续实训中会漏气。

图4-6-11 连接变送器与三阀组

图4-6-12 压力校验装置的连接

步骤2：压力校验仪开机，选择 b 功能。

步骤3：按清零键对压力校验仪进行清零。

5. 连接差压变送器与压力校验装置

步骤1：将差压变送器的正压室输入管路连接到压力检定台的输出口并拧紧，防止漏气，如图4-6-13所示。

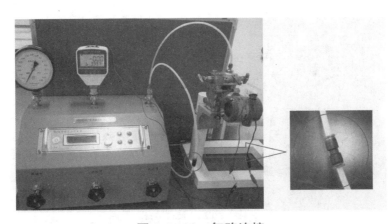

图4-6-13 气路连接

步骤2：将连接线按颜色插入压力校验仪顶部的接线端子内，如图4-6-14（a）所示。打开变送器接线盒盖，按图4-6-14（b）所示接好接线端子上的连接线。将变送器上的正极（红线）与压力校验仪的负极（黑线）分别接在一个 $250\,\Omega$ 电阻的两端，再将变送器上的负极（黑线）直接与压力校验仪的正极（红线）相连，如图4-6-14（c）所示。

6. 检测回路电流

步骤1：检查三阀组位置，确定低压阀、高压阀均处于关闭状态，平衡阀打开。

步骤2：用万用表的 200 mA 挡检查回路电流。万用表可直接串接在差压变送器和压力校验仪的连接线中间，注意极性。测试回路电流是否为 4 mA。

(a) 压力校验仪接线端子　　　(b) 变送器接线盒　　　(c) 接线

图4-6-14　电路连接

7. 设置与调试差压变送器参数

步骤1：将手持智能终端（手操器）挂接在变送器接线盒内的接线端子上，注意正负极性不要接错。

步骤2：开机，按操作说明书进行设置。

步骤3：设置测量单位为kPa（菜单代码为C20）。

步骤4：设置测量范围的下限值（菜单代码为C21）和上限值（菜单代码为C22）。

步骤5：设置输出特性为线性（菜单代码为C40，线性代码为line）。

步骤6：在确定平衡阀打开的情况下进行零点调整（菜单代码为J10），使变送器的输出为0%或4 mA。

8. 差压变送器精度校验

步骤1：开高压阀，关闭平衡阀，开低压阀。

步骤2：将微调阀置于中间位置，关闭截止阀和回检阀。

步骤3：按下压力检定台电源开关，将最大造压量设为仪表上限的1.2倍（通过设定键进入，旋转旋钮调节数字大小，设置为0-0.***MPa，设置完成后按确定键）。

步骤4：根据铭牌和校验要求，填写表4-6-3中"被校验表技术指标"栏。

步骤5：根据设定值计算出被校验差压变送器0%、25%、50%、75%和100% 5点的压力值（输入量），填入表4-6-3中。

步骤6：起动压力检定台，使其造压。通过调整压力检定台上各阀门，使差压变送器的输入量分别为表4-6-3中的压力输入量。注意：压力给定偏差不能超过该校验点值的±0.05 kPa，最好没有偏差。读出压力校验仪上显示的电流值，填入表4-6-3中。

9. 数据分析处理

完成表4-6-3中的数据分析计算，并进行比对，分析被校验差压变送器是否达到精度要求（是否合格）。若达到精度要求，校验完成，若达不到精度要求，应重新校验，直至合格为止。

10. 设备复位整理

步骤1：关低压阀，开平衡阀，关高压阀。

步骤2：关压力校验仪电源，拆卸电线。

步骤3：关压力检定台上的起动按钮，关电源，泄压（全开回检阀、截止阀，微调阀复位至中间位置）。

步骤 4：拆卸压力校验仪，拆卸压力管路、三阀组、变送器，各设备、工具整理复位，摆放整齐。

三、安装调校注意事项

① 手操器接线插头不允许拔下。

② 手操器只设置任务单中的规定项，其他项不允许设置。

③ 精密压力表（模拟压力表）不允许拆卸。

④ 压力输入出现超压过载时，校验仪显示 "----"，应立即卸压，以免造成仪器损坏。

⑤ 差压变送器调校时，"0" 点时通大气记录数据。调校中若出现过调，应回调至初始状态重新校验。校验下行程的最大点压力值前，应使压力超过该值的 5%。

⑥ 记录数据时应先让数据稳定 2 s 再读数，确保记录客观真实。

表 4-6-3　差压变送器校验记录单

被校验表技术指标						
	编号					
	选项					
	型号					
	模式					
	电源					
	输出					
	出厂量程					
	名称					
校验数据记录						
真实值		实际值/mA		绝对误差		|正行程-反行程|
输入量/kPa	输出量/mA	正行程	反行程	正行程	反行程	
0%		4				
25%		8				
50%		12				
75%		16				
100%		20				
数据分析计算	基本误差：			允许误差：		mA
	变差(回差)：			允许回差：		%
	结论：					

////// *任务评价*

评价项目	任务评价内容	分值	自我评价	小组评价	教师评价
职业素养	实物观测操作规程	10			
	出勤、纪律、团队协作	5			
	安全文明	5			
理论知识	差压变送器在工业中的应用	10			
	差压变送器的选型与安装	10			
实操技能	认识工件及材料	10			
	安装与调校差压变送器	40			
	数据分析	10			
总分		100			
个人学习总结					
小组评价					
教师评价					

 练一练

1. 差压变送器在工业中可以测量哪些参数？

2. 差压变送器选型时应考虑哪些因素？

3. 差压变送器在安装时应遵循的原则有哪些？

 知识拓展

常见差压变送器的测量原理及发展趋势

差压变送器种类繁多，如电阻应变片式差压变送器、半导体应变片式差压变送器、压阻式差压变送器、电容式差压变送器、电感式差压变送器、谐振式差压变送器等，下面介绍几种在工业自动化控制中常用的差压变送器。

一、力平衡式差压变送器

力平衡式差压变送器基于力矩平衡原理工作，它以电磁反馈力产生的力矩去平衡输入力产生的力矩，将差压信号转换为电流信号。图 4-6-15 所示为力平衡式差压变送器构成框图，图 4-6-16 所示为其结构原理图。

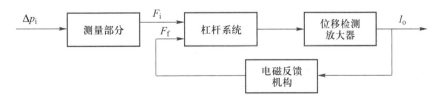

图 4-6-15　力平衡式差压变送器构成框图

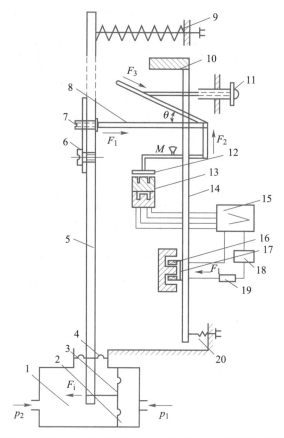

1—低压室；2—高压室；3—膜片；4—轴封膜片；5—主杠杆；6—过载保护簧片；7—静压调整螺钉；
8—矢量机构；9—零点迁移弹簧；10—平衡锤；11—量程调整螺钉；12—衔铁；13—差分变压器；
14—副杠杆；15—放大器；16—反馈动圈；17—永久磁钢；18—电源；19—负载；20—调零弹簧

图4-6-16　力平衡式差压变送器结构原理图

力平衡式差压变送器的特点是：结构复杂，零件较多，仪表不能做到小型化；由机构摩擦、疲劳变形、热膨胀等引起的误差不可避免，静压误差也较大，是早期差压变送器的主要产品，目前正逐步被其他类型差压变送器代替。

二、电容式差压变送器

电容式差压变送器是基于电容传感器原理工作的，如图4-6-17所示。固定电极的正压侧弧形电极和负压侧弧形电极与作为可动电极的中心感压膜片组成差分电容 C_{i1} 和 C_{i2}。无差压输入时，$C_{i1}=C_{i2}$。

当被测压差通过正、负压侧导压口引入正、负压室，作用于正、负压侧隔离膜片时，不可压缩的硅油将两边的压力传递到中心感压膜片的两侧，使得该膜片产生微小的位移，从而改变其与两边固定电极的距离。

电容式差压变送器的特点是结构简单、体积小、质量小，且精确度和可靠性高，并且易于智能化。不同规格产品的外形尺寸相同，标准化、系列化程度高，装配、调整、使用方便。由于它采用开环技术，对测量元件和放大器的要求较高。

三、扩散硅式差压变送器

扩散硅式差压变送器是基于压阻传感器原理工作的，如图4-6-18所示，主要组成部分包括扩散硅压力芯片（测量部分）和信号处理电路。

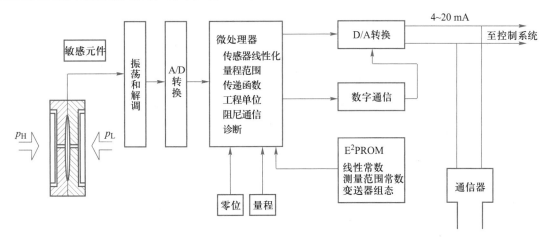

图 4-6-17　电容式差压变送器原理框图

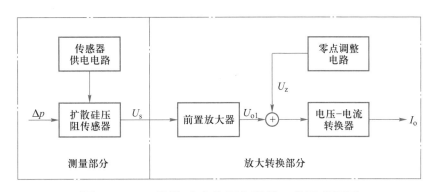

图 4-6-18　扩散硅式差压变送器工作原理框图

　　扩散硅式差压变送器直接采用半导体材料作为敏感元件，利用电桥原理可以形成极强的抗漂移、抗外部干扰的能力。膜片置于不同的腔室中可接受差压、绝压、表压信号等多种信号，具有测量范围宽、测量精度高、使用寿命长等特点，可以长期检测压力（差压）信号。此外，它体积小，质量轻，具有数字化和智能化的特点，是目前市场上常用的常用变送器之一。

项目小结

　　力传感器是指能够测量各种力的大小并转换为电信号的器件，是力测量的重要器件。力和压力的测量不仅可以保证生产和生活的质量，还是安全生产的保障，因此十分重要。

　　力传感器种类繁多，根据工作原理可以分为两种。一种是基于变形量测量的传感器，常见的有电阻应变式力传感器、电容式力传感器等；另一种是基于受力后物性变化的传感器，常见的有压电式传感器、压阻式传感器等。

　　应变式传感器利用应变片将弹性元件的形变转换成电阻值的变化，再通过转换电路转变成电压信号或电流信号，通过放大后再用数字或模拟显示仪表指示。电阻应变片主要分为金属电阻应变片和半导体应变片两大类，金属电阻应变片又分为丝式、箔式和薄膜式 3 种，主要利用应变效应工作。应变式电阻传感器常用直流电桥作为转换电路。

压阻式传感器利用单晶硅材料的压阻效应和集成电路技术制成的新型传感器,并具有易于实现集成化、微型化、灵敏度高等特点。

电容式传感器是以各种类型的电容器作为传感元件,通过电容元件将被测物理量的变化转换为电容量的变化,再经测量转换电路转换为电压、电流或频率等信号的测量装置。电容式传感器具有零漂小、结构简单、功耗小、动态响应快、灵敏度高等优点,但是易受干扰,存在着非线性,且受寄生电容的影响。电容式传感器分为变面积型、变间隙型和变介电常数型。电容传感器的测量电路可分为调幅型电路、脉宽调制型电路和调频型电路三大类。

差压变送器是测量变送器两端压力之差的变送器,不仅用来测量管道的压力和差压,还经常用来测量液位,或与节流装置配合测量液体、水蒸气和气体流量等参数。差压变送器的选型要考虑一下内容:出厂量程、工作压力、精度等级、防爆要求、工作温度。

1. 了解常用位置传感器的基本原理、种类、结构和特性指标。
2. 掌握各种位置传感器的特点。
3. 掌握使用位置传感器制作简单电子产品的方法，会进行相关电路的设计和制作。
4. 了解各种位置传感器的应用范围、场合、条件。
5. 了解位置传感器的选用原则和方法。

任务一　认识位置传感器

任务情境

位置是指人或事物所占据的地方或所处的地位。位置传感器一般为机械机构运行控制的主令部件。

在日常生活中，当乘坐公共汽车到站时，司机会控制车门开启，这是依靠人工控制车门的开启；在一些较大的酒店进门处，当有人接近大门时，大门会自动打开，方便人们进入，如图5-1-1

位置传感器

图5-1-1　酒店自动控制门

所示。其工作原理是门前上方安放的接近传感装置探测到有人靠近大门，控制自动开门装置开启大门。其中替代人工探测有人接近的装置就是位置传感器。

///////　**任务准备**

一、位置传感器的分类

位置传感器是能感受被测物的位置并转换成可用输出信号的传感器。它所测量的不是一般距离的变化量，而是通过检测，确定是否已达某一位置。根据检测触发信号方式的不同分为：接触式位置传感器和非接触式位置传感器。

1. 接触式位置传感器

接触式位置传感器的触点由两个物体接触挤压而动作，常见的有行程开关、二维矩阵式位置传感器。

行程开关也称为限位开关、微动开关。行程开关按其结构可分为直动式、滚轮式、微动式和组合式。二维矩阵式位置传感器，可在两个方向上检测位置信息。

2. 非接触式位置传感器

非接触式位置传感器也称为接近式传感器，被测物体与传感器接近到设定距离时，发出"位置"信息，无需和被测物体直接接触。根据其输出信号的不同又分为模拟量信号输出和开关信号输出两种。采用开关信号输出的非接触式位置传感器也称为接近开关。

接近开关是一种无需直接接触而可以进行操作控制的开关部件，具体地说，当某物体进入接近开关的感应范围内时，接近开关内部电路被触发，进而驱动触点动作。前面提到的自动控制门就是采用接近开关进行控制。

常见的接近开关产品主要有电磁式、光电式以及超声波式，其中电磁式又包括磁动式、电感式、电容式以及霍尔式等。

二、位置传感器与位移传感器的区别

位移是指物体的某个表面或某点相对于参考表面的位置变化，其值可以反映位移距离。位移传感器所传输的是一个连续的过程物理量，也可以说是一个模拟信号。

位置传感器测量的不是一段距离的变化量，而是通过检测，确定是否已达到某一位置。因此它不需要产生连续变化的模拟信号，只需要产生能反映某种状态的开关信号就可以，位置传感器传输的是一个瞬间的物理量。

///////　**任务实施**

利用网络、文献等查阅位置传感器的技术资料并填入表 5-1-1

表 5-1-1　位置传感器技术资料

类型	名称	工作原理	使用场合
接触式			
非接触式			

////// **任务评价**

评价项目	任务评价内容	分值	自我评价	小组评价	教师评价
职业素养	遵守实训实验室规程及文明使用实训实验室	10			
	出勤、纪律、团队协作	10			
理论知识	常用位置传感器的种类	10			
	常用位置传感器的工作原理	20			
	与位移传感器的区别	10			
实操技能	会使用网络、文献等，查找和下载专业资料	40			
总分		100			
个人学习总结					
小组评价					
教师评价					

 练一练

1. 位置传感器与位移传感器有什么区别？

2. 常用位置传感器有哪些种类？

任务二　用电磁式传感器检测位置 ■

////// **任务情境**

在日常生活和工作中，随着人们安全意识的提高，多种防盗设备应运而生，入侵报警系统被广泛使用。图 5-2-1 所示为采用电磁式传感器制作的磁控门窗报警器。

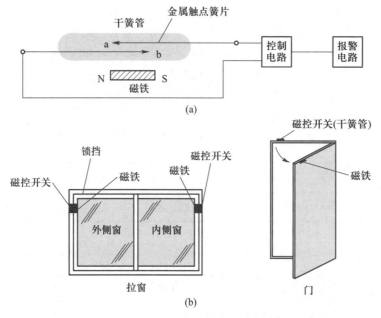

图 5-2-1 采用电磁式传感器制作的磁控门窗报警器

////// **任务准备**

一、非接触式位置传感器的特点

目前，常用的非接触式位置传感器的输出信号为开关量，输出部分与普通行程开关和微动开关的特性相同，同时还具有动作可靠、性能稳定、频率响应快、应用寿命长、抗干扰能力强，防水、防振、耐腐蚀等特点。

二、磁动式位置传感器——干簧管

图 5-2-2 所示为干簧管实物图，图 5-2-3 所示为干簧管结构图，干簧管是一种磁控开关，其触点的闭合与断开是通过磁感应的方式来控制的。

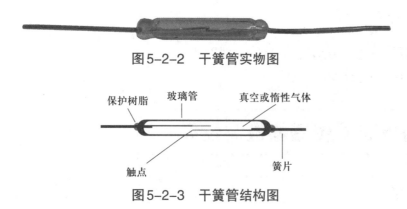

图 5-2-2 干簧管实物图

图 5-2-3 干簧管结构图

干簧管的结构是将铁镍合金丝制成的簧片固定于玻璃材料的外壳内，两簧片呈交叠状且间隔有一小段空隙（仅几微米）。为了防止干簧管触点氧化，通常在玻璃管内充有惰性气体，部分干簧管为了提升其高压性能，更会把内部做成真空状态。干簧管分为动合型和动断型。

　　市场上的干簧管以动合型居多，其工作原理如下：当干簧管周围没有磁场时（如图 5-2-4 所示），干簧管的两个触点处于断开的状态。当有磁场从图 5-2-5 所示的方向接近干簧管时，两个触点因被磁化导致相互吸引而使触点闭合。需要指出的是：干簧管里面的两个触点闭合与否，与干簧管内的两触点的极化方向和强度有关，具体地说，干簧管两触点是否闭合，是由外磁体靠近干簧管的部位来决定，在图 5-2-6 中，标注了干簧管触点状态变化的几种情形。

　　由于干簧管是在外部磁场的作用下而进行的机械动作，受簧片本身机械惯性的限制，干簧管不适合在切换频率较高的场合使用。

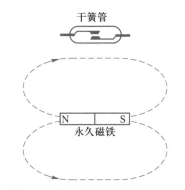

图 5-2-4　磁场之外触点断开

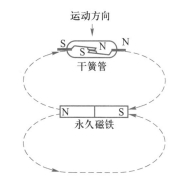

图 5-2-5　磁场之内触点闭合

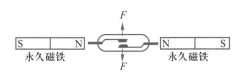

(a) 同极性，同场强磁场，干簧管断开

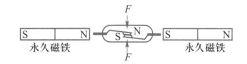

(b) 不同极性磁场，干簧管接通

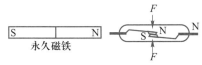

(c) 单端加入磁场，干簧管接通

(d) 引脚连线垂直于磁感线，干簧管断开

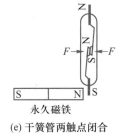

(e) 干簧管两触点闭合

(f) 干簧管触点状态不定(通常为开路)

图 5-2-6　动合型干簧管的几种动作情况

三、简易门窗防盗器的工作原理和结构

图 5-2-7 所示为简易门窗防盗器电路原理图，共使用了 4 个电子元器件。当磁铁靠近干簧管时，在磁场的作用下，干簧管触点闭合，三极管 VT_1 截止，当磁铁远离干簧管时，三极管 VT_1 导通，驱动蜂鸣器发出声响，以示报警。显然，这里使用的干簧管是动合型。电路中可选用的电源范围较宽，只要能满足蜂鸣器的工作电压即可。

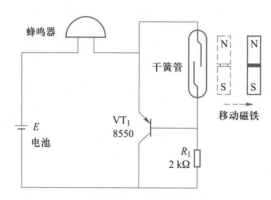

图 5-2-7　简易门窗防盗器电路原理图

简易门窗防盗器为开关控制型，其门窗开关控制器内部结构如图 5-2-8 所示，通常是以一个绝缘材料为壳体，内部装有一只干簧管，其触点两端通过支架与引脚螺钉连接在一起。图 5-2-9 所示为门窗控制磁铁条，其结构是将一块磁铁封闭在一个长条形的槽里。由于干簧管的簧式触点被密闭在一个壳体内，与外界隔离，在一定程度上可避免因触点接触可能产生的火花而出现安全问题。

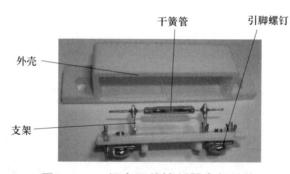

图 5-2-8　门窗开关控制器内部结构

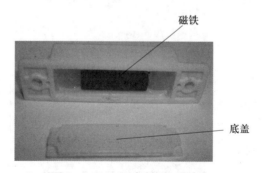

图 5-2-9　门窗控制磁铁条

////// **任务实施**

一、工件及材料准备（见表5-2-1）

表5-2-1 工件及材料准备

序号	名称	型号或规格	图片	数量	备注
1	干簧管门磁控制器	不限		1套	干簧管门磁控制器的外形有多种，形式基本一致，左边的是干簧管部分，右边的是磁铁部分
2	三极管	9012（或8550）		1个	
3	电阻器	阻值2 kΩ，功率不小于1/16 W		1只	
4	万能印制板	宽度大于15 mm，长度大于30 mm	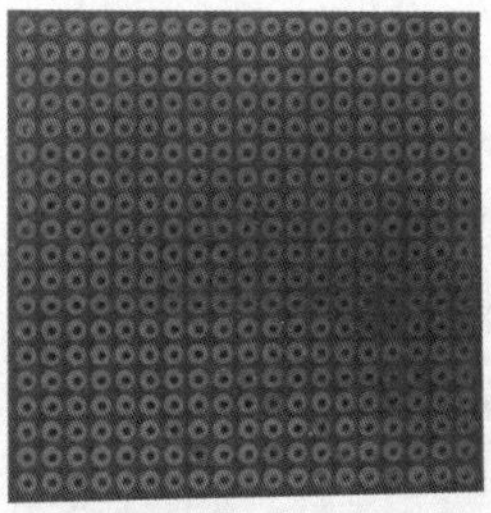	1块	
5	蜂鸣器	直流，工作电压为12 V，工作电流不大于500 mA		1个	

续表

序号	名称	型号或规格	图片	数量	备注
6	电源	输出电流大于1 A，输出电压为12 V		1 台	

二、制作安装简易门窗防盗器

1. 检测干簧管功能

将万用表量程开关拨至 $R \times 100$ 挡，将万用表的两只表笔分别接触干簧管模块的两个引脚，此时万用表指针应该没有任何反应。当把磁铁模块接近干簧管模块时，万用表的指针因干簧管触点闭合而快速摆动至表的最右端（阻值为0），如图 5-2-10 所示。再将磁铁移开干簧管模块，表针又回到最左侧（阻值为无穷大），如图 5-2-11 所示。这说明干簧管模块功能正常，如果检测结果不同于上述，则说明干簧管有故障不能使用。

2. 制作安装简易门窗防盗器

制作安装简易门窗防盗器的步骤见表 5-2-2。

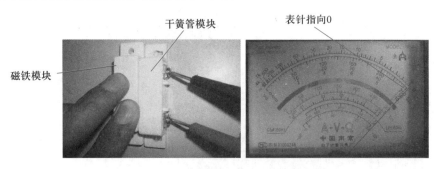

图5-2-10 磁铁模块靠近干簧管模块

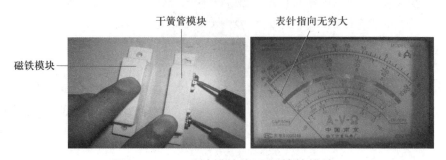

图5-2-11 磁铁模块离开干簧管模块

表 5-2-2　制作安装简易门窗防盗器的步骤

步骤	图示	说明
1	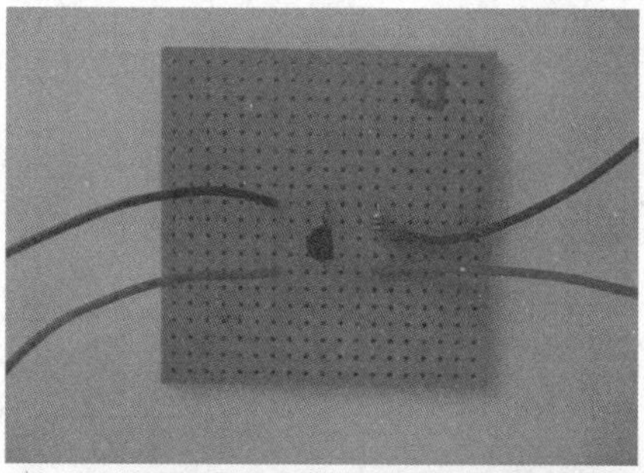 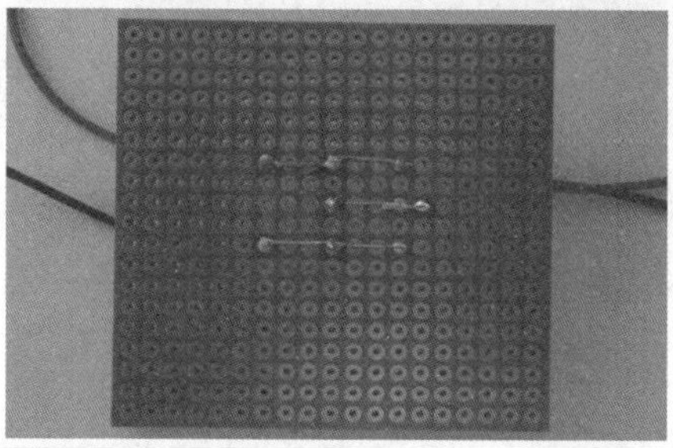	按照图5-2-7将PNP型三极管(8550)和阻值为2 kΩ的电阻焊接到万能印制板上，并使用导线分别将输出端和输入端引出
2	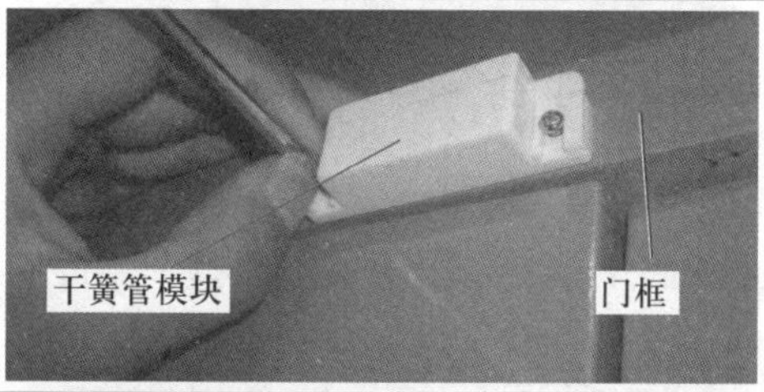 　干簧管模块　门框	使用木螺钉，将干簧管模块固定在门框或窗户框上（木螺钉不能一次性拧紧，只要能定位即可）
3	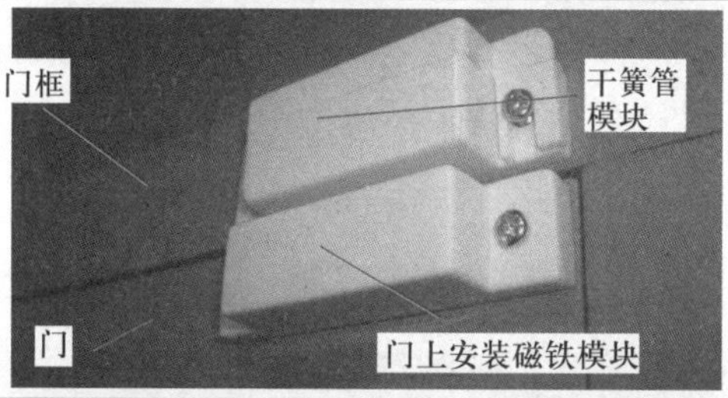 　门框　干簧管模块　门　门上安装磁铁模块	使用木螺钉，将磁铁模块固定于门或窗户上。两个模块的间隙以1～5 mm为宜
4	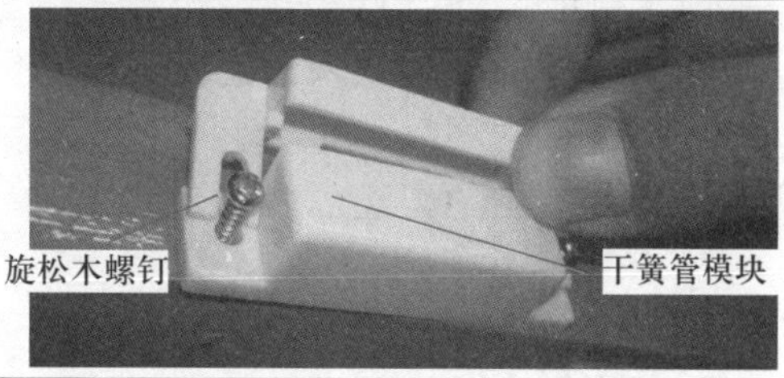 　旋松木螺钉　干簧管模块	两个模块定位后，再松开干簧管模块的固定木螺钉（不要全部松开，以可拿下上盖为准）
5	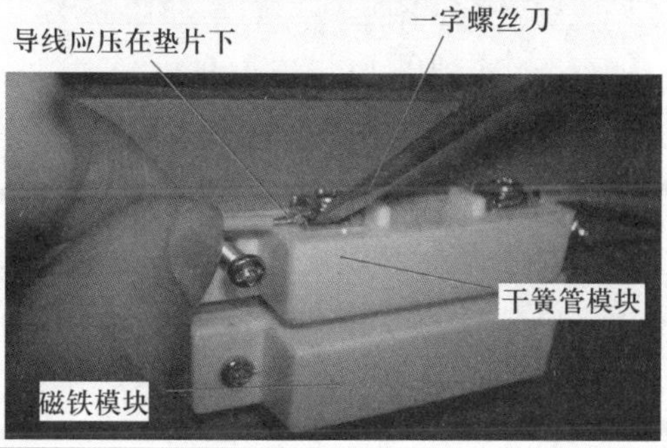 　导线应压在垫片下　一字螺丝刀　干簧管模块　磁铁模块	掀开干簧管模块上盖后，可以看到固定螺钉。将与报警器连接的导线同干簧管引脚螺钉接好（连接导线应压在螺钉下面的垫片下，再拧紧螺钉）

续表

步骤	图示	说明
6	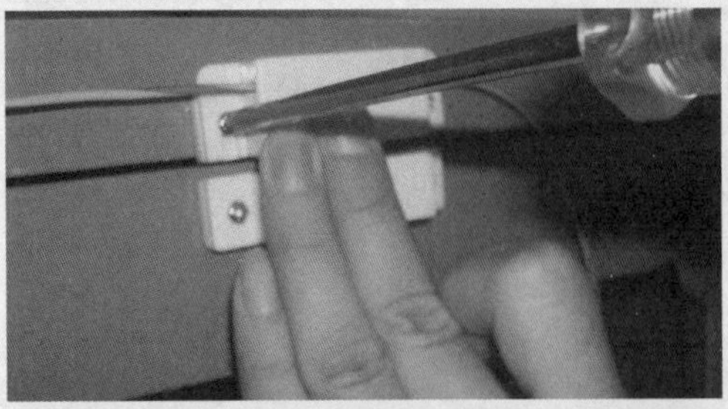	干簧管的两个引脚均连接好导线后,盖上干簧管模块上盖,拧紧两侧螺钉。 由于多数干簧管模块的外壳采用塑料制成,在拧螺钉时,不能用力过大,以防塑料开裂。 固定完毕后,将干簧管两个引线分别与三极管基极和发射极连接即可
7		将报警器固定好,再将报警器的正极端与电源正极连接,报警器的另一端连接三极管的发射极,将电源的负极与三极管的集电极连接

3. 检查排故

简易门窗防盗器制作安装完毕后,应对照电路原理图仔细检查,确认无误后再通电测试,同时注意观察电路的反应,发现异常立即断电。

步骤 1:当电源接通后,打开门或窗使磁铁模块离开干簧管模块,简易门窗防盗器应立即做出反应,蜂鸣器发出报警声响,如果没有上述反应,表明存在故障。

步骤 2:故障的原因通常是三极管的引脚极性接反。排故时,首先切断电源,再根据电路原理图核查连接的线路是否有问题,对于接线故障则重新焊接、安装,对于器件故障则更换器件。

////////// **任务评价**

评价项目	任务评价内容	分值	自我评价	小组评价	教师评价
职业素养	遵守实训实验室规程及文明使用实训实验室	10			
	按实物观测操作流程规定操作	10			
	出勤、纪律、团队协作	10			
理论知识	磁动式位置传感器的工作原理	10			
	非接触式位置传感器的特点	10			
实操技能	按照电路原理图正确制作安装电路	30			
	会进行电路检查排故	20			
总分		100			

续表

评价项目	任务评价内容	分值	自我评价	小组评价	教师评价
个人学习总结					
小组评价					
教师评价					

 知识拓展

一、接触式位置传感器

接触式位置传感器是当某一个物体运动到指定的位置后，该物体与传感器发生了直接的触碰，通过机械联动，触发传感器内部开关装置，其输出回路接触或断开，并控制后续装置做出相应的动作。

下面以最常见的接触式装置传感器——行程开关为例介绍其内部结构和运行原理。

图5-2-12所示为滚轮式行程开关实物和内部结构，当某一个机械装置运行到行程开关所在处，并推动行程开关滚轮臂向左（或向右）运动时，上摆臂将带动内部触点推杆做相应的联动，从而使内部触点动作，并输出控制信号。

(a) 实物

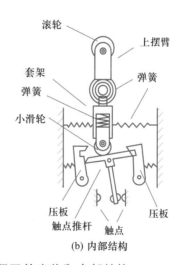
(b) 内部结构

图5-2-12　滚轮式行程开关实物和内部结构

图5-2-13所示为直推式限位开关实物和内部结构。当推杆因外力的作用而向下运动时，动触点将与上静触点脱开，并与下静触点接触；当外力消失时，推杆在弹簧的作用下回到原位，如此便完成了一次开关信号发送过程。该行程开关常用于控制机械运行部件的行程及限位保护。

在实际生产中，将行程开关预先设定安装在机械运行的上止点（或下止点）位置，当机械运行部件到达设定位置时，触发行程开关，控制相应电路完成一次控制动作。

与行程开关相类似的还有微动开关，如图5-2-14所示，其工作原理与行程开关相似，外形与内部结构有所不同。

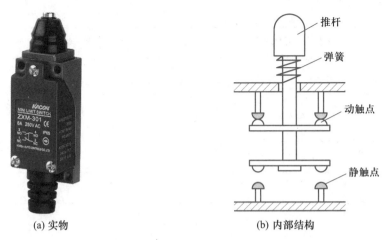

(a) 实物　　　　　　　　(b) 内部结构

图5-2-13　直推式限位开关实物和内部结构

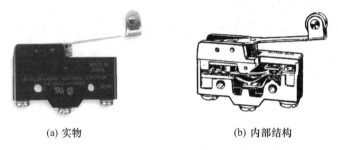

(a) 实物　　　　　　　　(b) 内部结构

图5-2-14　微动开关实物和内部结构

行程开关的图形符号如图5-2-15所示，图（a）为动合触点，图（b）为动断触点，图（c）为复合触点。

(a) 动合触点　　　　(b) 动断触点　　　　(c) 复合触点

图5-2-15　行程开关的图形符号

行程开关的种类繁多，常被用于各类机床和起重机械设备中，用于控制其行程、进行终端限位保护。在电梯的控制电路中，可将行程开关分段设置，用来控制电梯的运行速度、自动开关门的限位，轿厢的上、下限位保护等。

在选用行程开关时要根据不同场合和相关参数合理选择。通常情况下，应选择同型号的行程开关来替换已损坏的旧部件。选配或调换其他型号的行程开关时，应注意相关的安全系数或等级，如抗振等级、防护等级以及大气干扰等因素。

二、霍尔传感器

霍尔传感器是利用霍尔效应制成的半导体器件，霍尔效应简单地说就是当一个通有电流的金属或半导体薄片垂直地放在磁场中时，薄片的两端就会产生电位差。

霍尔传感器分为开关型和模拟型。开关型霍尔传感器的输出形式只有两种状态，即闭合状态和断开状态。而模拟型霍尔传感器，其输出信号的频率、幅度等信息将与外部磁场信号同步起伏，即其输出的信号是一个模拟量。

霍尔传感器具有结构简单、体积小、频率响应宽、输出电压变化大和使用寿命长等优点，因此被广泛应用于各种领域。

常用的霍尔传感器以开关型居多，根据其输出形式又分为 NPN 型和 PNP 型，开关型霍尔传感器的输入／输出特性曲线如图 5-2-16 所示。霍尔传感器的输入量是磁感应强度 B，当 B 达到一定值（B_H）时，霍尔传感器内部的触发器翻转为低电平（U_L）；当 B 减小至 B_L 时，霍尔传感器又翻转为高电平（U_H）。

由于霍尔传感器的输出端一般采用三极管开路输出，即 OC 的形式，因此，在使用时输出端常常外接一个电阻至 V_{CC}，如图 5-2-17 所示，使其在高电平时也能驱动后续电路。图 5-2-18 所示为 3144 型霍尔传感器的内部结构。由此可见，霍尔器件为有源器件。

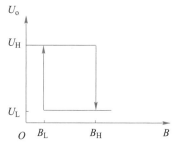

图 5-2-16　开关型霍尔传感器的输入／输出特性曲线

图 5-2-19 所示为 3144 型霍尔传感器实物图，图 5-2-20 所示为霍尔传感器图形符号。

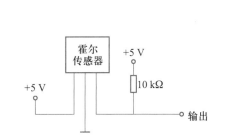

图 5-2-17　霍尔传感器应用示意图

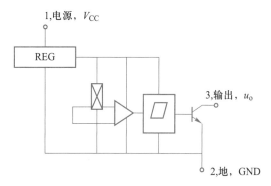

图 5-2-18　3144 型霍尔传感器内部结构

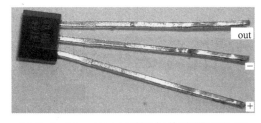

图 5-2-19　3144 型霍尔传感器实物图

图 5-2-20　霍尔传感器图形符号

 练一练

1. 行程开关是机电转换器件，其输出部分为_____ 信号。

2. 干簧管不适合在_____场合使用。

3. 霍尔传感器是基于_____对磁场的敏感性制造而成的，其结构_____，具有_____响应宽、_____等优点。

4. 开关型霍尔传感器的输出形式只有两种状态，即_____状态和_____状态。

5. 霍尔传感器能探测无磁性的金属导体吗？

任务三　用光电式传感器检测位置

////// **任务情境**

在现代化生产中，产品日生产量较大，如仍采用传统方式进行人工计量，不但增加了工作量，而且也容易出现误差，因此，现在下线产品一般采用位置传感器进行自动计数。图5-3-1所示为采用光电式传感器系统对生产线产品进行计数。

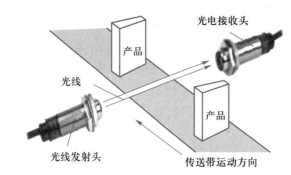

图5-3-1　采用光电式传感器系统对生产线产品进行计数

////// **任务准备**

光电式传感器也是一种常用的位置传感器，主要利用光电效应，即将光信号转换为电信号。由于光电转换响应速度快，因此光电式传感器被广泛应用于各种高速变化信号的非接触检测。

一、光电元件

光电式传感器的核心是光电元件，常用的光电元件包括光敏电阻、光电二极管、光电三极管等。

1. 光敏电阻

光敏电阻是利用半导体材料光电效应制成的一种光电元件，其阻值的大小随着入射光的强弱而发生改变。常见的光敏电阻如图5-3-2所示，两个引脚不分正负极。光敏电阻可分为红外光敏电阻、紫外光敏电阻和可见光敏电阻等。

(a) 实物　　　　　　(b) 图形符号

图5-3-2　光敏电阻

光敏电阻主要用于各种光电控制系统，如城市照明自动控制系统等。

2. 光电二极管

光电二极管与普通二极管在结构上是相似的。图 5-3-3 所示为光电二极管的结构，图 5-3-4 所示为光电二极管的图形符号。光电二极管管壳上有一个能射入光线的玻璃透镜，入射光通过透镜正好照射在管芯上。光电二极管管芯是一个具有光敏特性的 PN 结，它被封装在管壳内，PN 结面积做得较大，而管芯上的电极面积做得较小，PN 结的结深比普通半导体二极管做得浅，这些结构上的特点都是为了提高光电转换效率。

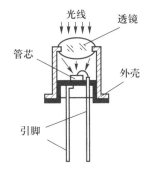

图 5-3-3 光电二极管结构

图 5-3-4 光电二极管图形符号

光电二极管的伏安特性如图 5-3-5 所示，光电二极管的光电特性如图 5-3-6 所示。

光电二极管与普通二极管一样，它的 PN 结具有单向导电性。

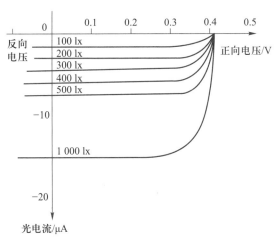

图 5-3-5 光电二极管伏安特性

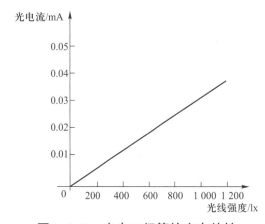

图 5-3-6 光电二极管的光电特性

3. 光电三极管

光电三极管与普通三极管一样，也是半导体器件，它的引脚通常只有 2 个，也有 3 个的，其实物如图 5-3-7 所示，管子的芯片被装在带有玻璃透镜的金属管壳内，光线通过透镜集中照射在芯片上，产生光电流，而且利用三极管的放大作用将光电流放大，因此，光电三极管比光电二极管具有更高的灵敏度。图 5-3-8 所示为光电三极管的图形符号。

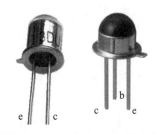

图5-3-7 光电三极管实物

图5-3-8 光电三极管图形符号

图5-3-9所示为光电三极管伏安特性，图5-3-10所示为光电三极管的光电特性，由图可以看出，光电三极管的线性度比光电二极管差些。

由于光电三极管具有一定的放大作用，因此较适合制作光电开关。

图5-3-11所示为采用光电三极管的实用光控电路。当有光线照射在光电三极管上时，由光电三极管3DU2与普通三极管VT_1构成达林顿管，电路放大增益很大，集成电路μA741主要起比较的作用，即当有光时，集成电路μA741将输出低电平，促使VT_2导通，并驱动继电器吸合，完成一次光控过程。

图5-3-9 光电三极管伏安特性

图5-3-10 光电三极管的光电特性

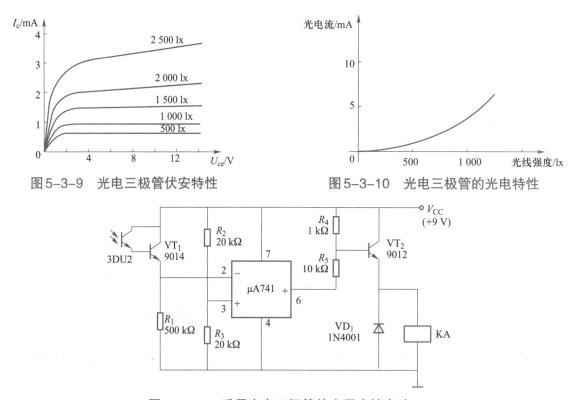

图5-3-11 采用光电三极管的实用光控电路

二、光电式传感器

光电式传感器是采用光电元件构成的传感器，主要用于位置检测等方面。

1. 槽形光电耦合传感器

将光线发射装置和光电元件相对安装在一个容器里，且中间有一个槽形缺口，这就构成了槽形光电耦合传感器，简称槽形光耦。图 5-3-12 所示的槽形光耦由一个发光二极管和一个光电三极管组成，当发光二极管发出光线时，光电三极管因受光照而开始导通，当有物体进入中间的槽形缺口时，光电三极管因光线被挡住处于截止状态。当遮挡物离开槽形缺口时，光电三极管因重新被光线照射而导通。图 5-3-13 所示为槽形光耦的实物。

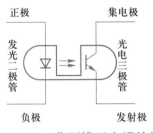

图 5-3-12 典型槽形光耦的结构

图 5-3-13 槽形光耦实物图

槽形光耦的主要优点是：信号单向传输，输入端与输出端完全实现了电气隔离，输出端与输入端之间没有电气联系，抗干扰能力强，工作稳定，无触点，使用寿命长，传输效率高。

2. 对射型光电传感器

对射型光电传感器是将光发射器和光接收器分开设立的传感器，一般两者距离可以长达十几米，光接收器部分不仅有光电元件，还包括相应的接口电路，使其输出为开关信号，并具备一定的驱动能力。图 5-3-1 所示的计数系统就是典型的对射型光电传感器应用。

为了减少环境中杂乱光线的影响，防止误动作，一些光电传感器对光线进行了特殊的处理，例如，对光线进行了调制等。因此，在选用对射型光电传感器时应注意使用条件、技术参数等。

3. 反射型光电传感器

反射型光电传感器把光发射器和光接收器安装在同一装置里，利用光反射原理完成光电控制作用，如图 5-3-14 所示。当光发射器所发出的光线被前方反射物阻挡时，光线被反射回来，反射光进入光接收器，此时传感器将输出信号。

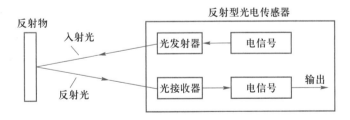

图 5-3-14 反射型光电传感器的结构及工作原理

图 5-3-15 所示为反射型光电传感器在检测飞轮转速上的应用，在飞轮上粘贴上一片反光片，当飞轮高速旋转时，飞轮每旋转一周就将入射光反射到光接收器一次，再由后续电路处理输出信号可以显示出飞轮的转速。图 5-3-16 所示为反射型光电传感器实物。

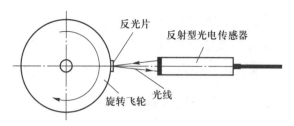

图5-3-15 反射型光电传感器在检测飞轮转速上的应用　　图5-3-16 反射型光电传感器实物

4. 热释红外传感器

热释红外传感器是基于红外线的热电效应原理工作的，其内部的红外热电元件由高热电系数的铁钛酸铅汞陶瓷以及钽酸锂、硫酸三甘肽等材料配合滤光片窗口组成，如图5-3-17所示。当有红外线照进滤光片窗口时，其红外热电元件将出现极化现象，且极化方向与大小将随温度的变化而变化。为了抑制因自身温度变化而产生的干扰，该传感器在工艺上将两个特征一致的红外热电元件反向串联连接，形成差分平衡电路，能以非接触方式检测物体释放红外线的变化，并将其转换为电信号输出。由于红外热电元件输出的是电荷信号，不能直接使用，因而引入一个N沟道结型场效晶体管接成共漏形式，构成源极跟随器，用来完成阻抗变换，便于后续电路使用。图5-3-18所示为热释红外传感器实物，外观类似一个普通金属封装的三极管，外壳顶部有一个可以透过红外线辐射的小窗口，并在窗口上加装了一块滤波片。滤波片允许某些波长范围的红外线通过，并且将灯光、阳光等可见光以及其他波长的红外线等射线滤除。

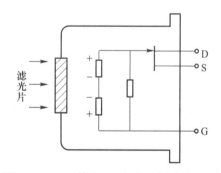

图5-3-17 热释红外传感器内部结构　　　　图5-3-18 热释红外传感器实物

采用热释红外传感器可以制作热释红外探测器，该探测器能在一定范围内探测出散发红外线的物体，如包括人类在内的各种恒温动物等，因此具有防盗功能。热释红外探测器的内部电路如图5-3-19所示。图5-3-20所示为热释红外探测器的外壳。

热释红外探测器的电路原理图如图5-3-21所示，当人体辐射的红外线通过菲涅尔透镜被聚焦在热释红外传感器上时，将输出电压信号，该信号先由A_1和A_2进行电压放大，然后再由A_3和A_4组成的窗口比较器进行信号幅度比较，若A_2输出信号幅度超过窗口比较器的上限或下限时，A_3或A_4将输出高电平信号。二极管VD_1和VD_2组成的逻辑电路用于稳定控制信号。

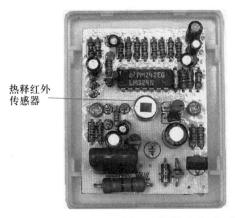

热释红外传感器

图 5-3-19 热释红外探测器的内部电路

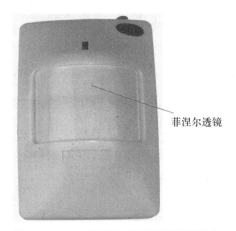

菲涅尔透镜

图 5-3-20 热释红外探测器的外壳

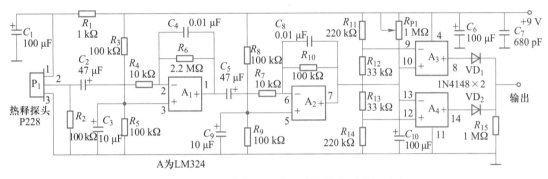

图 5-3-21 热释红外探测器的电路原理图

三、简易光控制器的工作原理

简易光控制器电路原理图如图 5-3-22 所示，电路中的光电元件采用光敏电阻，当有光照在光敏电阻 R_{G1} 上时，三极管 VT_1 的基极电流因处于上偏电阻位置的 R_{G1} 的阻值减小而增大，VT_1 的集电极电流也随之增大，因此 VT_1 集电极的电位因 VT_1 的导通而降低，而 VT_2 的基极回路连接于 VT_1 的集电极，则 VT_2 基极电位下降，VT_2 进入截止状态，而切断了 LED 回路，LED 不亮。

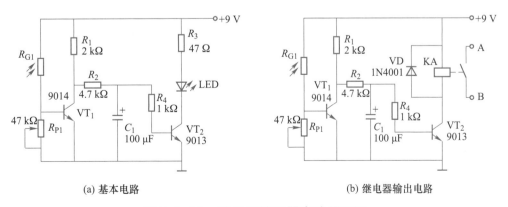

(a) 基本电路   (b) 继电器输出电路

图 5-3-22 简易光控制器电路原理图

当光敏电阻 R_{G1} 被遮住光线时，其阻值将趋向无穷大，导致 R_{G1} 两端的电压升高，迫使三极管 VT_1 基极电流下降，三极管 VT_1 趋于截止状态，VT_1 的集电极电压升高，促使 VT_2 基极电流增加，VT_2 导通并驱动 LED 发光。

图 5-3-22（a）和（b）两个电路的信号处理原理是一致的，图（b）中的输出负载换成了继电器，便于连接控制其他电器。需要说明的是：由于三极管驱动的是继电器线圈，当三极管由导通变为截止时，继电器的线圈将会产生较高的自感电动势，为了防止三极管集电结被击穿，在电路中设置了二极管 VD，以保护三极管。

/////// **任务实施**

一、工件及材料准备（见表 5-3-1）

表 5-3-1 工件及材料准备

序号	名称	型号或规格	图片	数量	备注
1	光敏电阻	暗电阻：100～500 kΩ		1支/组	
2	万用表	MF-47型万用表		一块	
3	电阻	电阻值：2 kΩ，色环：红、黑、红、银		1	
		电阻值：4.7 kΩ，色环：黄、紫、红、银		1	
		电阻值：47 Ω，色环：黄、紫、金、银		1	
		电阻值：1 kΩ，色环：棕、黑、红、银		1	
4	电位器	电阻值：47 kΩ 图示有两种微调电阻，可任选其一		1	
5	电容	100 μF		1	
6	三极管	9014	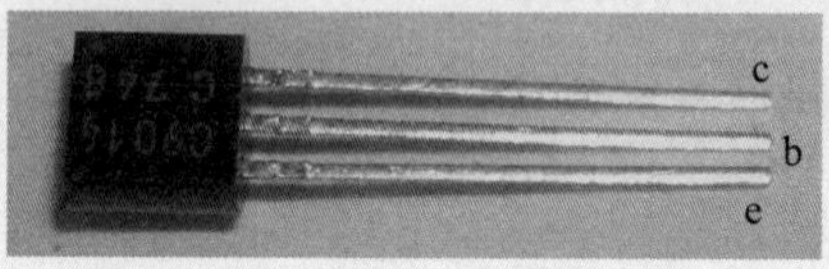	1	

续表

序号	名称	型号或规格	图片	数量	备注
6	三极管	9013	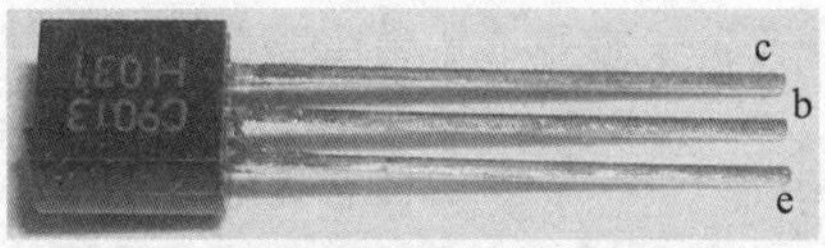	1	
7	发光二极管		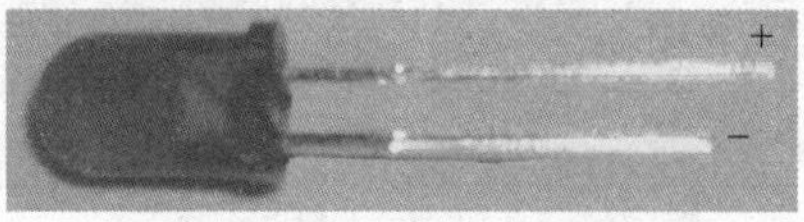	1	
8	继电器	HRS1 H-S-DC		1	

二、检测光敏电阻

检测光敏电阻的步骤见表 5-3-2。

表 5-3-2　检测光敏电阻的步骤

步骤	图示	操作说明
1		将万用表量程开关拨至 $R\times1$ k 挡
2	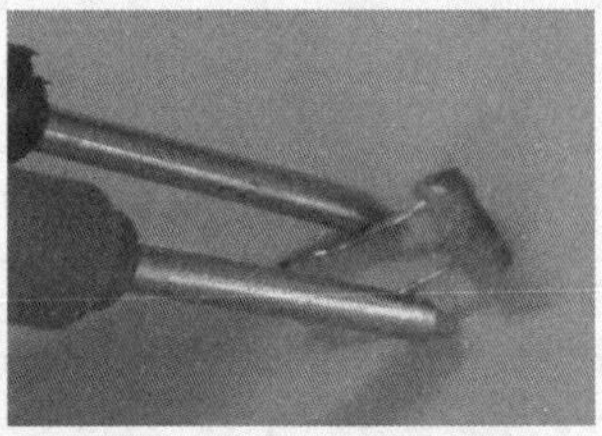	选择没有光源直接照射的室内，先将万用表的表笔分别与光敏电阻的两个引脚连接好（光敏电阻没有极性区分，两个引脚可随意调换测量和使用）
3	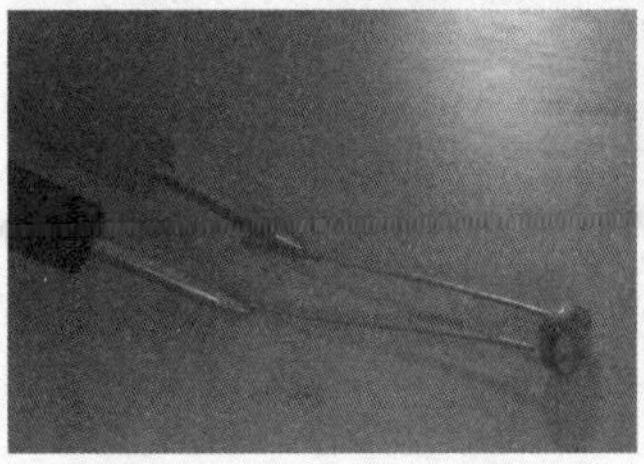 	此时表针应有一定的阻值指示，阻值大小视室内光线的强弱而定

步骤	图示	操作说明
4		用手挡住光敏电阻的感光面,可以明显地观察到表针向左偏移,说明光敏电阻在光线减弱的情况下阻值增加了,说明此元件是好的

三、制作简易光控制器

步骤 1:根据图 5-3-22 所示电路原理图,在万能印制板上布置元器件。

步骤 2:将 9 V 供电的指针式万用表的量程开关拨到 $R \times 10 k$ 挡,如图 5-3-23 所示,将黑表笔与 LED 较长的引脚连接,红表笔与 LED 较短的引脚连接,可以看到 LED 发出微弱的光线,表针也会明显向右偏转,说明黑表笔所接的引脚为 LED 的正极,另一引脚为负极。

步骤 3:将数字万用表量程开关拨至"—▷⊢—"挡,如图 5-3-24 所示,将数字万用表的两只表笔与 LED 两个引脚相连接,如果连接正确,LED 将会发光,此时红表笔连接的是 LED 的正极,黑表笔连接的是其负极,这一点正好与指针式万用表相反。

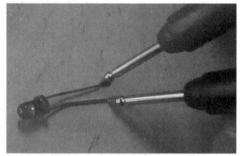

图 5-3-23 使用指针式万用表确定 LED 引脚

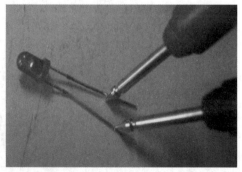

图 5-3-24 使用数字万用表测量发光二极管

步骤 4:将元器件焊接在万能印制板上,如图 5-3-25 和图 5-3-26 所示。

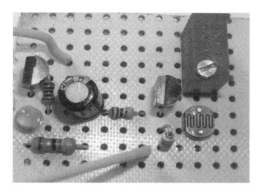

图5-3-25　发光二极管输出的焊接电路板

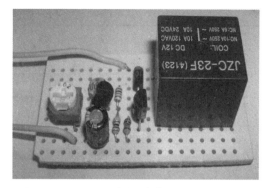

图5-3-26　继电器输出的焊接电路板

步骤5：对照电路原理图检查线路连接。

 提示

接通电源后，注意观察电路板上的元器件状态，若有异常，如冒烟等现象，应立即关闭电源。

步骤6：电源接通后，正常情况下LED因室内存在光线而不会发光，如图5-3-27所示，用手指遮住光敏电阻R_{G1}感光面，再使用小一字螺丝刀调整电位器R_{P1}，使其阻值减小，当LED发光时，停止调整，挪开遮挡在光敏电阻R_{G1}上的手指，LED会因为光敏电阻R_{G1}接收光线而立即熄灭。

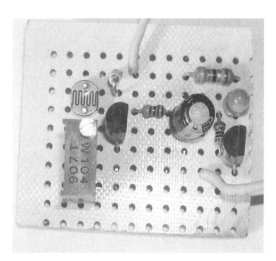 

图5-3-27　调试电路

////// **任务评价**

评价项目	任务评价内容	分值	自我评价	小组评价	教师评价
职业素养	遵守实训实验室规程及文明使用实训实验室	10			
	按实物观测操作流程规定操作	10			
	出勤、纪律、团队协作	5			

续表

评价项目	任务评价内容	分值	自我评价	小组评价	教师评价
理论知识	常用光电元件的种类	10			
	常用光电传感器的工作原理	10			
实操技能	检测光敏电阻和LED	25			
	制作简易光控制器	30			
总分		100			
个人学习总结					
小组评价					
教师评价					

 知识拓展

聪明的水龙头——电容式接近开关

生活中我们常常接触到感应水龙头，如图 5-3-28 所示。当我们将手放在出水口的感应范围内，水会自动流出，将手移开，流水即时停止。这种聪明的水龙头实际上使用了电容式接近开关。

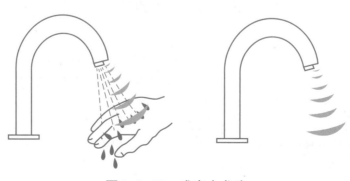

图5-3-28 感应水龙头

电容式接近开关是一种具有开关量输出的位置传感器，它的测量头通常是构成电容器的一个极板，而另一个极板是物体本身，当物体移向接近开关时，物体和接近开关的介电常数发生变化，使得和测量头相连的电路状态也随之发生变化，便可控制开关的接通。电容式接近开关原理框图如图 5-3-29 所示。

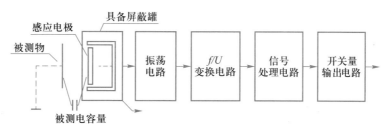

图 5-3-29　电容式接近开关原理框图

电容式接近开关检测的对象可以是导电体、介质损耗较大的绝缘体、含水的物体；可以是接地的，也可以是不接地的。在检测介电常数较低的物体时，可以调节接近开关尾部的灵敏度调节电位器来增加感应灵敏度。电容式接近开关外形如图 5-3-30 所示。圆柱形电容式接近开关结构示意图如图 5-3-31 所示。

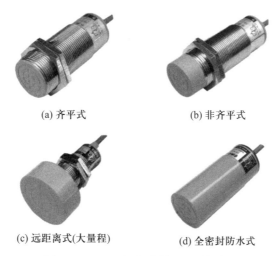

(a) 齐平式　　　　　(b) 非齐平式

(c) 远距离式(大量程)　　　(d) 全密封防水式

图 5-3-30　电容式接近开关外形

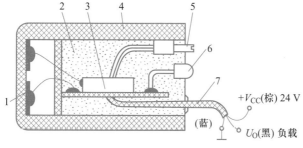

1—感应极板；2—树脂；3—测量转换电路；4—塑料外壳；
5—灵敏度调节电位器；6—工作指示灯；7—信号电缆

图 5-3-31　圆柱形电容式接近开关结构示意图

电容式接近开关是一种新型的无触点传感元件，除了上述在感应水龙头中应用外，它还可用于饮料、食品、医药、轻工、家电、化工、机械运行中的行程控制和限位保护，自动生产线上的物位检查，食品和饮料的包装、分拣，液面控制，物料的计数、测长等。此外，它还可以衍生开发多种多样的二次仪器仪表和防盗报警器等日用电器。

 练一练

1. 在实际应用中，光电二极管是工作在什么状态下？
2. 常用位置传感器有哪些种类？

项目小结

位置传感器是反映或检测某一物体位置的传感器，与位移传感器不同，它所测量的不是一般距离的变化量，而是通过检测，确定是否已到达某一位置。位置传感器分为接触式位置传感器和非接触式位置传感器两种类型。干簧管是典型的非接触式位置传感器，可分为动合型和动断型，应用以动合型居多。干簧管依靠磁场触发触点合断工作。

光电式传感器依据光电效应工作。常用的光电元件包括光敏电阻、光电二极管、光电三极管。常用的光电式传感器包括槽形光电耦合传感器、对射型光电传感器、反射型光电传感器以及热释红外传感器。

项目六
液位和流量检测

////// **项目目标**

1. 掌握物位和流量的概念。
2. 了解物位和流量检测的常用方法。
3. 了解超声波传感器的工作原理、结构类型及特点。
4. 掌握超声波传感器测液位的综合应用。
5. 了解电磁流量计的工作原理，掌握其在导电流体测量中的应用。
6. 能遵守实训实验室安全规则，遵守 6S 管理规范，养成仔细认真按规则操作等良好的职业习惯。

任务一 认识物位和流量检测

////// **任务情境**

在生活和生产过程中，常常需要对物位和流量进行测量和控制，通过对物位和流量的测量，不仅能对正常的生产和管理提供数据，而且还能为成本核算和提高经济效益提供可靠的依据。例如,通过对家庭和企业自来水和天然气用量的测量(如图 6-1-1 所示),实行阶梯单价,

(a) 水表是一种液体流量计

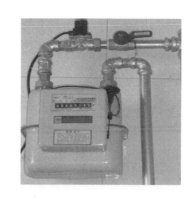
(b) 气表是一种气体流量计

图 6-1-1　生活中的流量测量

可以促进节能减排。

在连续的生产过程中，保持某些设备内物位的高度（如锅炉中水位的高度），如图 6-1-2 所示，对保证安全是必不可少的。因此，物位和流量的测量在生产中也占有重要的地位。

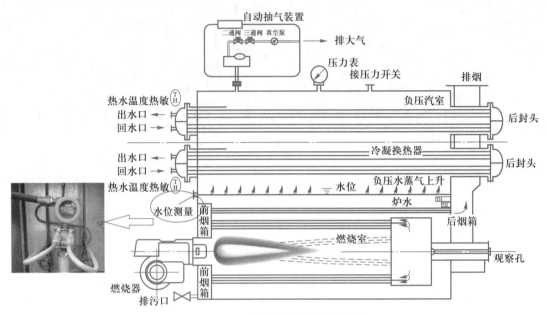

图 6-1-2　锅炉中的水位控制

////// **任务准备**

一、物位的概念

物位是指各种容器中液体介质界面的高低，两种不溶液体介质的分界面高低以及粉末状、颗粒状固体物料的堆积高度等的总称。根据介质的不同，通常把物位分为液位、界位和料位 3 种：

① 液体与气体分界面的高低称为液位，如图 6-1-3（a）所示，如饮水机里水位的高低。

② 两种不溶液体介质的分界面高低称为界位，如水与油的分界面的高低，如图 6-1-3（b）所示。

③ 粉末状、颗粒状固体物料的堆积高度称为料位，如图 6-1-3（c）所示，如水泥、饲料等在容器中的高度。

(a) 液位　　　　　　　(b) 界位　　　　　　　(c) 料位

图 6-1-3　物位

对物位进行测量、指示和控制的仪表统称为物位检测仪表。物位检测仪表根据检测的物位对象不同又可分为液位计、料位计和界面计，对应关系如图6-1-4所示。

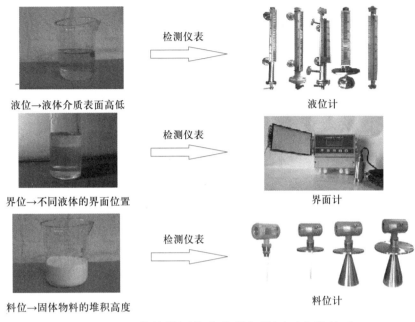

液位→液体介质表面高低   检测仪表   液位计

界位→不同液体的界面位置   检测仪表   界面计

料位→固体物料的堆积高度   检测仪表   料位计

图6-1-4 物位检测仪表分类与检测对象的关系

二、物位测量的常用方法

物位测量的方法很多，总体上可分为直接测量和间接测量两种方法。

直接测量是一种最为简单、直观的测量方法，它是利用连通器的原理，将容器中的液体引入带有标尺的观察管中，通过标尺读出液位高度，通常称为直读式测量。

间接测量是将液位信号转化为其他相关信号进行测量，如压力法、浮力法、电学法、声学法等。

下面按照测量原理介绍几类常用的物位测量方法：

（1）直读式物位测量

用与容器相连通的玻璃管或玻璃板来显示容器中的液位高度，如图6-1-5所示。这种方

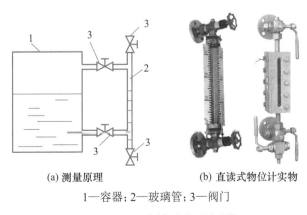

(a) 测量原理   (b) 直读式物位计实物

1—容器；2—玻璃管；3—阀门

图6-1-5 直读式物位测量

法最原始，但仍然得到较多的应用。

（2）压力式物位测量

根据流体静力学原理，静止介质内某一点的静压力与介质上方自由空间压力之差与该点上方的介质高度成正比，因此可以利用差压来测量物位，这种方法一般常用于液位测量，某些情况下也可以用于料位测量，如图6-1-6所示。

(a) 测量原理

(b) 压力式物位计实物

图6-1-6　压力式物位测量

（3）浮力式物位测量

利用漂浮于液面上的浮子随液面变化位置，或者部分浸没于液体中的浮子所受到的浮力随液位变化来进行物位测量，如图6-1-7所示。前者称为恒浮力法，后者称为变浮力法，这两种方法可用于液位或界位的测量。

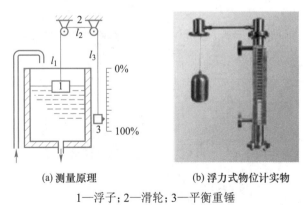

(a) 测量原理　　　(b) 浮力式物位计实物

1—浮子；2—滑轮；3—平衡重锤

图6-1-7　浮力式物位测量

（4）电气式物位测量

把敏感元件做成一定形状的电极放置在被测介质中，则电极之间的电气参数，如电阻、电容、电感、电磁场等随物位的变化而变化。这种方法既可以测量液位，也可以测量料位。图 6-1-8 所示为电容式物位测量。

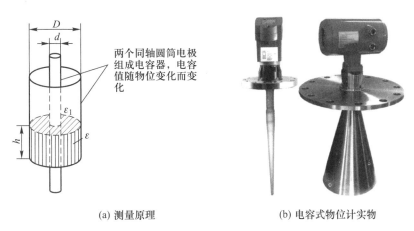

| (a) 测量原理 | (b) 电容式物位计实物 |

图6-1-8　电容式物位测量

（5）声学式物位测量

利用超声波在介质中的传播速度及在不同相界面之间的反射特性来检测物位，如图6-1-9所示。该方法可以检测液位、料位和界位。

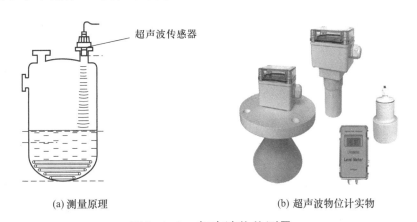

| (a) 测量原理 | (b) 超声波物位计实物 |

图6-1-9　超声波物位测量

（6）雷达式物位测量

利用雷达波的不同特点进行物位测量，主要有脉冲雷达、调频连续和导波雷达 3 种物位测量方法，可以进行液位、料位和界位的检测，如图 6-1-10 所示。

此外，还有磁致伸缩、光学式、射频导纳等各种新型的物位测量方法。

上述物位测量方法中，直读式、压力式、浮力式、电气式等方法在测量时，测量仪表需要直接与被测介质接触，又统称为接触式物位测量方法；而声学式、雷达式和光学式等方法在测量时不需要和被测介质直接接触，又统称为非接触式物位测量方法。由于物位测量的复杂性，没有一种测量方法适合所有的物位测量要求。近年来各种非接触式物位测量方法由于其技术的先进性、使用成本的不断降低及能够适应一些特殊工况，应用显著增加。

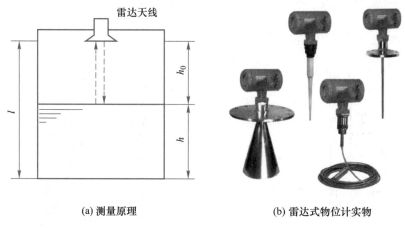

(a) 测量原理　　　　　　(b) 雷达式物位计实物

图6-1-10　雷达式物位测量

三、流量的概念

流量通常是指单位时间内流经封闭管道或明渠有效截面的流体数量，又称瞬时流量；在某一段时间内流过的流体总和，称为总流量或累积流量。

1. 体积流量

当流体数量以体积表示时称为体积流量；单位时间通过流管内某一横截面的流体体积，称为该横截面的瞬时体积流量，通常用 q_V 表示，单位为 m³/s，其计算公式为

$$q_V = vA$$

式中，v——平均流速；

A——横截面积。

以体积表示的累积流量用 Q_V 表示，单位为 m³，其计算公式为

$$Q_V = q'_V t$$

式中，q'_V——平均流量；

t——时间。

2. 质量流量

当流体数量以质量表示时称为质量流量，瞬时质量流量用 q_m 表示，单位为 kg/s，则密度为 ρ 的流体质量流量计算公式为

$$q_m = \rho q_V = \rho vA$$

以质量表示的累积流量用 Q_m 表示，单位为 kg，其计算公式为

$$Q_m = \rho Q_V = \rho q'_V t$$

四、流量测量的常用方法

对在一定通道内流动的流体流量进行测量统称为流量测量。流量测量的流体是多样化的，

如测量对象有气体、液体、混合流体；流体的温度、压力、流量均有较大的差异，要求的测量准确度也各不相同。因此，流量测量的任务就是根据测量目的、被测流体的种类、流动状态、测量场所等测量条件，研究各种相应的测量方法，并保证流量量值的正确传递。

一般而言，流量测量可分为直接测量法和间接测量法：

① 直接测量法：用标准容积持续标准时间计量后，计算平均流量，如图 6-1-11 所示。目前，除了椭圆齿轮流量计直接测量体积流量、科里奥利力质量流量计直接测量质量流量之外，其他测量法均基于间接测量法。

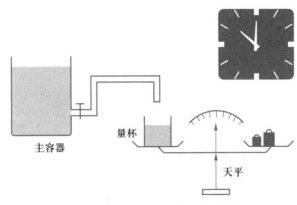

图 6-1-11　流量的直接测量

② 间接测量法：通过测量与流量有关的物理量得出流量。间接测量法的常见形式有流速法、节流法、涡轮法、电磁法、超声波法等。

1. 流速法

根据流量的计算公式可知，只要测出流体的速度，在已知流体截面积和比重的情况下，很容易得到流体的流量。流速式流量计如图 6-1-12 所示。

2. 节流法

如果在管道中安置一个固定的阻力件（又称为节流元件），它的中间开一个比管道截面积小的孔，当流体流过该阻力件时，由于流体流束的收缩而使流速加快、静压力降低，其结果是在阻力件前后产生一个静压差。静压差的大小与流体流速的大小有关，流速愈大，静压差也愈大，因此只要测出静压差就可以推算出流速，进而可以计算出流体的流量。

节流式流量计也称为差压式流量计，它是目前工业生产过程中流量测量最成熟、最常用的方法之一。常见的节流元件有孔板、喷嘴或文丘里管等。节流式流量计如图 6-1-13 所示。

3. 涡轮法

涡轮叶片受力而旋转，其转速与流体流量（流速）成正比，其转速又可以转换成频率，此频率表现为电脉冲，用计数器记录电脉冲，就可得到流量。涡轮式流量计如图 6-1-14 所示。

4. 电磁法

导体切割磁感线，会产生电动势。当导电的流体在磁场中切割磁感线流动时，就会在管道两边的电极上产生感应电动势，感应电动势的大小与流体的速度成正比。利用上述原理制成的流量检测仪表称为电磁式流量计，如图 6-1-15 所示。

图6-1-12　流速式流量计

图6-1-13　节流式流量计

图6-1-14　涡轮式流量计

图6-1-15　电磁式流量计

5. 超声波法

假定在静止流体中的声速为 c，如果流体速度为 v，则顺流时声速为 $c+v$，逆流时则为 $c-v$。在流道中设置两个超声波发生器 T_1 和 T_2，两个接收器 R_1 和 R_2，如图 6-1-16 所示，发生器与接收器的间距为 l。在不用放大器的情况下，声波从 T_1 到 R_1 和 T_2 到 R_2 的时间分别为 t_1 和 t_2，则 $\Delta t = t_2 - t_1$。只要测出 Δt，就可求出流体流速，从而计算流量。超声波流量计实物及类型如图 6-1-17 所示。

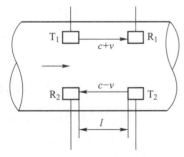

图6-1-16　超声波测量流量原理

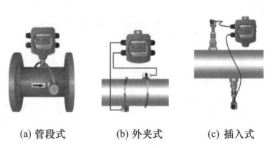

(a) 管段式　　(b) 外夹式　　(c) 插入式

图6-1-17　超声波流量计

////// **任务实施**

一、认识物位计

通过观察、查阅资料、小组讨论，总结出表 6-1-1 中所列常用物位计的名称、测量原理，并说明它们的应用场合。

表 6-1-1 常用物位计及其测量原理

序号	图片	名称	测量原理	应用场合
1	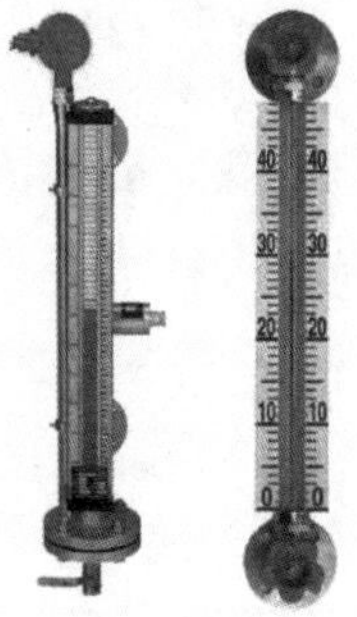	直读式液位计		
2		压力式物位计		
3		浮力式液位计		
4		电容式物位计		

序号	图片	名称	测量原理	应用场合
5		超声波物位计		
6		雷达式物位计		

二、认识流量计

通过观察、查阅资料、小组讨论，总结出表 6-1-2 中所列常用流量计的名称、测量原理，并说明它们的适用场合。

表 6-1-2 常用流量计及其测量原理

序号	图片	名称	测量原理	适用场合
1				
2				

续表

序号	图片	名称	测量原理	适用场合
3				
4	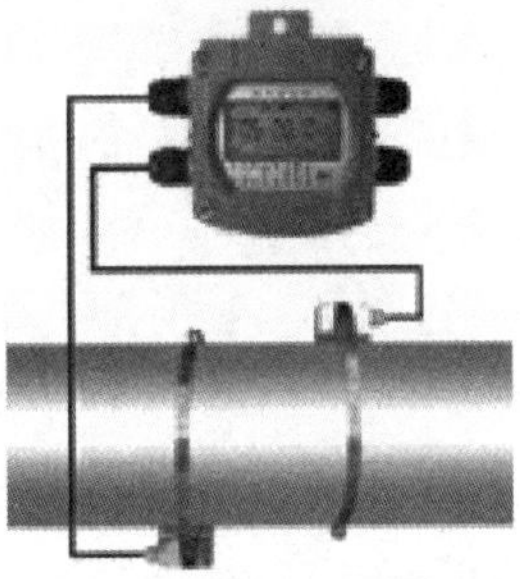			

////// **任务评价**

评价项目	任务评价内容	分值	自我评价	小组评价	教师评价
职业素养	任务完成、书写规范	10			
	出勤、纪律、团队协作	5			
	安全文明	5			
理论知识	物位的概念及类型	10			
	物位测量的常用方法及原理	20			
	流量的概念及类型	10			
	流量测量的常用方法及原理	20			
实操技能	认识常见物位计	10			
	认识常见流量计	10			
总分		100			
个人学习总结					
小组评价					
教师评价					

练一练

一、填空题

1. 根据介质不同，物位可分为_____、_____和_____。

2. 体积流量用_____表示，质量流量用_____表示。

3. 流量测量的任务就是根据_____、_____、_____和测量场所等测量条件，研究各种相应的测量方法，并保证流量量值的正确传递。

二、选择题

1. 下列物位测量属于直接测量的是_____。

    A. 电容式　　　　　　B. 直读式　　　　　　C. 节流式　　　　　　D. 超声波式

2. 下列物位测量属于非接触测量的是_____。

    A. 电容式　　　　　　B. 直读式　　　　　　C. 节流式　　　　　　D. 超声波式

3. 下列流量计中直接测量体积流量的是_____。

    A. 椭圆齿轮流量计　　　　　　　　　B. 科里奥利力质量流量计

    C. 电磁流量计　　　　　　　　　　　D. 超声波流量计

4. 流量是指_____。

    A. 单位时间内流过管道某一截面的流体数量

    B. 单位时间内流过某一段管道的流体数量

    C. 一段时间内流过管道某一截面的流体数量

    D. 一段时间内流过某一段管道的流体数量

知识拓展

节流式流量计的测量原理及应用

　　节流式流量计是一种典型的差压式流量计，是目前工业生产中用来测量气体、液体和蒸气流量最常用的一种流量仪表。据调查统计，在炼钢厂、炼油厂等工业生产系统中所使用的流量计有70% ~ 80%是节流式流量计。在整个工业生产领域中，节流式流量计也占流量仪表总数的一半以上。

　　1. 节流式流量计的特点

　　节流式流量计得到如此广泛的应用，主要是因为它具有以下两个方面非常突出的优点：

　　① 结构简单，安装方便，工作可靠，成本低，又具有一定准确度，能满足工程测量的需要。

　　② 有很长的使用历史，有丰富、可靠的实验数据，设计加工已经标准化。只要按标准设计加工的节流式流量计，不需要进行实际标定，也能在已知的不确定度范围内进行流量测量。

　　尤其是第二方面优点，使得节流式流量计在制造和使用上都非常方便。因为对一个流量计，特别是大流量测量用的流量计，在检定时将会遇到各种各样的困难。

　　2. 节流式流量计的组成和测量原理

　　节流式流量计通常由能将流体流量转换成差压信号的节流装置及测量静压差并显示流量的差压

计组成。安装在流通管道中的节流装置也称一次装置，它包括节流件、取压装置和前后直管段。显示装置也称二次装置，它包括差压信号管路和测量中所需的仪表。

节流式流量计的测量原理是：流体流过孔板、喷嘴或文丘里管等节流元件时（如图6-1-18所示），将产生局部收缩，其流速增加，静压降低，在节流元件前后产生静压差，测出这个静压差就可以算出流量。

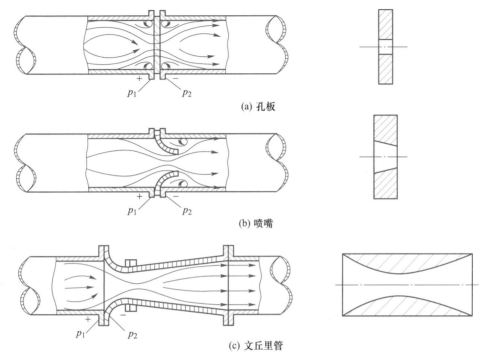

(a) 孔板

(b) 喷嘴

(c) 文丘里管

图6-1-18 常用节流元件形式

3. 节流式流量计的应用

节流式流量计应用范围特别广泛，在封闭管道的流量测量中各种对象都有应用，如流体方面：单相、混相、洁净、脏污、黏性等；工作状态方面：常压、高压、真空、常温、高温、低温等；管径方面：从几毫米到几米；流动条件方面：亚音速、音速、脉动流等。

使用标准节流装置时，流体的性质和状态必须满足下列条件：

① 流体必须充满管道和节流装置，并连续地流经管道。

② 流体必须物理上和热力学上是均匀的。

③ 流体流经节流件时不发生相交。

④ 流体流量不随时间变化或变化非常缓慢。

⑤ 流体在流经节流件以前，流束是平行于管道轴线的无旋流。

任务二 认识超声波传感器

任务情境

超声波传感器是利用超声波的特性研制的传感器。超声波具有频率高、波长短、绕射现象小，特别是方向性好、能够定向传播等特点。

超声波对液体、固体的穿透能力很大，尤其是在不透明的固体中，它可穿透几十米的深度。超声波碰到杂质或分界面会产生显著反射形成反射回波，因此超声波检测广泛应用在工业、国防、生物医学等方面。

例如，在地铁、机场、卖场、酒店、过街地道和人行天桥等场合，自动扶梯应用越来越广，以前普通型扶梯无探测装置，无法判断是否有人乘坐，扶梯一直保持不断运行的状态，带来了不少的能源浪费。如果在入口处装有会检测人员接近的超声波传感器，如图 6-2-1 所示，在探测到有人乘坐时处于正常速度，而没人时处于慢速或停止状态，可以达到节能功效。

图 6-2-1 用超声波传感器进行自动控制的电梯

又如，超声波传感器广泛应用在工业生产领域，包括探测填充状况、探测物体和物质、测量距离等，如图 6-2-2 所示。

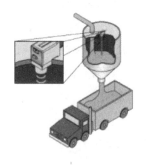

(a) 超声波传感器检测瓶盖封装情况　(b) 超声波传感器检测物料位置　(c) 超声波传感器检测瓶子位置

图 6-2-2 超声波传感器在工业生产领域的应用

////// **任务准备**

一、认识超声波

声波是人耳能感受到的一种机械波，其频率范围为 20 Hz ～ 20 kHz。超出这个范围的机械波是人耳感受不到的。频率低于 20 Hz 的声波称为次声波，高于 20 kHz 则称为超声波。

超声波的频率愈高，声场的方向性愈好，能量愈集中，其反射、折射等特性越接近光波。当超声波在两种不同的介质中传播时。入射波以 α 角从第一种界面传播到第二种介质时，在介质分界面会有部分能量反射回原介质中的波，称为反射波；剩余的能量透过介质分界面在第二种介质内继续传播，称为折射波，如图 6-2-3 所示。入射角 α 与反射角 θ 以及折射角 β 之间遵循类似光学的反射定律和折射定律。

二、认识超声波换能器

以超声波作为检测手段，必须产生超声波和接收超声波，完成这种功能的装置就是超声波传感器转换元件，习惯上称为超声波探头或换能器。常见的超声波探头如图 6-2-4 所示。

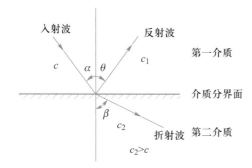

图 6-2-3 超声波的折射与反射

图 6-2-4 超声波探头

超声波由超声波换能器产生，按工作原理不同，超声波换能器可分为压电式、磁致伸缩式、电磁式等几种，在检测技术中主要采用压电式。

压电式超声波换能器是利用压电晶体的谐振来工作的，超声波发生器内部有两个并联的压电晶片和一个共振板，当压电晶片的两个极外加脉冲信号，其频率等于压电晶片的固有振荡频率时，压电晶片将会发生共振，并带动共振板振动，便产生超声波。反之，如果两电极间未外加电压，当共振板接收到超声波时，将压迫压电晶片作振动，将机械能转换为电信号，这时它就成为超声波接收器了。

按结构不同，超声波探头可分为直探头、斜探头、表面波探头和双探头（一个探头反射、一个探头接收）等。超声波探头结构如图 6-2-5 所示。

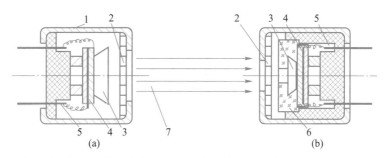

1—外壳；2—金属丝网罩；3—锥形共振盘；4—压电晶体；5—引脚；6—阻抗匹配器；7—超声波束

图 6-2-5 超声波探头结构

////// **任务实施**

一、工件及材料准备（见表6-2-1）

表 6-2-1　工件及材料准备

序号	名称	型号或规格	图片	数量	备注
1	超声波发射器			1个/组	
2	超声波接收器			1个/组	
3	超声波传感器转换电路板		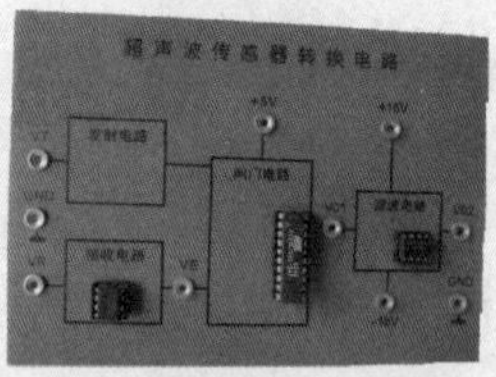	1块/组	
4	超声波反射挡板			1个/组	
5	直流稳压电源（±15 V）	JZY自动检测与转换实训箱	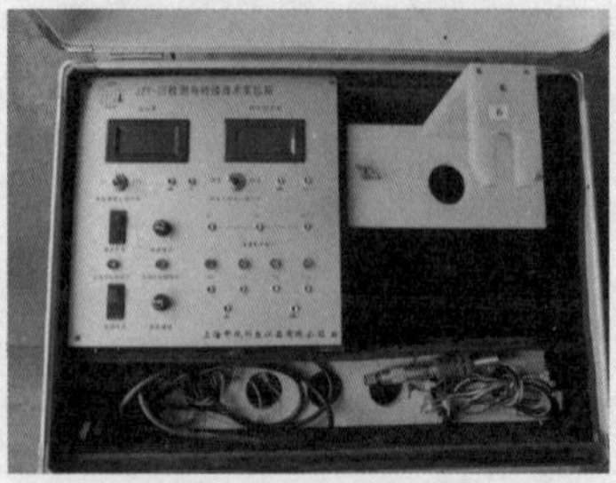	1台/组	
6	数字电压表				

二、认识超声波传感器

观察超声波传感器实物，注意区别发射探头和接收探头，并在表 6-2-1 中填写超声波传感器的型号。

三、用超声波传感器测量距离

1. 测量实训准备

步骤1：检查直流稳压电源、数字电压表等模块的好坏。

步骤2：检查连接导线是否有断线或接触不良。

步骤3：进行超声波传感器和转换电路板外观检查，保证使用器材和模块完好。

2. 连接电路

步骤1：按照图6-2-6所示连接电路，将传感器VT、VR端子分别和转换电路板的VT、VR端子相连，再连接公共端。

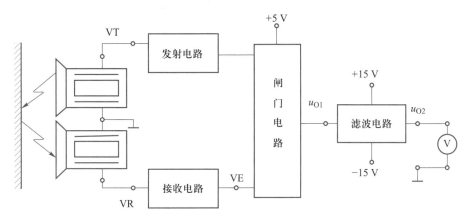

图6-2-6 超声波传感器测量距离电路

步骤2：给转换电路板接入 + 15 V、– 15 V 及 + 5 V 直流电源和地线。

步骤3：将输出信号接入数字电压表，并将转换开关置于 2 V 挡。

步骤4：参照图6-2-7检查实物接线。

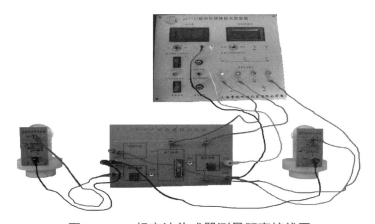

图6-2-7 超声波传感器测量距离接线图

3. 检测超声波传感器

步骤1：将超声波传感器的发射探头和接收探头相距约 30 cm 相对放在一条直线上，接通电源，如图6-2-8所示，看是否有输出电压。

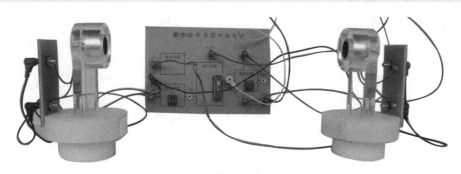

图6-2-8　检测超声波传感器

步骤2：固定发射探头的位置，移动接收探头，观察输出电压是否有变化。如果有稳定且规律的变化，说明超声波传感器是好的，否则需要更换超声波传感器。

4. 调整超声波传感器位置

步骤1：将超声波传感器的发射探头和接收探头相距 10 ~ 15 cm 平行放置，在离超声波传感器 20 ~ 30 cm（0 ~ 20 cm 为超声波测量盲区）处放置反射挡板，如图6-2-9所示。

步骤2：接通电源，调节发射、接收两传感器间的距离与角度，再调整挡板位置使输出电压能够变化。

5. 用超声波传感器测量距离

调整完毕，平行移动反射挡板，依次递增 5 cm，读出电压值，记录在表6-2-2中。

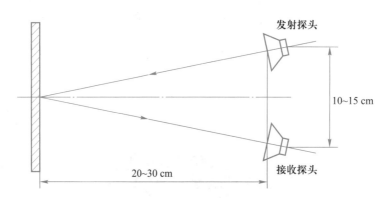

发射探头

10~15 cm

接收探头

20~30 cm

图6-2-9　超声波传感器位置调整

表6-2-2　超声波传感器测量距离数据

X/cm								
U_o/V								

6. 数据分析处理

步骤1：根据表6-2-2中数据，画出超声波传感器的位移特性曲线，并计算其灵敏度和线性度。

步骤2：分析超声波传感器的特性是否是线性的，为什么？其线性度受到什么因素的影响？

////// *任务评价*

评价项目	任务评价内容	分值	自我评价	小组评价	教师评价
职业素养	实物观测操作规程	10			
	出勤、纪律、团队协作	5			
	安全文明生产	5			
理论知识	超声波的概念及测量原理	10			
	超声波探头的分类及结构	10			
实操技能	认识超声波传感器	20			
	用超声波传感器测量距离	40			
总分		100			
个人学习总结					
小组评价					
教师评价					

练一练

一、填空题

1. 超声波是人耳听不见的，频率范围为_____的一种机械波。

2. 一般来说，超声波传感器由_____、_____和_____组成。

3. 超声波受外界环境影响较大，所以测量的距离_____，测量精度也_____。

二、选择题

1. 超过人耳听觉范围的声波称为超声波，它的频率高于（　　）。

　　A. 20 Hz　　　　　B. 20 kHz　　　　　C. 2 kHz　　　　　D. 2 MHz

2. 超声波到达两个不同材料的界面上，可能发生（　　）。

　　A. 反射　　　　　B. 折射　　　　　C. 波形转换　　　　　D. 以上都是

3. 由于机械波是由机械振动产生的，所以超声波是（　　）。

　　A. 电磁波　　　　　B. 光波　　　　　C. 机械波　　　　　D. 纵波

4. 在检测技术中的超声波换能器主要采用（　　）。

　　A. 压电式　　　　　B. 磁致伸缩式　　　　　C. 电磁式　　　　　D. 换能式

5. 超声波的频率越高，（　　）越好。

　　A. 频率特性　　　　　B. 方向性　　　　　C. 电磁特性　　　　　D. 以上都是

三、简答题

1. 试举出几种超声波传感器在生活中的用途。

2. 简述压电式超声波换能器的工作原理。

3. 如何使用超声波传感器制作汽车尾部防撞装置？

 知识拓展

超声波传感器实际应用

超声波传感器不仅用在距离测量中，它在工业中的应用十分广泛，下面介绍几种常见的超声波传感器实际应用。

1. 超声波测厚度

超声波测厚度常用脉冲回波法。将超声波探头与被测物体表面接触，如图 6-2-10 所示，主控制器产生一定频率的脉冲信号，送往发射电路，经电流放大后激励压电式探头，产生超声波脉冲。脉冲波传到被测工件另一面被反射回来，被同一探头接收。如果超声波在工件中的声速 v 是已知的，设工件厚度为 δ，脉冲波从发射到接收的时间间隔 t 可以测量，因此可求出工件厚度为 $\delta = \dfrac{vt}{2}$。

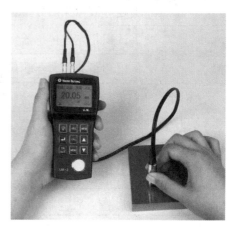

图6-2-10　超声波测厚度

2. 超声波探伤

超声波探伤原理如图 6-2-11 所示，数字式超声波探伤仪如图 6-2-12 所示。

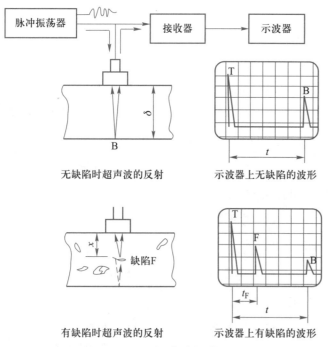

图6-2-11　超声波探伤原理

图6-2-12　数字式超声波探伤仪

任务三　用超声波传感器测量液位

////// **任务情境**

由于超声波物位计采用非接触式测量，被测介质几乎不受限制，可广泛用于各种液体和固体物料高度的测量。上海世博会中使用超声波液位计进行地下排水处理系统的测量和控制，如图 6-3-1（a）所示。上海世博会中主要场馆供水的临江水厂中，使用超声波液位计监测厂区水位，如图 6-3-1（b）所示。

(a) 排水系统中使用的超声波传感器　　　　(b) 供水系统中使用的超声波传感器

图6-3-1　上海世博会中使用的超声波液位计

////// **任务准备**

图 6-3-2 所示为超声波液位计实物及测量系统，图 6-3-3 所示为超声波测量液位的工作原理示意图。超声波液位计具有精度高和使用寿命长的特点，但若液体中有气泡或液面发生波动，便会有较大的误差。

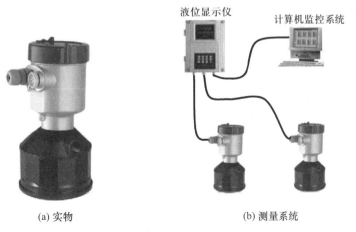

(a) 实物　　　　　　　　　　(b) 测量系统

图6-3-2　超声波液位计

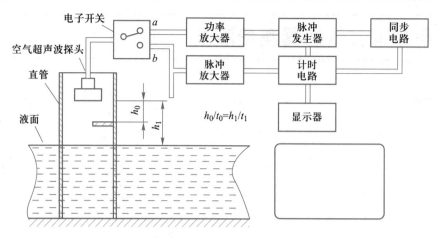

图6-3-3 超声波测量液位的工作原理示意图

根据安装方式和使用探头数量的不同，超声波液位计可以分为单探头底部安装、双探头底部安装、单探头顶部安装、双探头顶部安装等，如图6-3-4所示。

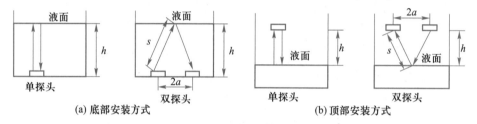

图6-3-4 超声波液位计的安装方式

////// **任务实施**

一、工件及材料准备（见表6-3-1）

表6-3-1 工件及材料准备

序号	名称	型号或规格	图片	数量	备注
1	超声波液位计	HSAWT2SU50S4××××		1台	
2	开口容器	$\phi 600 \times 1\,400$		1个	
3	支架			1个	
4	软尺	2 000		1个	
5	导线			若干	

二、认识超声波液位计

根据图 6-3-5 ～图 6-3-7 所示相关产品技术文件，熟悉超声波液位计的相关参数和使用方法。

功耗
- <10W@24V,直流
- <10W@24V,交流

输出
- 4~20mA 模拟量输出
- 2 组双掷可编程继电器　（一体式四线制）
- 5 组双掷可编程继电器　（分体式四线制）

通信方式
- Modbus(默认)、HART、Goshawk 等

最大量程及分辨力

表一

频率	盲区 /m	量程 /m				分辨力 /mm
		液体	固体	浆体	粉体	
50kHz	0.25	5				
40kHz	0.30	7				
30kHz	0.35	11		5		1
20kHz	0.45	20		10		
15kHz	0.6	30	35	10		
10kHz	1.0	40	20	15		
5kHz	1.5	60				1
4kHz	1.5	>60				

电气精度
- ±1%F.S

工作温度
- 一体式　　　　　　　　−40-40℃
- 分体式放大器　　　　　−40-80℃
- 分体式普通型传感器　　−40-80℃
- 分体式高温型传感器　　−40-175℃

最大工作压力
- 30P.S.L(2Bar)

发射角
- 7.5°　不带锥筒 50kHz/40kHz/30kHz
- 4°　带锥筒 50kHz/40kHz
- 6°　带锥筒 30kHz/20kHz/15kHz/5kHz

防护等级
- 一体式　　　　　　IP67
- 分体式放大器　　　IP65
- 分体式传感器　　　IP68

电缆接口
- 一体式　M16×3
- 一体式　M20×3　　　M16×1

典型重量
- 整体式　　　　4kg　　30kHz/20kHz/15kHz
- 分体式放大器　1kg　　30kHz/20kHz/15kHz
- 分体式传感器　2kg　　40kHz/30kHz/20kHz
- 分体式传感器　10kg　40kHz/10kHz
- 分体式传感器　15kg　5kHz
- 分体式传感器与放大器之间通过标准的电缆 (推荐型号 BELDEN3084A) 连接时，可实现 500 m 远距离传输。

图 6-3-5　产品技术指标

变送器	+	法兰	+	锥筒
HS AWI2SB30S4 × × ×		FA4A-4		C04A-4

图 6-3-6　产品型号组成

HS AWI2　　　= 整体式 2 线制
HS AWI234　= 整体式 2/3/4 线制 （带 2 个继电器）
HS AWF234　= 整体式 2/3/4 线制 （带 2 个继电器） 明渠流量

外壳
S= 聚丙烯外壳

电源
B=24V,直流
C=48V,直流 (仅 2/3/4 线制)
U=90~260V,交流

传感器频率
50kHz 用于 0~5m　　液体
40kHz 用于 0~7m　　液体
30kHz 用于 0~11m　液体　　固体、浆体、粉体5m
20kHz 用于 0~20m　液体　　固体、浆体、粉体10m
15kHz 用于 0~30m　液体　　固体35m, 浆体、粉体 10m
10kHz 用于 0~40m　液体　　固体20m, 浆体、粉体 15m
5kHz 用于 0~60m　　液体　　固体、浆体、粉体 60m
4kHz 用于 60m 以上　　液体　　固体　　浆体　　粉体

表面材质
S= 标准温度 (只适用于干燥环境、聚烯烃面)
T= 标准温度 (湿润环境、特氟龙面)
Y= 高温 (仅 10kHz)

传感器外壳材质
4= 聚丙烯 (标准)
6= 特氟龙 (仅 30kHz、40kHz、50kHz)

螺纹标准
X= 不需要
TB=BSP
TN=NPT

螺纹尺寸
X= 不需要
20=2″
30=3″
50=3.5″

通信方式
S= 只有 5 个继电器输出 (仅 AWR234)
X=4~20mA 模拟输出组件,包括 234Modbus comms 通信协议
M=Modbus comms 通信协议带 4~20mA 组件 (不能用于 2 线制)
H=HART 协议 , 仅 2 线制
I=HART 协议 ,234 线制
W= 只带 Modbus comms 通信协议 (不能用于 2 线制)
P=Profibus DP 协议
Z= 特殊要求

符合标准
X= 不需要
A0=ATEX Zone0
A2=2 ATEX Zone22

定位组件 / 起重主导装置 / 软件选择 , 只用于 234 线制
PS= 从属定位
CM= 起重主导装置
X= 无要求

| AWI234 | S | U | 30 | T | 6 | X | X | X | X | X |

图6-3-7　产品型号列表

三、安装调试

1. 确定安装方式

按照产品说明书的要求应安装在容器上方，图6-3-8所示为超声波液位仪的典型安装方式，安装点确定原则如下：

① 了解被测设备的建筑结构，确保在仪表安装点的正下方、波束范围内不能有任何的障碍物。

② 远离物料变化和气流流动较大的地方，选择较平静的测量点。

③ 远离噪声源和振动较大的地点。

④ 确定需要测量的点。

⑤ 超声波探头深入罐体至少50 mm。

⑥ 超声波液位仪安装位置高度 = 真实测量高度 + 盲区。

⑦ 在某些场合需要自制安装支架以便安装。

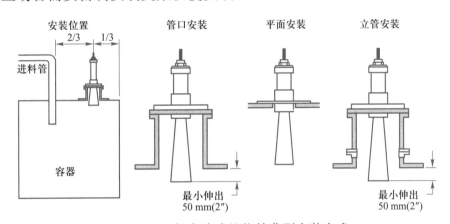

图6-3-8　超声波液位仪的典型安装方式

2. 超声波液位仪接线

按照产品说明书提供的接线图完成接线，接线端子如图6-3-9所示。

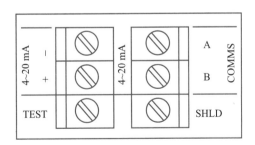

图6-3-9　接线端子

3. 调试超声波液位仪

在确定超声波液位仪正确安装和接线后，还要进行调试。调试前应先查看产品说明书，弄清楚面板上各按键的功能，然后按流程进行调试。一般智能仪表的调试内容包括仪表基本参数设置和仪表输出设置等。超声波液位仪具体调试流程如图6-3-10所示。

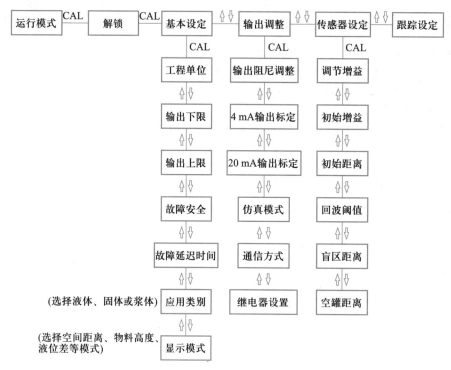

图6-3-10 超声波液位仪具体调试流程

四、使用超声波液位仪测量液位

将软尺放入容器，下端用重物固定，使其在水中能保持铅垂。将容器中注入液体（自来水），调节水位高低，完成水位测量，并将数据记录到表6-3-2中。

表6-3-2 数据结果

软尺测量的水位/cm				
超声波液位仪测量的水位/cm				
误差				

////// **任务评价**

评价项目	任务评价内容	分值	自我评价	小组评价	教师评价
职业素养	实物观测操作规程	10			
	出勤、纪律、团队协作	5			
	安全文明生产	5			
理论知识	超声波测量液位的原理	10			
	超声波液位仪的安装方式	10			
实操技能	认识超声波液位仪	10			
	安装调试超声波液位仪并用其测量液位	50			

续表

评价项目	任务评价内容	分值	自我评价	小组评价	教师评价
总分		100			
个人学习总结					
小组评价					
教师评价					

 练一练

1. 试述超声波液位仪的测量原理。

2. 超声波液位仪在安装使用中应注意哪些事项?

 知识拓展

电磁流量计在导电流体测量中的应用

电磁流量计是 20 世纪 50—60 年代随着电子技术的发展而迅速发展起来的流量测量仪表，是根据电磁感应定律制造的用来测量管内导电介质体积流量的感应式仪表。

电磁流量计可广泛应用于化工、钢铁、煤炭、矿冶、石油开采、石化、造纸、环保、制糖、制药、食品、水利灌溉、给排水和港口疏浚等领域，可精确地测量各种酸、碱、盐溶液以及原水、冷却水、污水、煤浆、矿浆、泥浆、水泥浆、纸浆、糖浆、煤水浆、啤酒、麦汁、药液和各种饮料等导电流体和固液二相体的体积流量。

电磁流量计的选用与口径大小密切相关：大口径较多应用于给排水工程；中小口径常用于固液二相体等难测流体或高要求场所，如测量造纸工业纸浆液和黑液、有色冶金业的矿浆、选煤厂的煤浆、化学工业的强腐蚀液体以及钢铁工业高炉风口冷却水控制和监漏，长距离管道煤的水力输送的流量测量和控制；小口径、微小口径常用于医药工业、食品工业、生物工程等有卫生要求的场所。

1. 电磁流量计测量原理

根据电磁感应定律，导体在磁场中切割磁感线运动时在其两端产生感应电动势。如果将管道内流动的导电液体看成导体的运动，管道的直径看成导体的长度，液体相对于电极流动，看成导体切割磁感线运动，那么电极应感应出电动势 E_x，如图 6-3-11 所示。

$$E_x = KBDv$$

可得
$$v = \frac{E_x}{KBD}$$

式中，E_x——感应电动势；

$\quad$ K——比例系数；

$\quad$ B——磁感应强度；

$\quad$ D——管道直径；

$\quad$ v——垂直于磁感线的流体流动速度。

由上式可得

$$q_V = Av = \frac{\pi D^2}{4}v = \frac{\pi D}{4KB}E_x$$

在管道直径 D 已经确定、磁感应强度 B 维持不变时,流体的体积流量与磁感应电动势呈线性关系。

2. 电磁流量计的结构及其特点

电磁流量计的结构如图 6-3-12 所示。电磁流量计具有以下特点:

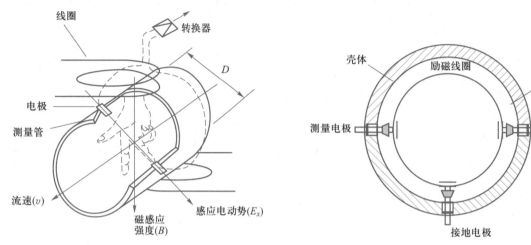

图6-3-11 电磁流量计测量原理   图6-3-12 电磁流量计的结构

① 测量管内无阻流及活动部件,因此不会造成额外的能量损失,也不会造成堵塞,节能效果显著,特别适宜两相流如污水、泥浆、水煤浆、纸浆等介质测量。

② 电磁流量计是一种测量体积流量的仪表,其测量不受流体密度、温度、压力、黏度以及在一定范围内电导率变化的影响。电磁流量计只需要用水作为实验介质进行标定,而不需要做附加修正就可以用来测量其他导电性液体。这是其他流量计所不具有的特点。

③ 耐腐蚀性好。电磁流量计接触介质的只有衬里和电极,只要合理选用衬里和电极材料就可以达到耐腐蚀和耐磨的要求。

④ 安装要求较低。只要求测量管道为直管道,直管道最小长度:流量计前面为5D,后面为2D(D 为流量计直径)。

⑤ 测量精度高,可用于工业过程检测,也可用于贸易结算的计量仪表。

⑥ 仪表防护性能较好,一体型仪表可达 IP67 要求(可短时间浸水),传感器可达 IP68 要求(可长时间浸水)。

⑦ 口径范围大,连接方式多样,介质温度范围大,使用可靠,维护方便,寿命长。

3. 电磁流量计的分类

市场上通用型产品和特殊型产品可以从不同角度分类。

① 按激磁电流方式分类,有直流激磁、交流(工频或其他频率)激磁、低频矩形波激磁和双频矩形波激磁。

② 按转换器与传感器组装方式分类,有分体型和一体型。

③ 按流量传感器与管道连接方法分类,有法兰连接、法兰夹装连接和螺纹连接。

④ 按用途分类,有通用型、防爆型、卫生型、防浸水型和潜水型等。

4. 电磁流量计的应用

电磁流量计常用于测量导电性的液体和液固两相介质，一般要求其电导率应大于 5 μS/cm（自来水、原水的电导率为 100 ～ 500 μS/cm），但介质中不能含有较多铁磁性物质和大量气泡。

（1）电磁流量计用于冶金行业

电磁流量计广泛用于冶金行业中工业用水处理的测量、酸碱溶液的计量等，图 6-3-13（a）、（b）所示为电磁流量计用于高炉的现场，图 6-3-13（c）所示为电磁流量计用于水处理的现场。

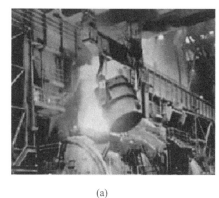
(a)

(b)

(c)

图6-3-13　电磁流量计在冶金行业中的应用

（2）电磁流量计用于化工、轻工行业

电磁流量计广泛用于化工行业中水处理以及酸、碱、盐等溶液的计量，如图 6-3-14（a）所示。在轻工业中电磁流量计广泛应用于各种导电液体的计量，如啤酒厂的啤酒计量、造纸厂的纸浆计量等，图 6-3-14（b）所示为纸浆计量的应用。

(a)

(b)

图6-3-14　电磁流量计在化工、轻工行业的应用

（3）电磁流量计用于市政管理、水利建设

电磁流量计还广泛用于市政管理、水利建设等民用行业。图 6-3-15（a）所示为市政施工中使用的大口径电磁流量计的安装现场，图 6-3-15（b）所示为污水处理厂中使用的电磁流量计。图 6-3-16所示为电磁流量计在水利建设中的应用。

(a)   (b)

图6-3-15 电磁流量计在市政管理中的应用

图6-3-16 电磁流量计在水利建设中的应用

项目小结 ■

　　物位通常可以分为液位、界位和料位 3 种，对应的物位检测仪表分为液位计、料位计和界面计。物位测量总体上可分为直接测量和间接测量两种方法。直接测量通过标尺直接读出物位高度。间接测量是将物位信号转化为其他相关信号进行测量，包括压力法、浮力法、电学法、声学法等。

　　流量通常是指单位时间内流经封闭管道或明渠有效截面的流体数量，又称瞬时流量；在某一段时间内流过的流体总和，称为总流量或累积流量。流量又分为体积流量和质量流量。测量流量的方法主要有流速法、节流法、涡轮法、电磁法、超声波法。

　　超声波传感器是利用超声波的特性研制的传感器。超声波具有频率高、波长短、绕射现象小，特别是方向性好、能够定向传播等特点。超声波换能器按工作原理不同，可分为压电式、磁致伸缩式、电磁式等几种，在检测技术中主要采用压电式。

项目七
了解智能传感技术

项目目标

1. 了解智能传感器的定义。
2. 知道智能传感器的特点。
3. 了解智能传感器实现的途径。
4. 知道智能传感器发展趋势。
5. 能遵守实训实验室安全规则，遵守 6S 管理规范。

任务一　认识智能传感器　■

任务情境

传感器像人的五官一样，是获取信息的重要工具。它在工业生产、国防建设和科学技术领域发挥着巨大的作用。但与飞速发展的计算机相比较，作为"五官"的传感器远远赶不上作为"大脑"的计算机的发展速度。

随着测控系统自动化、智能化的发展，要求传感器准确度高、可靠性高、稳定性好，而且具备一定的数据处理能力，并能够自检、自校、自补偿。传统的传感器已不能满足这样的要求。

智能传感器技术是一门蓬勃发展的现代传感器技术，它涉及微机械及微电子技术、信号处理技术、计算机技术、电路与系统、神经元网络及模糊控制理论等多种学科，是一门综合技术。

任务准备

一、什么是智能传感器

智能传感器概念最早是在研发宇宙飞船的过程中提出的，并于 20 世纪 70 年代末形成产品。宇宙飞船上需要大量的传感器不断向地面或本船的处理器发送温度、位置、速度和姿态等数据信息，但是即便使用一台大型计算机也很难同时处理如此庞大的数据。而且宇宙飞船又限制计算机体积和重量，因此希望传感器本身具有信息处理功能，于是将传感器与微处理器结合，就出现了智能传感器，如图7-1-1所示。这是一种带微处理器的，兼有信息检测、信号处理、信息记忆、逻辑思维与判断功能的新型传感器。

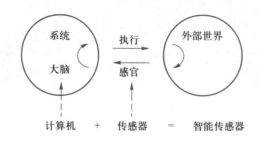

图7-1-1 智能传感器的构成

智能传感器的一般定义：除产生一个被测量或被控量的正确表示之外，还同时能简化换能器的综合信息，用于网络环境功能的传感器。其原理结构框图如图7-1-2所示。

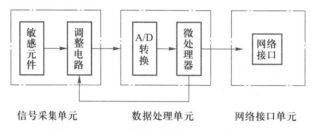

图7-1-2 智能传感器原理结构框图

传感器将被测的物理量、化学量转换成相应的电信号，送到调整电路中，经过滤波、放大、A/D转换后送达微处理器。微处理器对接收的信号进行计算、存储、数据分析处理后，一方面通过反馈回路对传感器与调整电路进行调节，以实现对测量过程的调节和控制；另一方面将处理的结果传送到输出接口，经接口电路处理后按输出格式、界面定制输出数字化的测量结果。微处理器是智能传感器的核心，由于微处理器充分发挥各种软件的功能，使传感器智能化，大大提高了传感器的性能。

早期的智能传感器是将传感器的输出信号经处理和转化后由接口送到微处理器进行运算处理。20世纪80年代智能传感器主要以微处理器为核心，把传感器信号调整电路、微电子计算机存储器及接口电路集成到一块芯片上，使传感器具有一定的人工智能。20世纪90年代智能化测量技术有了进一步的提高，使传感器实现了微型化、结构一体化、阵列式、数字式，使用方便、操作简单，并具有自诊断功能、记忆与信息处理功能、数据存储功能、多参量测量功能、联网通信功能、逻辑思维以及判断功能。

根据国标GB/T 33905.3-2017《智能传感器 第3部分：术语》中的定义，智能传感器

（intelligent sensor）是具有与外部系统双向通信手段，用于发送测量、状态信息，接受和处理外部命令的传感器。

二、智能传感器的特点

1. 高精度

智能传感器具有信息处理功能，通过软件进行自动校零去除零点，与标准参考基准实时对比，自动进行整体系统标定、非线性等系统误差的校正，实时采集大量数据进行分析处理，消除偶然误差影响，保证智能传感器的高精度。

2. 高可靠性与高稳定性

智能传感器能自动补偿因工作条件与环境参数发生变化而引起的系统特性的漂移，如环境温度、系统供电电压波动而产生的零点和灵敏度的漂移；在被测参数变化后能自动变换量程，实时进行系统自我检验，分析、判断所采集数据的合理性，并自动进行异常情况的应急处理。

3. 高信噪比与高分辨力

由于智能传感器具有数据存储、记忆与信息处理功能，通过数字滤波等相关分析处理，可去除输入数据中的噪声，自动提取有用数据；通过数据融合、神经网络技术，可消除多参数状态下交叉灵敏度的影响。

4. 强自适应性

智能传感器具有判断、分析与处理功能，它能根据系统工作情况决策各部分的供电情况、与上位计算机的数据传输速率，使系统工作在最优低功耗状态并优化传输效率。

5. 较高的性能价格比

智能传感器通过与微处理器／微计算机相结合，采用廉价的集成电路工艺和芯片以及强大的软件来实现提高性能，所以具有较高的性能价格比。

6. 多功能化

智能传感器可以实现多参数综合测量，通过编程扩大测量与使用范围；可以根据检测对象或条件的改变，相应地改变量程及输出数据的形式，具有一定的自适应能力；具有数字通信功能，直接送入远程计算机进行处理；具有多种数据输出形式（如 RS-232 串行输出、PIO 并行输出、IEEE-488 总线输出以及经 D/A 转换后的模拟量输出等），适合各种应用系统。

三、智能传感器的分类

① 按被测物理量的类型来分，有温度、压力、湿度、角速度、液位、磁场、生物、化学等智能传感器。

② 按智能化程度来分，有初级形式、中级形式和高级形式。

③ 按结构分，有模块智能传感器、混合式智能传感器和集成式智能传感器。

四、智能传感器的主要功能

智能传感器的功能是通过模拟人的感官和大脑的协调动作，结合长期以来测试技术的研究和实际经验而提出来的。它是一个相对独立的智能单元，它的出现对原来硬件性能的苛刻要求有所减轻，而靠软件帮助来使传感器的性能大幅度提高。

智能传感器通常可以实现以下功能：

1. 复合敏感功能

我们观察周围的自然现象，常见的信号有声、光、电、热、力和化学等。敏感元件测量一般通过两种方式：直接和间接的测量。而智能传感器具有复合功能，能够同时测量多种物理量和化学量，获得能够较全面反映物质运动规律的信息。例如，某复合液体传感器可同时测量介质的温度、流速、压力和密度；某复合力学传感器可同时测量物体某一点的三维振动加速度、速度、位移等。

2. 自适应功能

智能传感器可在条件变化的情况下，在一定范围内使自己的特性自动适应这种变化。通过采用自适应技术，补偿老化部件引起的参数漂移，所以自适应技术可延长器件或装置的使用寿命。同时也扩大其工作领域，因为它能自动适应不同的环境条件。自适应技术提高了传感器的重复性和准确度。因为其校正和补偿数值已不再是一个平均值，而是测量点的真实修正值。

3. 自检、自校、自诊断功能

普通传感器需要定期检验和标定，以保证它在正常使用时有足够的准确度，这些工作一般要求将传感器从使用现场拆卸送到实验室或检验部门进行，对于在线测量传感器，出现异常不能及时诊断。采用智能传感器时，情况则大有改观。首先，智能传感器具有自诊断功能，在电源接通时进行自检，可以确定组件有无故障。其次，根据使用时间可以在线进行校正，微处理器利用存在 E^2PROM 内的计量特性数据进行对比校对。

4. 信息存储功能

信息往往是成功的关键。智能传感器可以存储大量的信息，用户可随时查询。这些信息包括装置的历史信息。例如，传感器已工作多少小时，更换多少次电源等，传感器的全部数据和图表，组态选择说明，串行数、生产日期、目录表和最终出厂测试结果等。信息量只受智能传感器本身存储容量的限制。智能传感器除了增加过程数据处理、自诊断、组态和信息存储4个方面的功能外，还提供了数字通信能力和自适应能力。

5. 过程数据处理功能

智能传感器具有过程数据处理功能，不但能放大信号，而且能使信号数字化，再用软件实现信号调节。通常，传统传感器不能给出线性信号，而过程控制却把线性度作为重要的追求目标。智能传感器通过查表方式可使非线性信号线性化。当然对每个传感器要单独编制这种数据表。智能传感器通过过程数据处理可以利用数字滤波器对数字信号进行滤波,从而减少噪声或其他相关效应的干扰。利用软件研制的复杂滤波器要比用电子元件组成的滤波器容易得多。环境因素补偿也是数据处理的一项重要任务。微控制器能帮助提高信号检测的精确度。例如,通过测量基本检测元件的温度可获得正确的温度补偿系数,从而实现对信号的温度补偿。用软件也能实现非线性补偿和其他更复杂的补偿。

6. 组态功能

智能传感器的另一个主要特性是组态功能。信号应该放大多少倍?温度传感器是以摄氏度还是华氏度为单位输出温度?对于智能传感器,用户可随意选择需要的组态。例如,检测范围、可编程通 / 断延时、选组计数器、动合 / 动断、8/12 位分辨率选择等。这只不过是当今智能传感器众多组态中的几种。灵活的组态功能大大减少了用户需要研制和更换传感器的类型和数目。利用智能传感器的组态功能可使同一类型的传感器工作在最佳状态,并且能在不同场合从事不同的工作。

7. 数字通信功能

如上所述,由于智能传感器能产生大量信息和数据,所以用普通传感器的单一连线无法对装置的数据提供必要的输入输出。如果对应每个信息各用一根引线,则会使系统非常庞杂,因此需要一种灵活的串行通信系统。在过程工业中,常见点与点串接以及串联网络,今后的趋势是向大型串联网络方向发展。因为智能传感器本身带有微控制器,所以很容易实现与外部连接的数字串行通信。串联网络抗环境影响 (如电磁干扰) 的能力比普通模拟信号强得多。

五、智能传感器的实现途径

目前,智能传感器的实现主要通过传感器技术发展的 3 条途径:① 利用计算机合成,即智能合成;② 利用特殊功能材料,即智能材料;③ 利用功能化几何结构,即智能结构。智能合成表现为传感器装置与微处理器的结合,这是目前的主要途径。

按传感器与计算机的合成方式,目前的传感器技术沿用以下 3 种具体方式实现智能传感器。

1. 非集成化实现方式

非集成化智能传感器是将传统的基本传感器、信号调整电路、带数字总线接口的微处理器组合为一个整体而构成的智能传感器系统,如图 7-1-3 所示。这种非集成化智能传感器是在现场总线控制系统发展形势的推动下迅速发展起来的。自动化仪表生产厂家原有的一套生产工艺设备基本不变,附加一块带数字总线接口的微处理器插板,并配备能进行通信、控制、自校正、自补偿、自诊断等的智能化软件,就可以实现智能传感器功能。这是一种最经济、最快速建立智能传感器的途径。

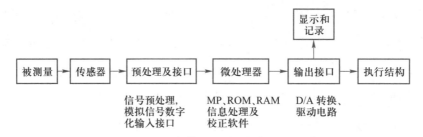

图7-1-3 智能传感器非集成化结构框图

2. 集成化实现方式

这种智能传感器系统是采用微机械加工技术和大规模集成电路工艺技术，利用硅作为基本材料来制作敏感元件、信号调整电路以及微处理器单元，并把它们集成在一块芯片上构成的，如图7-1-4所示。集成化实现方式使智能传感器做到了微型化、结构一体化，从而提高了精度和稳定性。敏感元件构成阵列后，配合相应图像处理软件，可以实现图形成像且构成多维图像传感器。目前已有多种集成化智能传感器，如单片智能压力传感器和智能温度传感器等。

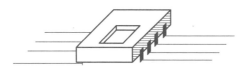

图7-1-4 智能传感器集成化外形图

3. 混合实现方式

要在一块芯片上实现智能传感器系统存在许多棘手的难题。根据需要与可能，可将系统各个集成化环节（如敏感单元、信号调整电路、微处理器单元、数字总线接口）以不同的组合方式集成在两块或三块芯片上，并装在一个外壳里，如图7-1-5所示。

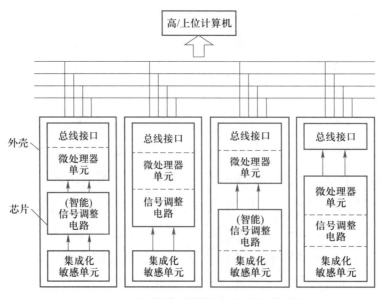

图7-1-5 智能传感器混合实现结构框图

六、智能传感器技术发展及趋势

1. 向高精度发展

随着自动化生产程度的提高，对传感器的要求也在不断提高，必须研制出灵敏度高、精确度高、响应速度快、互换性好的新型传感器以确保生产自动化的可靠性。

2. 向高可靠性、宽温度范围发展

传感器的可靠性直接影响电子设备的抗干扰等性能，研制高可靠性、宽温度范围的传感器是永久性的方向。发展新兴材料（如陶瓷）传感器将很有前途。

3. 向微型化发展

各种控制仪器设备的功能越来越强，要求各个部件体积越小越好，因而传感器本身体积也是越小越好，这就要求发展新的材料及加工技术，目前利用硅材料制作的传感器体积已经很小。如传统的加速度传感器是由重力块和弹簧等制成的，体积较大、稳定性差、寿命也短，而利用激光等各种微细加工技术制成的硅加速度传感器体积非常小，互换性和可靠性也都较好。

4. 向微功耗及无源化发展

传感器一般是实现非电量向电量的转化，工作时离不开电源，在野外现场或远离电网的地方，往往是用电池供电或用太阳能等供电，开发微功耗的传感器及无源传感器是必然的发展方向，这样既可以节省能源又可以提高系统寿命。目前，低功耗的芯片发展很快，如T12702 运算放大器，静态功耗只有 1.5 W，而工作电压只需 2 ~ 5 V。

5. 向智能化和数字化发展

随着现代化的发展，传感器的功能已突破传统，其输出不再是单一的模拟信号（如 0~10 mV），而是经过微型计算机处理后的数字信号，有的甚至带有控制功能，这就是所说的数字传感器。

6. 向网络化发展

网络化是传感器发展的一个重要方向，网络的作用和优势正逐步显现出来。网络传感器必将促进电子科技的发展。

////// **任务实施**

利用网络、文献等查阅智能传感器的技术资料并填入表 7-1-1。

表 7-1-1 智能传感器技术资料

序号	名称		典型产品	品牌
	中文	英文		
1	智能压力传感器	intelligent pressure sensor		
2				

续表

序号	名称		典型产品	品牌
	中文	英文		
3				

///////// **任务评价**

评价项目	任务评价内容	分值	自我评价	小组评价	教师评价
职业素养	遵守实训实验室规程及文明使用实训实验室	10			
	出勤、纪律、团队协作	10			
理论知识	智能传感器的发展	10			
	智能传感器的特点	20			
	智能传感器的功能	10			
	智能传感器的实现途径	10			
实操技能	会使用网络、文献等，查找和下载专业资料	30			
总分		100			
个人学习总结					
小组评价					
教师评价					

 **知识拓展**

智能传感器应用领域的黑科技

1. 无线传感器

近年来，健身追踪器已变成了一种非常流行的可穿戴科技产品。然而工程师们将这个概念更推进了一步，开发出了极小的无线传感器用以检测人体内的健康状况。这些设备已被缩小至 $1\,mm^3$，大约只有一粒灰尘大小，被称为"神经灰尘"，如图 7-1-6 所示。这些传感器可被植入人的体内，它们将在那里对组织、肌肉及神经进行实时检测，从内部监测人们的健康状况。

这种传感器含有压电晶体，可以将超声波能量转换成电能，向与体内神经细胞接触的微小晶体管提供动力。这些晶体管能记录神经活动，并使用相同的超声波信号将数据发送到人体外的接收器上。

无线传感器在工业、农业、军事、航空、建筑、医疗、环保等领域应用越来越广泛，如无线湿度传感器、无线压力传感器、无线温度传感器、无线气体传感器、无线液位传感器等。在智慧农业的大棚环境监控系统、智慧养殖环境监控系统、仓储馆藏环境监控系统、智慧管网监控系统、重大

图7-1-6　神经灰尘

危险源环境监测系统、能源管理系统、大气环境质量监控系统及生产制造智能监控系统等方面都有实际应用。

2. Sense睡眠传感器

在现今高压力、快节奏的城市生活中，很多人都会因为各种原因导致睡眠质量不高，因此用来监测睡眠质量的各种智能穿戴设备越来越多。

名为Sense的睡眠传感器，外形接近球形，如图7-1-7所示。Sense睡眠传感器能根据主人的调控，通过内置的多个传感器来收集室内环境状况，自动调节灯光，控制暖气，甚至还能播放舒缓的音乐促进人类睡眠，在睡眠期间也能将环境调节到最舒适的状况。它还可监测声音、灯光、温度、湿度和空气质量，对用户每晚的睡眠状况进行评分。

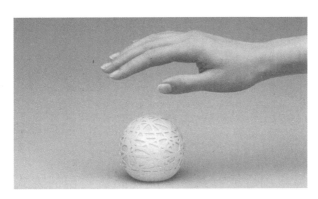

图7-1-7　Sense睡眠传感器

3. 智能袜子

智能袜子（如图7-1-8所示）通过温度传感器来检测糖尿病患者是否出现炎症，进而实时检测患者健康状况。与其他产品相比，该袜子更接近皮肤。传感器被编织到袜子中，可以随时检测足部炎症，而探测出的所有信息都会上传到智能手机上的APP上，方便患者随时了解自身健康情况。

4. 皮肤传感器

皮肤传感器是一种像创可贴一般的集成传感器，如图7-1-9所示。皮肤传感器能监测人体活动量、心跳次数以及紫外线强度等，可用于健康管理和物联网等领域。皮肤传感器采用最新的印刷技术将传感器元器件印制在塑料膜上，与传统半导体传感器制造技术相比成本很低，兼顾了使用便利和低成本。

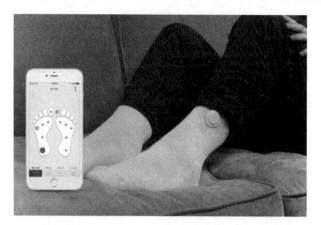

图7-1-8　智能袜子

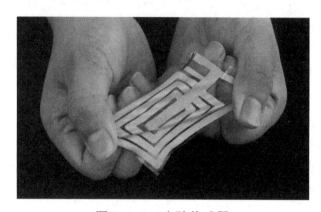

图7-1-9　皮肤传感器

练一练

1. 什么是智能传感器？

2. 智能传感器有什么特点？

3. 智能传感器具有什么功能？

4. 按照传感器与计算机的合成方式，智能传感器实现的方式有_____、_____和_____3种。

任务二　认识智能压力传感器

////// 任务情境

　　智能传感器不仅具有视觉、触觉、听觉、嗅觉、味觉功能，且应具有记忆、学习、思维、推理和判断等"大脑"能力。智能传感器现在已广泛应用于航天、航空、国防、科技和工农业生产等各个领域中。在工业生产中利用智能传感器可直接测量与产品质量指标相关的量，如温度、压力、流量等。

////// **任务准备**

一、ST3000 系列智能压力传感器

ST3000 系列智能压力传感器（如图 7-2-1 所示）可以检测差压、静压和温度等参数并融合智能化的信号调整功能，彻底打破了传感器与变送器的界限。

ST3000 系列智能压力传感器由测量和信号转换两部分组成，工作原理框图如图 7-2-2 所示。测量部分主要由复合传感器和测量容室组成，复合传感器如图 7-2-3 所示。

复合传感器是采用离子扩散技术在一块 2 mm×2 mm 的硅片上制造的，分别检测压力（或差压）、静压和温度，并集成多路电子开关和 A/D 转换器。压力传感器由 4 只电阻连接成惠斯通电桥，处于芯片的边缘。静压传感器也利用惠斯通电桥来检测，电阻安装在靠近支撑玻璃管的硅铜截面上，利用硅和玻璃的不同压缩系数进行所施加的静压的压阻测量。温度传感器采用普通热敏电阻，根据半导体材料的电阻率随温度变化的特性进行测温。3 种传感器的输出信号由一束导线引出，输送到多路转换器。

图 7-2-1 ST3000 系列智能压力传感器

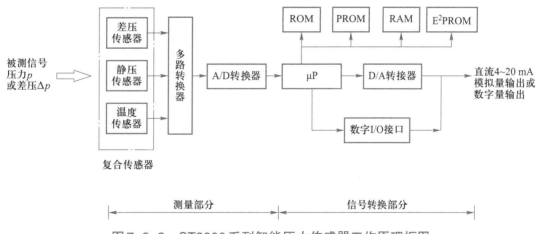

图 7-2-2 ST3000 系列智能压力传感器工作原理框图

当压力（或差压）传到硅片上时，由于硅晶体的压阻效应，引起阻值的变化，该阻值的变化由集成于传感器芯片上的惠斯通电桥检测出来，输出端产生电压 U_1，该电压与被测压力成正比，即获得了压力（或差压）的测量。同时，由于静压作用，在静压传感器的输出端产生出 U_2，该电压与静压成正比。温度传感器的电阻接在电压分路中，当环境温度升高时，其电阻值也升高，其两端的电压降也升高，补充因环境温度变化带来的电压的变化。值得注意的是，这 3 个过程参量的检测是在同一个中心体芯片上由集成的不同传感器同时完成的，它们通过多路电子开关切换，分别进行 A/D 转换，然后送到微处理器进行数字化处理。

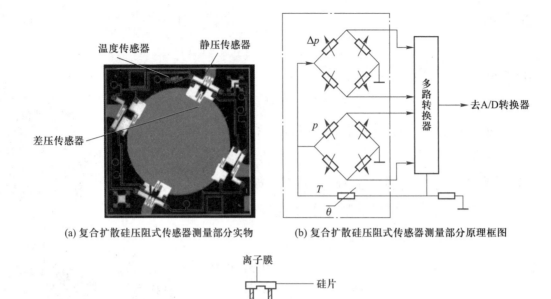

(a) 复合扩散硅压阻式传感器测量部分实物　　(b) 复合扩散硅压阻式传感器测量部分原理框图

(c) 复合扩散硅压阻式传感器结构(剖视图)

图 7-2-3　ST3000 系列智能压力传感器核心——复合传感器

与一般的扩散硅压力传感器比较，复合传感器有两个显著的特点。一是具有温度和静压辅助测量电路，使整机能进行静压和温度误差的自动补偿，从而减小静压误差和温度附加误差，二是复合传感器的承压面积小，能制成测量范围宽的传感器和测高压的传感器。

信号转换主要由微处理器、存储器、A/D 转换器和数字量 I/O 接口等部分构成。

ROM 存储标准算法和自诊断程序。PROM 存储有关的特性数据，如输入 / 输出特性、环境温度特性、静压特性、机种型号、测量范围的可设定范围等，这些特性用于实现物理信号的转换以及温度和静压的补偿运算。其特性数据的获得是在生产时针对本传感器由生产线上的计算机控制系统进行自动检测和处理得到的，由于这些信息唯一对应于本传感器，准确可靠，范围宽广，所以 ST3000 具有测量准确度高、量程比大、重复性好、输出特性优良等特点。机种型号是为了查找本传感器的特征数据，一旦本传感器 PROM 损坏，厂家能根据机种型号立即提供一块与损坏 PROM 存储的特征数据完全一样的芯片，更换新的 PROM 后，丝毫不会影响传感器的性能。

RAM 存储由智能现场通信器 SFC 设定的变送器的诸多参数数据，如标号、测量范围、线性 / 平方根输出的设定、阻尼时间常数、零点和量程校准等。

E^2PROM 保存 RAM 中的数据，是非丢失后备存储器。当仪表工作时，E^2PROM 存储着与 RAM 同样的数据，当仪表断电时，RAM 中存储的数据丢失，E^2PROM 中存储的数据依然被保存。当仪表恢复供电时，存储在 E^2PROM 中的数据会自动地传送到 RAM 中。

信号转换部分实际上是一个微处理器系统，其核心是微处理器，负责接收复合传感器送来的压力（或差压）、表体温度和静压等信号，按预定程序或上位计算机（如 TDC3000 分散控制系统）的要求进行处理，其结果经数字 I/O 接口以数字量形式或者经 D/A 转换器以模拟量形式输出。

二、网络化智能压力传感器

计算机技术、通信技术和传感器技术的相互渗透和融合产生了网络化传感器技术，为传感器技术的发展开辟了一个新方向。网络化智能传感器一般由信号采集单元、数据处理单元和网络接口单元组成。这 3 个单元可以是采用不同芯片构成的，也可以是单片结构，基本结构如图 7-2-4 所示。

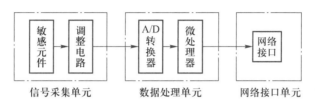

图 7-2-4 网络化智能传感器基本结构

1. PPT、PPTR 系列智能精密压力传感器

PPT、PPTR 系列智能精密压力传感器可实现网络化，其外形及引脚如图 7-2-5 所示。它有两个压力口 P1 和 P2，P1 口适合接不易燃、无腐蚀性的液体或气体，P2 口只能接气体。PPT 系列插座上的第 1 脚为 RS-232 接口的正端，第 2 脚为负端，第 3 脚为外壳接地端（GND），第 4 脚为直流电源输入端 (U_S)，第 6 脚为模拟电压输出端 (U_O)。PPTR 系列插座上的 A ～ F 依次对应于 1 ～ 6 脚，区别仅是 A、B 脚分别为 RS-485 接口的正端、负端。

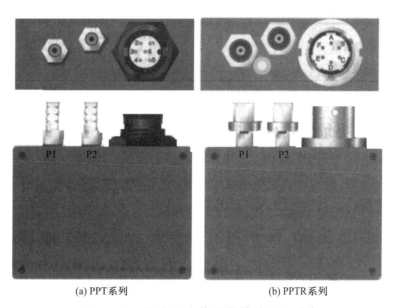

(a) PPT系列   (b) PPTR系列

图 7-2-5 智能压力传感器的外形及引脚

这些传感器将压敏电阻传感器、A/D 转换器、微处理器、存储器 (RAM、E^{2}PROM) 和接

口电路集于一身，不仅实现了高性能指标，还极大地方便了用户。这些产品可广泛用于工业、环境监测、自动控制、医疗设备等领域。

2. 工作原理

PPT、PPTR 系列智能压力传感器内部电路框图如图 7-2-6 所示。

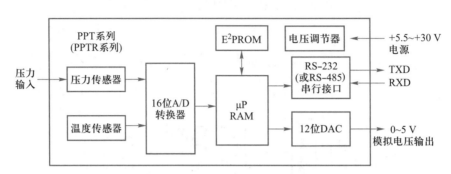

图 7-2-6 PPT、PPTR 系列智能压力传感器内部电路框图

内部电路主要包括 8 部分：① 压力传感器；② 温度传感器；③ 16 位 A/D 转换器；④ 微处理器（μP）和随机存取存储器（RAM）；⑤ 电擦写只读存储器（E²PROM）；⑥ RS-232（或 RS-485）串行接口；⑦ 12 位 D/A 转换器（DAC）；⑧ 电压调节器。

PPT 单元的核心部件是一个硅压阻式传感器，内含对压力和温度敏感的元件。代表温度和压力的数字信号送至微处理器中进行处理，可在 -40 ～ + 85℃ 范围内获得经过温度补偿和压力校准后的输出。在测量快速变化的压力时，可选择跟踪输入模式，预先设定好取样速率的阈值，当被测压力在阈值范围内波动时，取样速率就自动提高一倍。一旦压力趋于稳定，又恢复正常取样速率。PPT 还具有空闲计数功能，在测量稳定或缓慢变化的压力时，可自动跳过 255 个中间读数，延长两次输出的时间间隔。此外，它还可设定成仅当压力超过规定值时才输出或者等主机查询时才输出的工作模式。为适应不同环境，提高 PPT 的抗干扰能力，A/D 转换器的积分时间可在 8ms ～ 10s 范围内设定。

3. 智能压力传感器的应用

（1）PPT 模拟输出的配置

单独使用一个 PPT，能代替传统的模拟式压力传感器，其最大优点是不需要校准即可达到高精度指标。PPT 模拟输出与测量仪表的接线如图 7-2-7 所示。用户既可通过数字电压表（DVM）读取压力的精确值，亦可利用模拟式电压表（V）来观察压力的变化过程及变化趋势。对 PPT 进行设置后，它还能在传送压力数据的同时，接收来自控制处理器的阀门控制信号，以实现压力自动调节，这对于压力测控系统非常有用。阀门控制数据可以和压力数据无关。

（2）远程模拟压力信号的传输与记录

PPT 的模拟信号可直接送给记录仪来记录压力波形，但在远距离传输模拟信号时很容易受线路干扰及环境噪声的影响，还会造成信号衰减。为解决上述问题，可按图 7-2-8 所示，

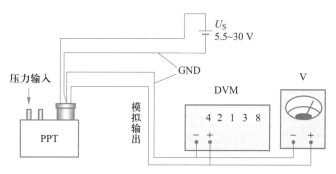

图 7-2-7　PPT 模拟输出与测量仪表的接线

在终端增加一个 PPT。首先由 PPT1 发送压力数据，然后远程传输给 PPT2，再将 PPT2 的模拟输出接记录仪。这种方法适用于 RS-485 接口，传输距离可达数千米。若采用带 RS-232 接口的 PPT 系列传感器，需增加驱动器和中继器。该方案的另一优点是传输速率快，当波特率为 28 800 bit/s 时，数据传输所造成的延迟时间不超过 2 ms。

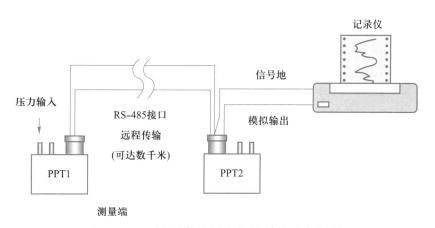

图 7-2-8　远程模拟压力信号的传输与记录

////// **任务实施**

利用网络、文献等查阅 ST3000 系列智能压力传感器适用的场所，查阅其他常用的智能传感器的技术资料，填入表 7-2-1 中。

表 7-2-1　智能传感器技术资料

序号	名称	品牌	适用场所
1			
2			
3			

////// **任务评价**

评价项目	任务评价内容	分值	自我评价	小组评价	教师评价
职业素养	遵守实训实验室规程及文明使用实训实验室	10			
	出勤、纪律、团队协作	10			
理论知识	ST3000系列智能压力传感器的组成	10			
	ST3000系列智能压力传感器的工作原理	10			
	网络化智能传感器的组成	10			
	PPT系列压力传感器工作原理	10			
实操技能	会使用网络、文献等,查找和下载专业资料	40			
总分		100			
个人学习总结					
小组评价					
教师评价					

 练一练

1. 简述 ST3000 系列智能压力传感器的组成。
2. 简述网络化智能传感器的组成。

项目小结 ■

　　智能传感器技术是一门蓬勃发展的现代传感器技术,它涉及微机械及微电子技术、信号处理技术、计算机技术、电路与系统、神经元网络及模糊控制理论等多种学科,是一门综合性技术。

　　智能传感器的特点包括:高精度、高可靠性与高稳定性、高信噪比与高分辨力、强自适应性、较高的性能价格比、多功能。

　　智能传感器的功能包括:复合敏感功能,自适应功能,自检,自校,自诊断功能,信息存储功能,数据处理功能,组态功能,数字通信功能。

　　ST3000 系列智能压力传感器可以检测差压、静压和温度等参数并与智能化的信号调整功能融为一体,彻底打破了传感器与变送器的界限。

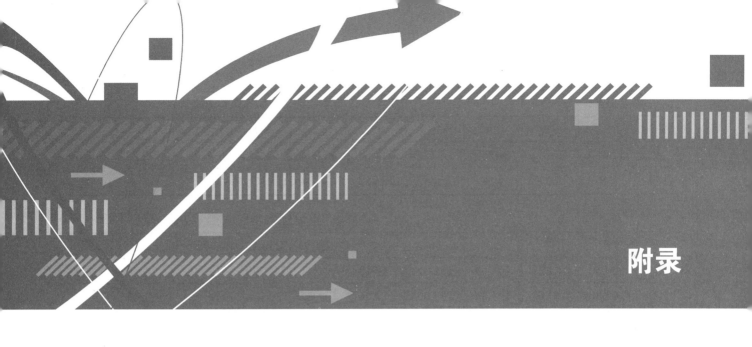

附录1　工业热电阻分度表

附表 1–1　铂热电阻 Pt100 分度表

$t/℃$	0	10	20	30	40	50	60	70	80	90
0	100.00	103.90	107.79	111.67	115.54	119.4	123.24	127.08	130.9	134.71
100	138.51	142.29	146.07	149.83	153.58	157.33	161.05	164.77	168.48	172.17
200	175.86	179.53	183.19	186.84	190.47	194.1	197.71	201.31	204.9	208.48
300	212.05	215.61	219.15	222.68	226.21	229.72	233.21	236.7	240.18	243.64
400	247.09	250.53	253.96	257.38	260.78	264.18	267.56	270.93	274.29	277.64
500	280.98	284.3	287.62	290.92	294.21	297.49	300.75	304.01	307.25	310.49
600	313.71	316.92	320.12	323.3	326.48	329.64	332.79	335.93	339.06	342.18
700	345.28	348.38	351.46	354.53	357.59	360.64	363.67	366.7	369.71	372.71
800	375.70	378.68	381.65	384.6	387.55	390.48				

附表 1–2　铂热电阻 Pt10 分度表

$t/℃$	0	10	20	30	40	50	60	70	80	90
0	10.000	10.390	10.779	11.167	11.554	11.940	12.324	12.708	13.090	13.471
100	13.851	14.229	14.607	14.983	15.358	15.733	16.105	16.477	16.848	17.217
200	17.586	17.953	18.319	18.684	19.047	19.410	19.771	20.131	20.490	20.848
300	21.205	21.561	21.915	22.268	22.621	22.972	23.321	23.670	24.018	24.364
400	24.709	25.053	25.396	25.738	26.078	26.418	26.756	27.093	27.429	27.764
500	28.098	28.430	28.762	29.092	29.421	29.749	30.075	30.401	30.725	31.049
600	31.371	31.692	32.012	32.330	32.648	32.964	33.279	33.593	33.906	34.218
700	34.528	34.838	35.146	35.453	35.759	36.064	36.367	36.670	36.971	37.271
800	37.570	37.868	38.165	38.460	38.755	39.048				

附表 1-3　铜热电阻 Cu50 分度表

t/℃	0	10	20	30	40	50	60	70	80	90
0	50.000	52.144	54.285	56.426	58.565	60.704	62.842	64.981	67.120	69.259
100	71.400	73.542	75.686	77.833	79.982	82.134				

附表 1-4　铜热电阻 Cu100 分度表

t/℃	0	10	20	30	40	50	60	70	80	90
0	100.00	104.29	108.57	112.85	117.13	121.41	125.68	129.96	134.24	138.52
100	142.80	147.08	151.37	155.67	159.96	164.27				

附录2　热电偶分度表 ■

附表 2-1　铂铑 30- 铂铑 6 热电偶分度表（分度号：B）　参考端温度：0℃

工作端温度/℃	0	10	20	30	40	50	60	70	80	90
	热电动势 /μv									
0	0	−2	−3	−2	0	2	6	11	17	25
100	33	43	53	65	78	92	107	123	140	159
200	178	199	220	243	266	291	317	344	372	401
300	431	462	494	529	561	596	632	669	707	746
400	786	827	870	913	957	1 002	1 048	1 095	1 143	1 192
500	1 241	1 292	1 344	1 397	1 450	1 505	1 560	1 617	1 674	1 732
600	1 791	1 851	1 912	1 974	2 036	2 100	2 164	2 230	2 296	2 363
700	2 430	2 499	2 569	2 639	2 710	2 782	2 855	2 928	3 003	3 078
800	3 154	3 231	3 308	3 387	3 466	3 546	3 626	3 708	3 790	3 873
900	3 957	4 041	4 126	4 212	4 298	4 386	4 474	4 562	4 652	4 742
1 000	4 833	4 924	5 016	5 109	5 202	5 297	5 391	5 487	5 583	5 680
1 100	5 777	5 875	5 973	6 073	6 172	6 273	6 374	6 475	6 577	6 680
1 200	6 783	6 887	6 991	7 096	7 202	7 308	7 414	7 521	7 628	7 736
1 300	7 845	7 953	8 063	8 172	8 283	8 393	8 504	8 616	8 727	8 839
1 400	8 952	9 065	9 178	9 291	9 405	9 519	9 634	9 748	9 863	9 979
1 500	10 094	10 210	10 325	10 441	10 558	10 674	10 790	10 907	11 024	11 141
1 600	11 257	11 374	11 491	11 608	11 725	11 842	11 959	12 076	12 193	12 310
1 700	12 436	12 543	12 659	12 776	12 892	13 008	13 124	13 239	13 354	13 470
1 800	13 585	13 699	13 814							

附表 2-2　铂铑 13- 铂热电偶分度表（分度号：R）　　　参考端温度：0℃

工作端温度/℃	0	10	20	30	40	50	60	70	80	90
	热电动势/μV									
0	0	54	111	171	232	296	363	431	501	573
100	647	723	800	879	959	1 041	1 124	1 208	1 294	1 381
200	1 469	1 558	1 648	1 739	1 831	1 923	2 017	2 112	2 207	2 304
300	2 401	2 498	2 597	2 696	2 796	2 896	2 997	3 099	3 201	3 304
400	3 408	3 512	3 616	3 721	3 827	3 933	4 040	4 147	4 255	4 363
500	4 471	4 580	4 690	4 800	4 910	5 021	5 133	5 245	5 357	5 470
600	5 583	5 697	5 812	5 926	6 014	6 157	6 273	6 397	6 507	6 625
700	6 743	6 861	6 980	7 100	7 220	7 340	7 461	7 583	7 705	7 827
800	7 950	8 073	8 197	8 321	8 446	8 571	8 697	8 823	8 950	9 077
900	9 205	9 333	9 461	9 590	9 720	9 850	9 980	10 111	10 242	10 374
1 000	10 506	10 638	10 771	10 905	11 039	11 173	11 307	11 442	11 578	11 714
1 100	11 850	11 986	12 123	12 260	12 397	12 535	12 673	12 812	12 950	13 089
1 200	13 228	13 367	13 507	13 646	13 786	13 926	14 066	14 207	14 347	14 488
1 300	14 629	14 770	14 911	15 052	15 193	15 334	15 475	15 616	15 758	15 899
1 400	16 040	16 181	16 323	16 464	16 605	16 746	16 887	17 028	17 169	17 310
1 500	17 451	17 591	17 732	17 872	18 012	18 152	18 292	18 431	18 571	18 710
1 600	18 849	18 988	19 126	19 264	19 402	19 540	19 677	19 814	19 951	20 087
1 700	20 222	20 356	20 488	20 620	20 749	20 877	21 003			

附表 2-3　铂铑 10- 铂热电偶分度表（分度号：S）　　　参考端温度：0℃

工作端温度/℃	0	10	20	30	40	50	60	70	80	90
	热电动势/μV									
0	0	55	113	173	235	299	365	432	502	573
100	645	719	795	872	950	1 029	1 109	1 190	1 273	1 356
200	1 440	1 525	1 611	1 698	1 785	1 873	1 962	2 051	2 141	2 232
300	2 323	2 414	2 506	2 599	2 692	2 786	2 880	2 974	3 069	3 164
400	3 260	3 356	3 452	3 549	3 645	3 743	3 840	3 938	4 036	4 135
500	4 234	4 333	4 432	4 532	4 632	4 732	4 832	4 933	5 034	5 136
600	5 237	5 339	5 442	5 544	5 648	5 751	5 855	5 960	6 064	6 169
700	6 274	6 380	6 486	6 592	6 699	6 805	6 913	7 020	7 128	7 236
800	7 345	7 454	7 563	7 672	7 782	7 892	8 003	8 114	8 225	8 336

续表

工作端温度/℃	0	10	20	30	40	50	60	70	80	90
	热电动势/μV									
900	8 448	8 560	8 673	8 786	8 899	9 012	9 126	9 240	9 355	9 470
1 000	9 585	9 700	9 816	9 932	10 048	10 165	10 282	10 400	10 517	10 635
1 100	10 754	10 872	10 991	11 110	11 229	11 348	11 467	11 587	11 707	11 827
1 200	11 947	12 067	12 188	12 308	12 429	12 550	12 671	12 792	12 913	13 034
1 300	13 155	13 276	13 397	13 519	13 640	13 761	13 883	14 004	14 125	14 247
1 400	14 368	14 489	14 610	14 731	14 852	14 973	15 094	15 215	15 336	15 456
1 500	15 576	15 697	15 817	15 937	16 057	16 176	16 296	16 415	16 534	16 653
1 600	16 771	16 890	17 008	17 125	17 245	17 360	17 477	17 594	17 711	17 826

附表 2-4　镍铬 – 镍硅热电偶分度表（分度号：K）　　　参考端温度：0℃

工作端温度/℃	0	10	20	30	40	50	60	70	80	90
	热电动势/μV									
0	0	397	798	1 203	1 611	2 022	2 436	2 850	3 266	3 681
100	4 095	4 508	4 919	5 327	5 733	6 137	6 539	6 939	7 338	7 737
200	8 137	8 537	8 938	9 341	9 745	10 151	10 560	10 969	11 381	11 793
300	12 207	12 623	13 039	13 456	13 874	14 292	14 712	15 132	15 552	15 974
400	16 395	16 818	17 241	17 664	18 088	18 513	18 938	19 363	19 788	20 214
500	20 640	21 066	21 493	21 919	22 346	22 772	23 198	23 624	24 050	24 476
600	24 902	25 327	25 751	26 176	26 599	27 022	27 445	27 867	28 288	28 709
700	29 128	29 547	29 965	30 383	30 799	31 214	31 629	32 042	32 455	32 866
800	33 277	33 686	34 095	34 502	34 909	35 314	35 718	36 121	36 524	36 925
900	37 325	37 724	38 122	38 519	38 915	39 310	39 703	40 096	40 488	40 879
1 000	41 269	41 657	42 045	42 432	42 817	43 202	43 585	43 968	44 349	44 729
1 100	45 108	45 486	45 863	46 238	46 612	46 985	47 356	47 726	48 095	48 462
1 200	48 828	49 192	49 555	49 916	50 276	50 633	50 990	51 344	51 697	52 049
1 300	52 398	52 747	53 093	53 439	53 782	54 125	54 466	54 807		

附表 2-5　镍铬硅 – 镍硅镁热电偶分度表（分度号：N）　　　参考端温度：0℃

工作端温度/℃	0	10	20	30	40	50	60	70	80	90
	热电动势/μV									
0	0	261	525	793	1 065	1 340	1 619	1 902	2 189	2 480
100	2 774	3 072	3 374	3 680	3 989	4 302	4 618	4 937	5 259	5 585

续表

工作端温度/℃	0	10	20	30	40	50	60	70	80	90
	热电动势/μV									
200	5 913	6 245	6 579	6 916	7 255	7 597	7 941	8 288	8 637	8 988
300	9 341	9 696	10 054	10 413	10 774	11 136	11 501	11 867	12 234	12 603
400	12 974	13 346	13 719	14 094	14 469	14 846	15 225	15 604	15 984	16 336
500	16 748	17 131	17 515	17 900	18 286	18 672	19 059	19 447	19 835	20 224
600	20 613	21 003	21 393	21 784	22 175	22 566	22 958	23 350	23 742	24 134
700	24 527	24 919	25 312	25 705	26 098	26 491	26 883	27 276	27 669	28 062
800	28 455	28 847	29 239	29 632	30 024	30 416	30 807	31 199	31 590	31 981
900	32 371	32 761	33 151	33 541	33 930	34 319	34 707	35 095	35 482	35 869
1 000	36 256	36 641	37 027	37 411	37 795	38 179	38 562	38 944	39 326	39 706
1 100	40 087	40 466	40 845	41 223	41 600	41 976	42 352	42 727	43 101	43 474
1 200	43 846	44 218	44 588	44 958	45 326	45 694	46 060	46 425	46 789	47 152
1 300	47 513									

附表 2-6　镍铬 – 铜镍（康铜）热电偶分度表（分度号：E）参考端温度：0℃

工作端温度/℃	0	10	20	30	40	50	60	70	80	90
	热电动势/μV									
0	0	591	1 192	1 801	2 419	3 047	3 683	4 329	4 983	5 646
100	6 317	6 996	7 683	8 377	9 078	9 787	10 501	11 222	11 949	12 681
200	13 419	14 161	14 909	15 661	16 417	17 178	17 942	18 710	19 481	20 256
300	21 033	21 814	22 597	23 383	24 171	24 961	25 754	26 549	27 345	28 143
400	28 943	29 744	30 546	31 350	32 155	32 960	33 767	34 574	35 382	36 190
500	36 999	37 808	38 617	39 426	40 236	41 045	41 853	42 662	43 470	44 278
600	45 085	45 891	46 697	47 502	48 306	49 109	49 911	50 713	51 513	52 312
700	53 110	53 907	54 703	55 498	56 291	57 083	57 873	58 663	59 451	60 237
800	61 022	61 806	62 588	63 368	64 147	64 924	65 700	66 473	67 245	68 015
900	68 783	69 549	70 313	71 075	71 835	72 593	73 350	74 104	74 857	75 608
1 000	76 358									

附表 2-7　铁 – 铜镍（康铜）热电偶分度表（分度号：J）　参考端温度：0℃

工作端温度/℃	0	10	20	30	40	50	60	70	80	90
	热电动势/μV									
0	0	507	1 019	1 536	2 058	2 585	3 115	3 649	4 186	4 725
100	5 268	5 812	6 359	6 907	7 457	8 008	8 560	9 113	9 667	10 222
200	10 777	11 332	11 887	12 442	12 998	13 553	14 108	14 663	15 217	15 771
300	16 325	16 879	17 432	17 984	18 537	19 089	19 640	20 192	20 743	21 295
400	21 846	22 397	22 949	23 501	24 054	24 607	25 161	25 716	26 272	26 829
500	27 388	27 949	28 511	29 075	29 642	30 210	30 782	31 356	31 933	32 513
600	33 096	33 683	34 273	34 867	35 464	36 066	36 671	37 280	37 893	38 510
700	39 130	39 754	40 382	41 013	41 647	42 283	42 922	43 563	44 207	44 852
800	45 498	46 144	46 790	47 434	48 076	48 716	49 354	49 989	50 621	51 249
900	51 875	52 496	53 115	53 729	54 321	54 948	55 553	56 155	56 753	57 349
1 000	57 942	58 533	59 121	59 708	60 293	60 876	61 459	62 039	62 619	63 199
1 100	63 777	64 355	64 933	65 510	66 087	66 664	67 240	67 815	68 390	68 964
1 200	69 536									

附表 2-8　铜 – 铜镍（康铜）热电偶分度表（分度号：T）　参考端温度：0℃

工作端温度/℃	0	10	20	30	40	50	60	70	80	90
	热电动势/μV									
0	0	391	789	1 196	1 611	2 035	2 467	2 908	3 357	3 813
100	4 277	4 749	5 227	5 712	6 204	6 702	7 207	7 718	8 235	8 757
200	9 286	9 820	10 360	10 905	11 456	12 011	12 572	13 137	13 707	14 281
300	14 860	15 443	16 030	16 621	17 217	17 816				

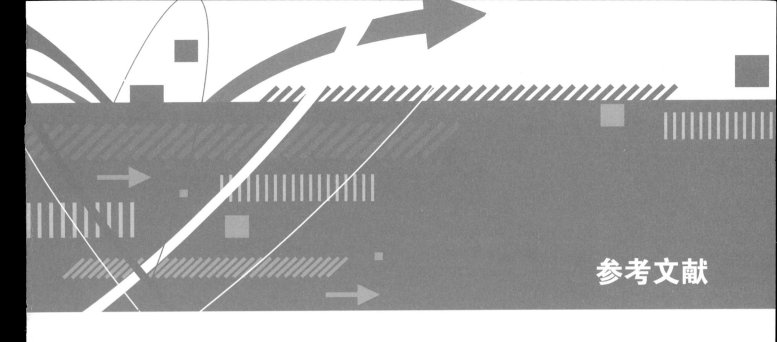

参考文献

[1] 李中显 . 传感器技术及应用 [M] . 北京：高等教育出版社，2012.

[2] 谢文和 . 传感技术及其应用 [M] . 2 版 . 北京：高等教育出版社，2010.

[3] 张庆玲 . 检测技术理论与实践 [M] . 北京：北京航空航天大学出版社，2007.

[4] 梁森，黄杭美 . 自动检测与转换技术 [M] . 3 版 . 北京：机械工业出版社，2011.

[5] 于彤 . 传感器原理及应用 [M] . 2 版 . 北京：机械工业出版社，2012.

[6] 刘水平，杨寿智 . 传感器与检测技术应用 [M] . 北京：人民邮电出版社，2009.

[7] 谢志萍 . 传感器与检测技术 [M] . 2 版 . 北京：电子工业出版社，2009.

[8] 柳桂国 . 传感器与自动检测技术 [M] . 北京：电子工业出版社，2011.

郑重声明

读者意见反馈

为收集对教材的意见建议，进一步完善教材编写并做好服务工作，读者可将对本教材的意见建议通过如下渠道反馈至我社。

咨询电话 400-810-0598

反馈邮箱 zz_dzyj@pub.hep.cn

通信地址 北京市朝阳区惠新东街4号富盛大厦1座

　　　　　高等教育出版社总编辑办公室

邮政编码 100029

防伪查询说明

用户购书后刮开封底防伪涂层，使用手机微信等软件扫描二维码，会跳转至防伪查询网页，获得所购图书详细信息。

防伪客服电话

（010）58582300

学习卡账号使用说明

一、注册/登录

访问http://abook.hep.com.cn/sve，点击"注册"，在注册页面输入用户名、密码及常用的邮箱进行注册。已注册的用户直接输入用户名和密码登录即可进入"我的课程"页面。

二、课程绑定

点击"我的课程"页面右上方"绑定课程"，在"明码"框中正确输入教材封底防伪标签上的20位数字，点击"确定"完成课程绑定。

三、访问课程

在"正在学习"列表中选择已绑定的课程，点击"进入课程"即可浏览或下载与本书配套的课程资源。刚绑定的课程请在"申请学习"列表中选择相应课程并点击"进入课程"。

如有账号问题，请发邮件至：4a_admin_zz@pub.hep.cn。